作者简介

薛文凯　鲁迅美术学院工业设计学院院长、工业设计实验教学中心主任、教授、硕士研究生导师、中国美术家协会会员，现从事工业设计教学研究与设计实践工作。众多设计作品、论文、专著、教学成果、科研项目等获得发表、出版、奖励。

获奖设计作品：《概念音响设计》获得首届辽宁省艺术设计作品展金奖、《公共设施系列设计》获得“北京奥林匹克公园环境设施概念设计方案”多项提名奖、《模块空间——野外工作站设计》在第十一届全国美术作品展览中获提名奖、《滤径——环保道路隔离设施设计》荣获第十二届全国美术作品展览中国美术奖·创作奖铜奖、《WATER FACTORY》荣获2014德国红点设计大奖、《节式螺丝刀设计》荣获2016中国设计红星奖、《Dynamic traffic cone》荣获2016意大利A′设计国际大奖赛铜奖、《Re-leaf》荣获2017意大利A′设计国际大奖赛银奖、《Moonrise》荣获2017意大利A′设计国际大奖赛银奖、《逃生窗》荣获2017意大利A′设计国际大奖赛铜奖、《WATERWHEEL FILTER·滤水车》荣获2017德国红点设计大奖和2017德国iF设计大奖。

出版专著：《名品点评——漫步产品设计的艺术通道》《工业造型·快速设计》《室内外环境设计及色彩运用》、大型教材《工业设计教程》一～三卷（副主编）、《中国设计·公共空间设计》《现代公共环境设施设计》《公共设施设计》《产品手绘表现技法》等。

发表论文：《产品开发设计的新领域》《观念设计的文化传承与超越》《公共环境设施色彩设计及应用》《北京奥林匹克公园环境设施设计研究》《城市的家具·公共设施的创新设计》《公共空间吸烟区产品化设计研究》《公共户外围挡设施的创新设计研究》《居民区机动车停放设施设计研究》《设计的实现——环保道路隔离设施设计》《滤径——源自生活的设计》《基于可再生能源的公共设施的创新设计》《3D打印设计教学研究与实践》等。

E-mail：KW798@163.com

前言

Preface

系统地掌握一套正确的产品设计创意的方法，以应对设计的问题，对于学习工业设计的学生来讲是极为重要和必要的。本书围绕产品设计创意、产品设计创意与设计观念、产品设计创意的科技支撑、产品设计表达、产品设计创意分析与应用等5个方面进行写作，并将它们贯穿起来，全面系统地解读如何将产品设计概念转化为实体产品设计的过程。

笔者秉承一贯的艺术、严谨、明晰、直观的写作风格。书中详尽介绍了产品创意的设计理论、设计方法，图文并茂、系统完整，既能深入浅出，使读者易于理解，又有一定的专业深度和内涵，打造高水准平台。本书富有时代气息，信息量丰富可借鉴性强，并配有高质量、高水平的案例和图例，使本书更具有可读性。

本书出版的主要目的在于启迪读者的设计思路，开拓读者的设计视野，使我们能够面对设计问题举一反三，准确发现问题，迅速解决问题；能够将正确的设计思维、设计方法与实际应用有机融合。

笔者不吝多年来积累的设计成果，将优秀的教学作业、优秀设计实践案例和最新国内外顶级获奖作品，整体推出呈现给大家，以使读者站在高起点，对产品设计有宏观的了解和深入的认识。此外，笔者还精选了一些国外优秀设计师、网站的设计作品，这些设计作品都具有极高的可读性、直观性、观赏性、典型性。本书的每个章节后面都留有复习思考题或作业，便于读者的消化和深入理解。

在这里我要感谢鲁迅美术学院工业设计学院本科生、研究生和专业教师们！对于他们提供高水准的设计作品表示诚挚的谢意！我还要特别感谢我的研究生们：杜鹤蓓、董莎莎、王婉婷、戴鹳融、杨雨薇、陈默、王婷婷，他们为本书的出版付出了努力，增添了光彩。

站在当下，关注未来。本书是笔者多年来工业设计教学研究和设计实践成果的总结和梳理，希望得到广大读者的认可，并让读者更进一步的认识产品设计。能够为读者提供一道好吃、好看的饕餮大宴是一件非常快乐的事。

2017年5月

于鲁迅美术学院

目录
Contents

第1章 产品设计创意

1.1 产品设计与创意

产品设计是问题解决的方式和方法，产品设计也是通过具体的形式表达出来的一种创造性活动。产品设计反映着时代的经济、技术和文化面貌。一件好的创意产品设计，应该要满足两个基本条件：好用、好看。好用就是使用方便、易用，在使用中不会因操作不当而伤害使用者。好看是指设计要具有美感，无论外观的形态还是色彩，比例尺度，还是制作工艺都要有美感。从专业设计的角度来讲，产品设计的语义传递一定要准确，能准确直观地体现产品使用的功能与方式，好的产品设计要让产品自身说话。深层次要求的话，要符合当代设计的环保理念，要能体现当下设计的思想、文化和科技成果。好的设计要引导用户消费和使用，好的设计是吸引眼球的，能引起人们的购买欲，好的设计是能激动人心、让人喜爱的。好的设计不仅表现在功能的优越、制造便利、生产成本低、具有市场竞争力，更应满足社会、环保可持续发展、制造工艺简约便捷等多方面的要求，好的设计应该引导消费、引领市场。

设计的基本概念是“人为了实现意图的创造性活动”，设计（design）的基本词义是“构思”“谋划”等，“设”意味着“创造”，“计”意味着“安排”。设计有两个基本要素：一是目的性，二是创造性。从专业的角度来讲，设计是一种可视化的创造性活动，创意（create new meanings）是一种创造性的思维活动，是设计师创造性的想法或构思。创意既是对传统的继承和发展，是设计者思想灵光的闪耀和撞击，更是设计者聪明才智的展示，如图1.1.1～图1.1.3所示。

图 1.1.1

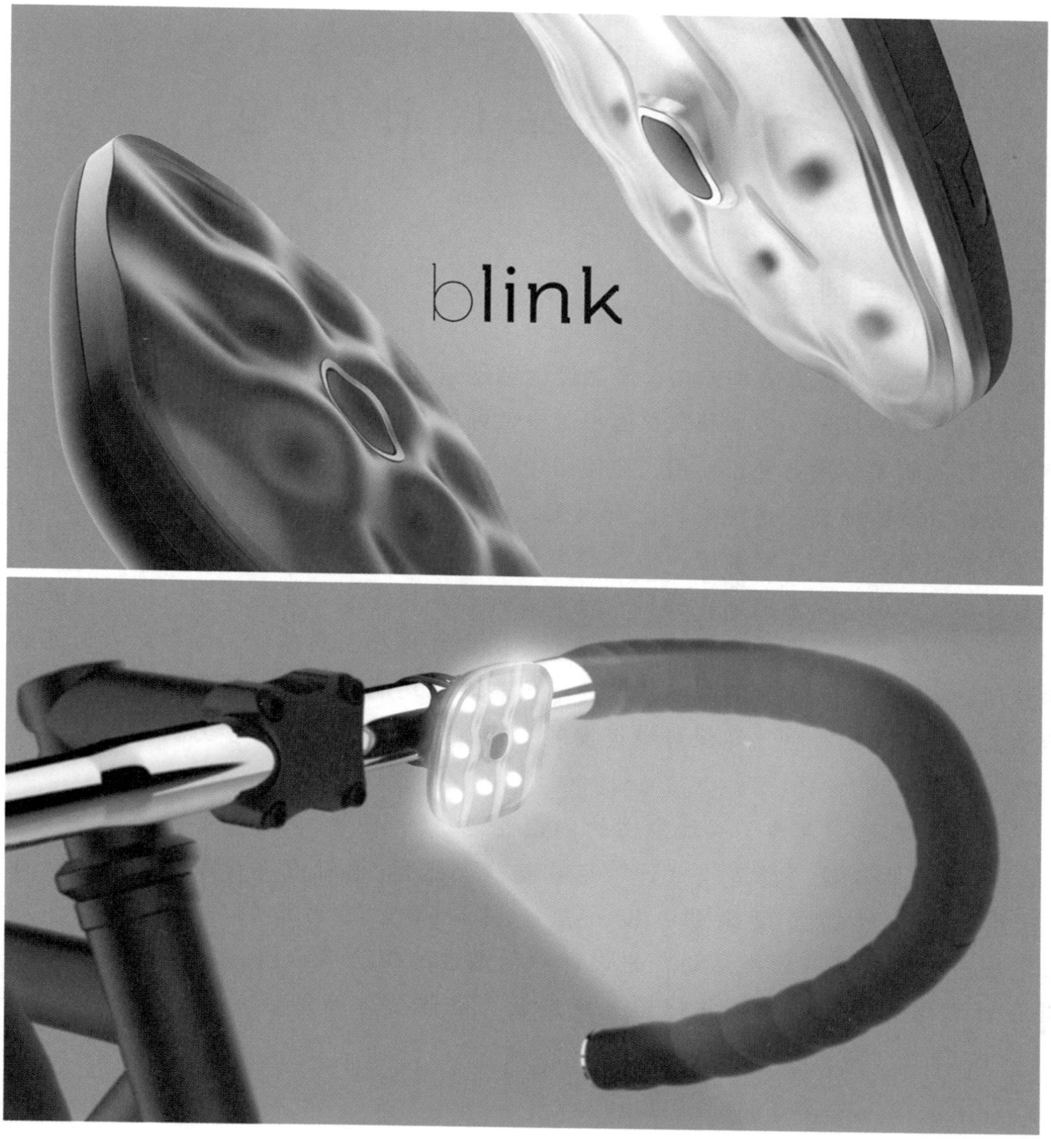
blink

图 1.1.2

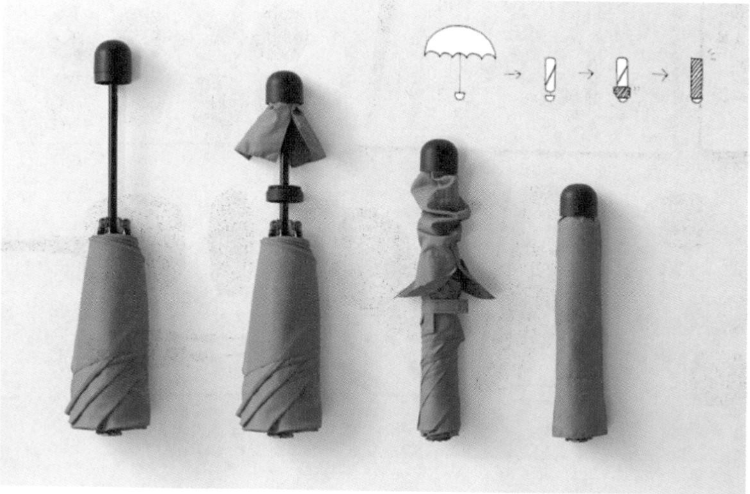

图 1.1.3

图中所示的雨伞设计是日本设计师佐藤大（Oki Sato）的作品，他通过巧妙的设计将伞套藏匿于伞把之中解决了伞套经常丢失的问题。

综上所述，笔者理解的产品设计创意是设计者对思维定式的突破，是逻辑思维、形象思维、逆向思维、发散思维、系统思维、灵感、直觉等多种认知方式综合运用的结果。

产品设计的关键是创意，没有独到的创意，设计就会黯然失色，也没有了生命力。好的创意源自富于个性的思考，在设计中打破传统的思维定式，变换思维角度，从多维而整体的、全方位的、系统的角度处理问题，并敢于否定现有的方案与想法，有助于产品创意的产生。产品设计从构思到方案设计的完成，是一个从无到有的逐步具体化的过程，产品设计创意是产品得以不断延续和促进更新换代的保障，在自身品牌的延续和发展中具有极其重要的意义。

1.2 如何实现产品设计创意

产品设计区别于艺术创作，它的最终目的是满足顾客的要求。富有创意的产品设计不但能扩展顾客的需求，还能够引导客户的需求，使顾客的需求在更高层次得到满足。产品设计创意的过程，就是设计创新的过程，它贯穿产品设计的始终。

产品设计创意不仅是设计结果的创新，也是以创新为目的的设计活动所采用的设计方法，掌握科学的系统设计方法，可以加速实现创新过程，最终快速实现创意目的。产品设计创意包括理念、功能、形式、细节、模式、组合等一系列的创造性过程。产品设计创意的初衷也正是寻找产品设计与顾客需求在未来的交叉点，这就要求设计者掌握创新设计方法，熟悉产品面对的问题，针对这些问题提出解决方案。

设计的目的是以人的需求为出发点，以满足人的需要为最终的评判标准。在完成一个新产品从设计到生产的过程中，需要一个科学全面的过程，以便达到事半功倍的效果。产品设计需要复杂的环节，每个环节都不可取代，他们相互交融，起着应有的作用，完成产品设计通常需要市场调研、情报采集、方案设计、造型评估、模型制作等各环节和程序，只有这样才能完成整个设计流程，如图 1.2.1 和图 1.2.2 所示。

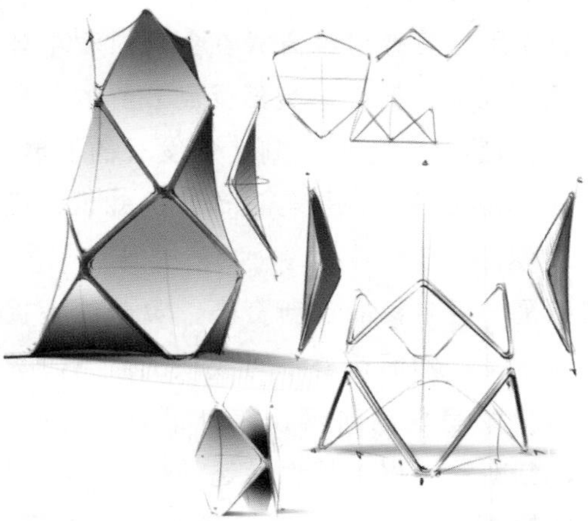

图 1.2.1

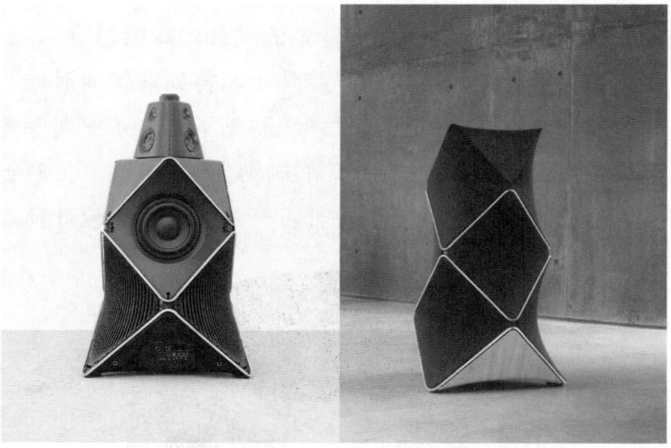

图 1.2.2

1.2.1 了解产品设计创意思维

产品设计的本质在于创新，这就需要设计师掌握一定的思维方法和设计技巧，设计师必须运用创造性的思维活动进行设计，达到设计目的。在产品设计的创新活动中，创新能力是设计得以展开和

深入的核心，掌握一定的思维方法和创作规律无疑是极为重要的。产品设计常用的创意思维方式包括系统思维、形象思维、逻辑思维、逆向思维、联想思维、辩证思维、发散思维、共生思维、灵感思维。

1. 系统思维

系统思维可以称为整体观、全局观，简单来说不是就事论事而是对事情全方位的思考。系统是由两个或两个以上的元素相结合的有机整体，也就是说系统的整体不等于其局部的简单相加，而是要实现 $1+1\geqslant2$ 的效应。在产品设计中不仅融合社会、经济、科技、文化、艺术等诸多因素，还要从系统的要素和结构之间的关系、产品与外部环境之间的相互联系相互作用综合的考虑设计。从总体目标出发，通过系统分析、系统综合、系统优化来系统地分析与解决问题。

2. 发散思维

发散思维又称放射思维、扩散思维、辐射思维，这种思维活动不受任何条件的限制，对于问题思考时大脑处于一种扩散的思维状态，不受现有知识和观念的束缚，沿着不同的方向多角度深层次的思考和探索并利用推测和假设，得出不同方向新颖的答案，是创意思维最基础的方式之一。这种思路好比自行车车轮一样，许多辐条以车轴为中心沿径向向外辐射。发散思维是多向的、立体的和开放型的思维，尤其是在创意之始，发散思维往往起主导作用。所以，发散思维几乎可以与创造并称。没有发散思维也就没有设计创意。发散思维不仅存在于个体，也存在于团队的创作之中。例如最常见的头脑风暴，发散思维是创造性思维最主要的标志。

3. 收敛思维

收敛思维又叫聚合思维、集中思维。在设计创意的过程中，发散思维方式产生不同的设计方案、设想，收敛思维从中选择出最佳方案，加以完善，最终达到预想的设计目标。这种思维就像聚光灯一样，集中指向一个焦点，收敛思维与发散思维并存。

4. 灵感思维

灵感思维是指产品设计创意活动中瞬间产生富有创造性的突发思维状态，其具有突发性、随机性、兴奋性、跳跃性等特点。灵感是产品创新的起点，美国创意顾问集团主席汤姆森说：“灵感是最具创造的力量。”可见，灵感在设计师的设计创意的过程中发挥着积极的作用。灵感思维方式在创意过程中体现为：在设计的过程中绞尽脑汁不能得到解答的时候，在山重水复疑无路的时刻，突然受到外界的某种刺激和影响，从而得到启发，头脑一下产生了一种茅塞顿开、顿悟的感觉，思维得到了爆发式的发展，产生了融会贯通的新思想和解决问题的新方法。灵感虽然是一刹那间形成的，但是与设计师的知识、经验、分析、综合的判断力是分不开的，离不开设计师本人的长期积累。

图 1.2.3

灵感是一种宝贵的创新资源，灵感的捕捉和记录对于设计师而言是不可或缺的。当思想的火花和灵感呈现的时候，随时记录并保存，供创意、创新的过程中提供筛选与提炼尤为重要，逐步的筛选从而形成产品设计创意方案，如图 1.2.3 所示的节式螺丝刀设计，最初的设计灵感来源就是竹子的竹节。

5. 形象思维

形象思维最基本的特点就是与感受、体验关联在一起，通过事物的个别特征去把握规律从而创造出艺术美的思维方式。形象思维活动

始终结合着具体生动的形象，不像逻辑思维逐渐地抛开具体生动的形象，而是把抽象的设计用生动的形象表现出来，形象思维易于准确表达主题，其结果也易于使用户产生共鸣。

产品设计要功能与形式相结合，抽象的设计常常依赖于自然界的形象展示出来，如蜘蛛形的榨汁机(图 1.2.4)、小熊掌的水杯（图 1.2.5)、小鸟形的曲别针收集器（图 1.2.6)。1985 年，格雷夫斯为阿莱西公司设计的一种自鸣式不锈钢开水壶，为了强调趣味性，将壶嘴自鸣哨做成小鸟式样，生动有趣(图 1.2.7)。形象思维无时无刻不在伴随着设计过程。

图 1.2.4

图 1.2.5

图 1.2.6

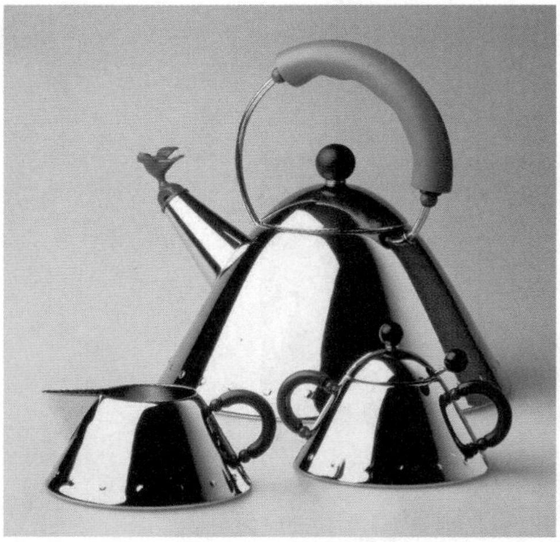

图 1.2.7

6. 逻辑思维（抽象思维）

“逻辑”一词在英文中包含有思想、原则、理性、规律的意思，逻辑思维又称抽象思维，是指人们在认识事物的过程中借助于概念、判断、推理等思维形式能动地反映客观现实的理性认识过程。它是人的认识的高级阶段，即理性认识阶段，像竹节一样延伸，环环相扣。只有经过逻辑思维，人们对事物的认识才能达到对具体对象本质的把握，进而认识事物的本质。逻辑思维在产品设计创意中起着理性的主导作用，使设计做到科学、严谨、完整、有规律可循。

7. 联想思维

联想思维是人们通过一件事情的触发而迁移到另一件事情上的思维，是一种把已经掌握的知识与某

种思维对象相联系，从它们的相关性中得到启发，从而获得创造性设想的思维方式。联想的越多越丰富，获得创造性的可能就越大。联想思维包括相似联想、类比联想、对比联想和因果联想等。提高联想的方法也有很多种，包括触类旁通、无中生有、异想天开等。如图 1.2.8 和图 1.2.9 所示的火山加湿器，就是通过联想思维将火山喷发的状态和加湿器喷气的状态联想到了一起，在设计造型进行联想的同时，这款加湿器的配色也是通过对不同环境的联想得到的，使消费者具有更多的选择。

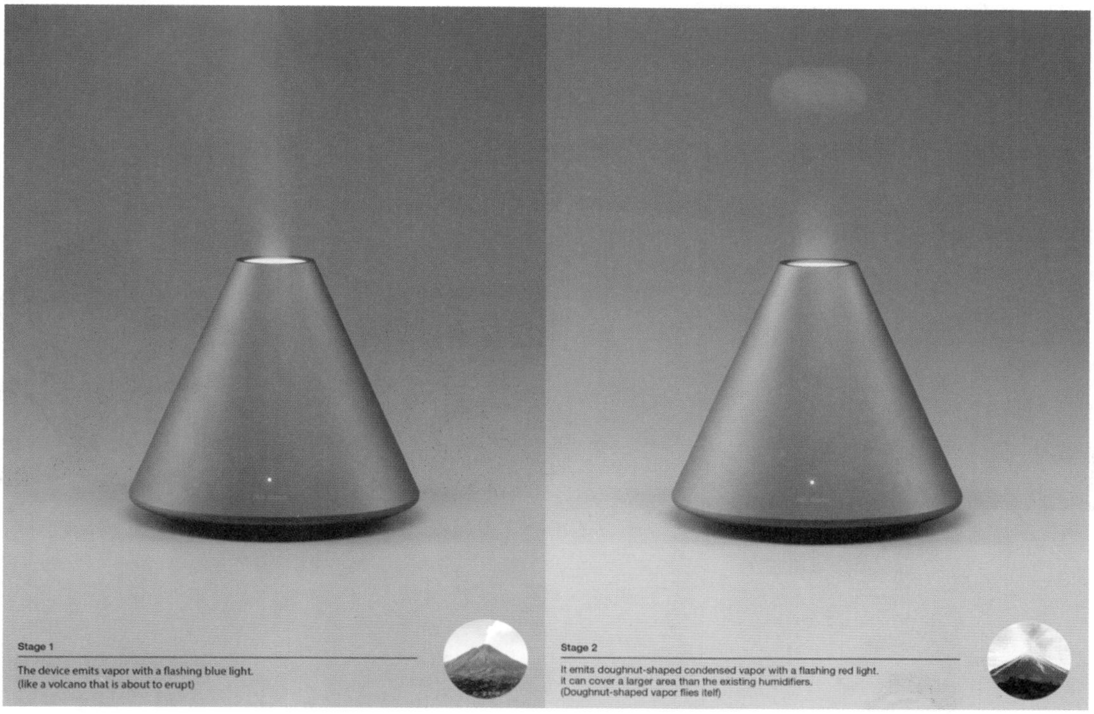
Stage 1
The device emits vapor with a flashing blue light.
(like a volcano that is about to erupt)
Stage 2
It emits doughnut-shaped condensed vapor with a flashing red light.
It can cover a larger area than the existing humidifiers.
(Doughnut-shaped vapor flies itelf)

图 1.2.8

ALPS
Mont Blanc
KOREA
Jeju Island
USA
Yellow Stone National Park
JAPAN
Fuji Mountain

图 1.2.9

8. 辩证思维

辩证思维是指以变化发展的视角认识事物的思维方式，通常被认为是与逻辑思维相对立的一种思维方式。辩证思维简单来讲要看清楚事物的两面性，同时认识到这个两面性是矛盾统一、动态发展的，这是基本的辩证思想。对立统一规律、质变与量变规律和辩证思维方式是认识事物的基本方法。

1.2.2 产品设计创意的切入点

(1) 产品设计创意的过程是从了解产品定位、明确设计目标、掌握当前产品设计情况、市场和生产要素开始，据此再应用创新的方法得到对未来产品的设计，这样的结果必然得到顾客和设计师双方的认可。

(2) 产品设计创意要有准确的设计定位，所谓设计定位，也就是设计者所要传递给使用者的信息，表达的意图是什么，解决的问题是什么，这将对以后的设计功能，设计风格及其表现形式的确立找到明确的落脚点，如图 1.2.10～图 1.2.18 所示。

图 1.2.10

卢浮宫的玻璃金字塔，完美地体现了辩证思维，卢浮宫整体具有古典主义气质与现代的玻璃金字塔对比运用，巧妙地产生了对立和统一关系，形成了旧与新、大与小、实与虚的视觉冲击力。

图 1.2.11

日本 Nendo 设计公司提出了一种筷子的设计方案，可以使两根筷子通过正负形完美地组合在一起，方便收纳，节省空间。

图 1.2.12

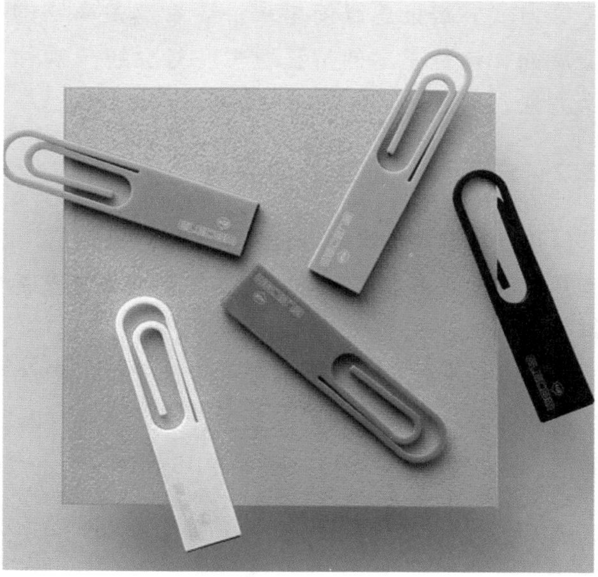

图 1.2.13

Joseph
Joseph

图 1.2.14

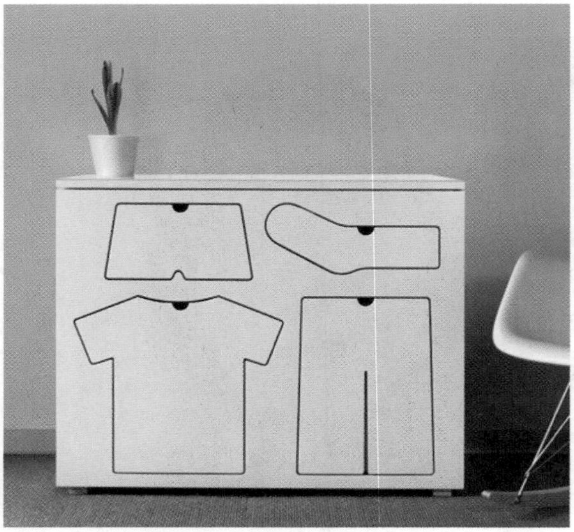

图 1. 2. 15

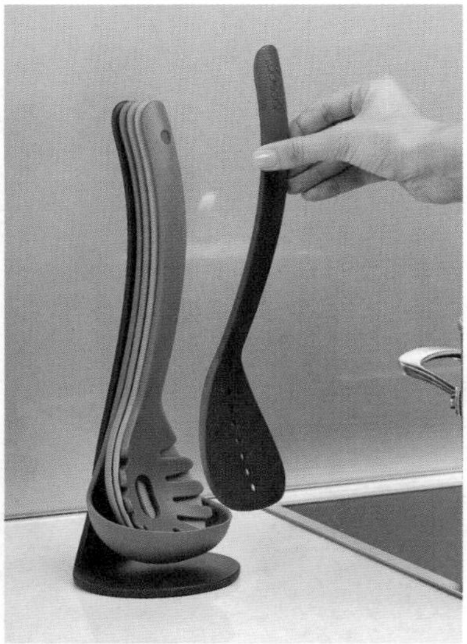

图 1. 2. 16

图 1. 2. 17

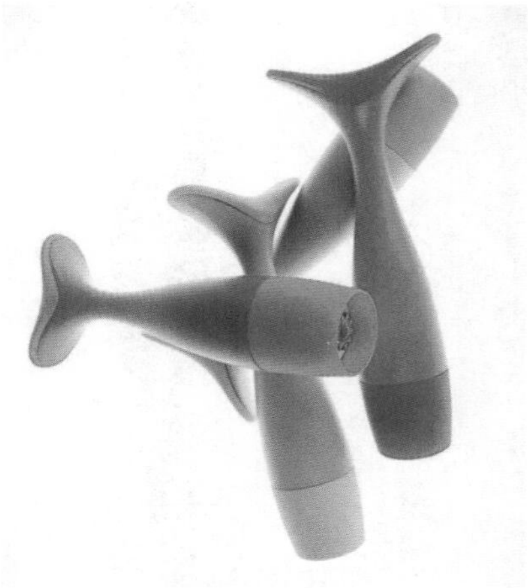

图 1. 2. 18

(3) 设计概念的转化以及深化，一般来讲，创造过程包括准备、沉思、启迪、求证 4 个阶段。从这一过程来讲，设计创意的最大障碍就是设计上形成思维定式和思维惯性，没有对设计的对象进行本质意义的理解和分析，而是为其表象概念所蒙蔽，这样就不便于新的设计创意的产生。设计创意的产生既有偶然因素也有环境要素，设计灵感可以因环境及周围因素的刺激而产生。如果跳不出传统概念的窠臼，设计就不会有突破。如图 1. 2. 19 所示的美国戴森公司设计的吹风筒，在进风口和出风口的设计上就颠覆了传统的吹风机在人们脑海中的固有印象，在不影响功能的前提下使得整个风筒造型更具有设计感。

就拿椅子来说，通常概念的椅子设计有靠背，有 4 条腿，如果把椅子的概念转化为不仅仅是可坐的工具，领会其功能意义，那设计思路就打开了，如图 1. 2. 20 所示，各种形式的椅子就会产生，如悬吊式、折叠式等；钟表是计时用的，而不是仅有 12 个数字 3 个表针，如图 1. 2. 21 和图 1. 2. 22 所示。

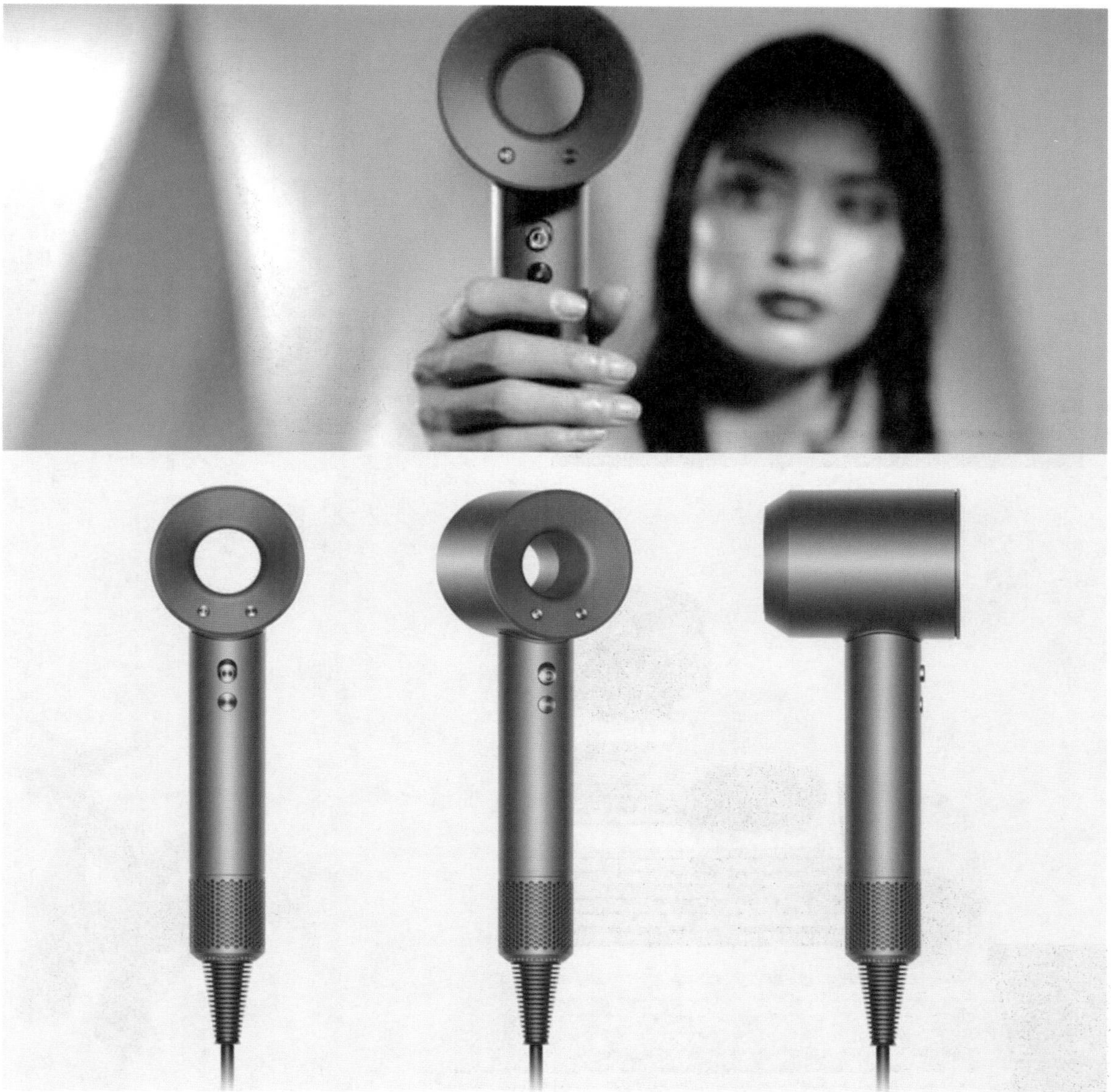

图 1. 2. 19

图 1. 2. 20

BREIL
BREIL

图 1.2.21

Rosie
Funk
4:21
Wed, Oct 2
slide to unlock
Phone
Passbook
Health
Weather
Last Run
0.96
7'27"
105
7:09

图 1.2.22

图中所示的是旧金山的 UI 设计师托德·汉密尔顿（Todd Hamilton）构想的设计，方案颇为惊艳，他的设想基于博格诺的基本思路之上，并提出了更具实用性的概念。汉密尔顿表示："保留像耐克第二代 FuelBand 腕带一般的纤巧外形，并整合人们所熟悉的 iOS 7 UI 组件"。腕表前部是弯曲的触摸屏，左侧只有 Home 键，右侧则是两个音量键。对于锁屏，汉密尔顿设计了一个简单的黑白界面，用以显示时间、日期和激活 Siri 的按钮。

（4）问题意思的介入。设计一定是用来解决实际问题的，不管是设计什么样的产品，首先要了解你所设计产品的问题所在，解决实际问题，目的明确。解决问题要单一化，这样直观，易于客户的理解。如图 1.2.23 所示的交通锥，就是针对普通交通锥存储空间过大、没有自身配重、防风性差、夜晚不可见等问题进行的设计。

1.2.3 产品设计创意的常用方法

设计需要灵感的闪现，也需要理性的思考，它应该建立在科学的思考方式基础上。对产品设计创意，可归纳为以下几种方式，这几种方式可以单独使用，也可以复合使用。

ROAD
CLOSED

图 1.2.23

（1）对现有产品的改进设计。对于现有产品进行功能、结构重组，发现其设计的缺陷和不足，再进行优化、改进、更新、完善，这是再设计的理念也是创意设计常用的方法。

（2）对不同专业领域内的设计进行启发式借鉴和创造。

（3）全新产品创新、发明。这是最难实现的设计方法，但它产生的影响最大，也能满足顾客最大的期望。如计算机的产生使得短时间内处理大量数据的工作变得更加简单迅速；互联网的产生则使得信息的获取和交换变得更加容易；触屏手机的诞生使得人们和产品交流变得更加直观化；VR 技术的诞生在一定程度上打破了二维空间和三维空间的界限。

(4) 掌握现有科学原理，并将现有科学原理运用于产品的创意设计之中，可以产生新概念、新功能的产品，这是很好的产品创意设计方法。

综上所述，常用的产品设计方法有主体附加法、同类并列组合法（将现有的两个以上产品进行分析，选择其优点，组合形成新功能的产品，从而产生新的产品）等。如图 1.2.24 所示的国际象棋，就是将普通国际象棋与不倒翁的设计元素进行互相结合的产品设计。

图 1.2.24

1.3　产品设计创意要注意的问题

1.3.1　注意系统化多种因素的关系

在产品设计过程中，往往不是单一的要素可以主宰设计的过程，每个产品的设计都是多种因素共同作用的结果，所以设计要时刻关注各要素之间的关系，要有总体观、全局观和系统观。

1.3.2 人机工程学设计因素

创新设计的产品最终要为人服务，因此人机工程设计就成为创新设计中必不可少的内容。人机工程设计要关注两个基本因素：一是使机器和环境适合于人；二是使人适应于机器和环境。前者是进行人机工程设计最常用也最优先的准则，如图 1.3.1～图 1.3.4 所示。

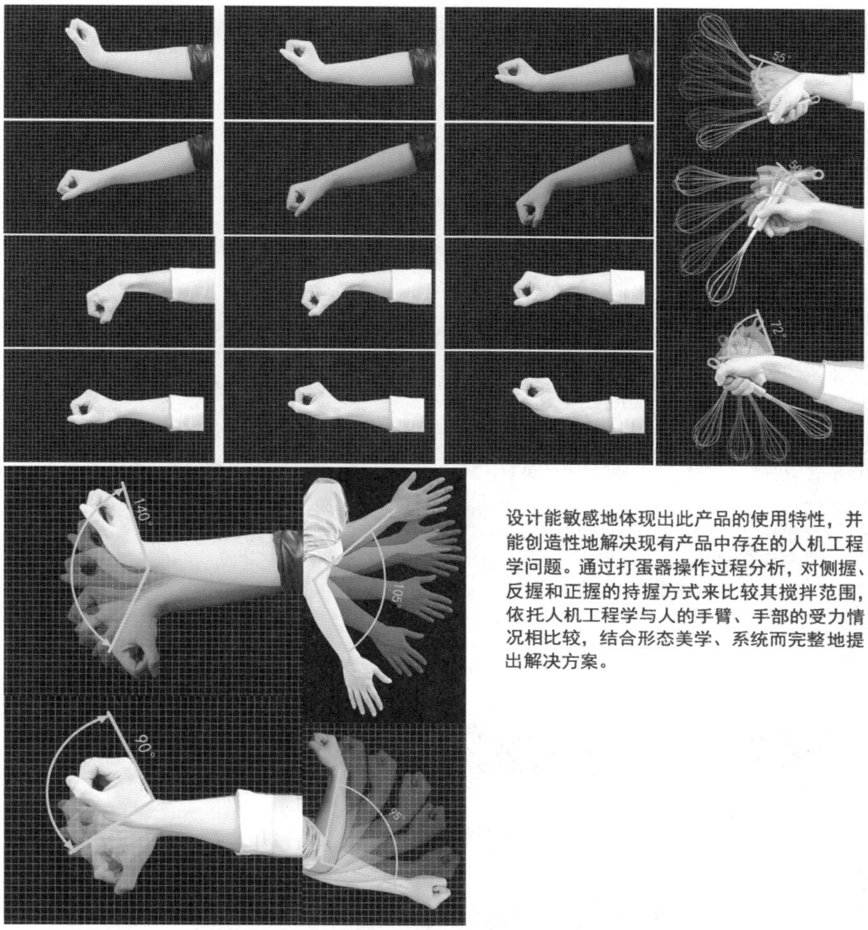
55°
72°
140°
105°
90°
95°

设计能敏感地体现出此产品的使用特性，并能创造性地解决现有产品中存在的人机工程学问题。通过打蛋器操作过程分析，对侧握、反握和正握的持握方式来比较其搅拌范围，依托人机工程学与人的手臂、手部的受力情况相比较，结合形态美学、系统而完整地提出解决方案。

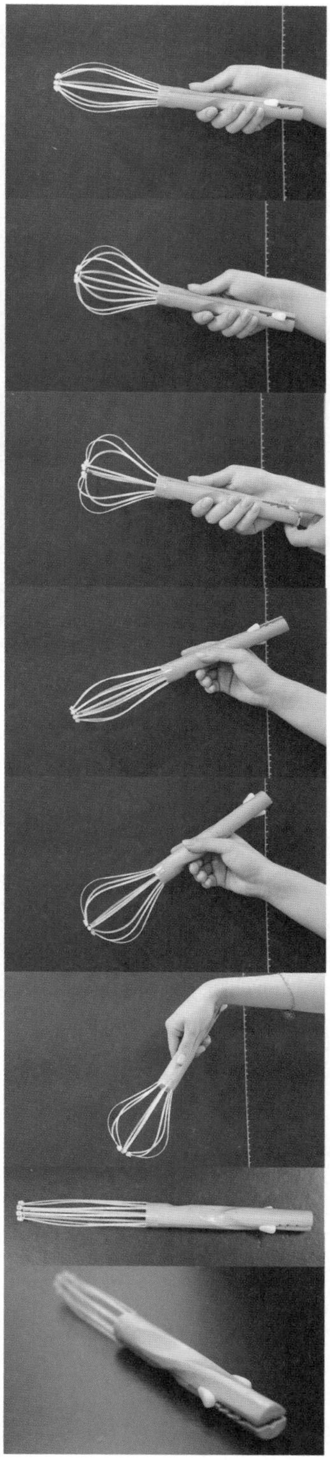

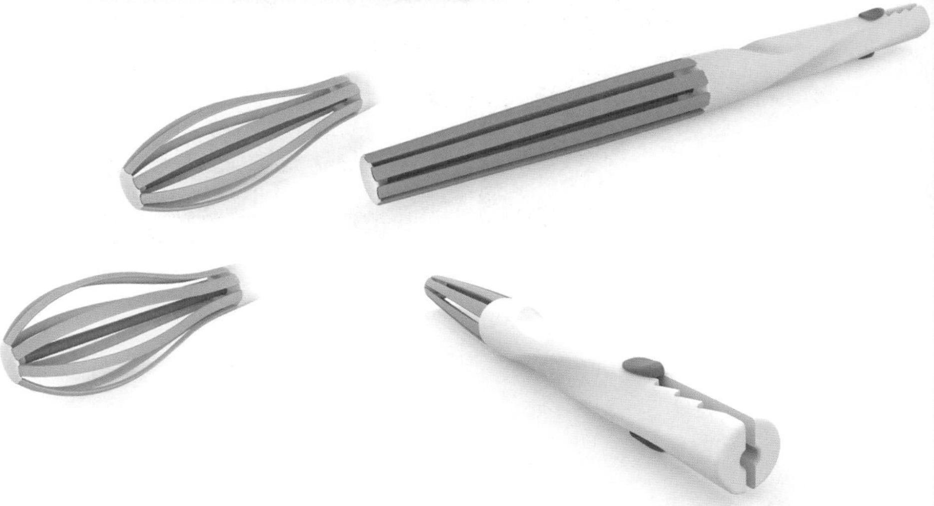

图 1.3.1

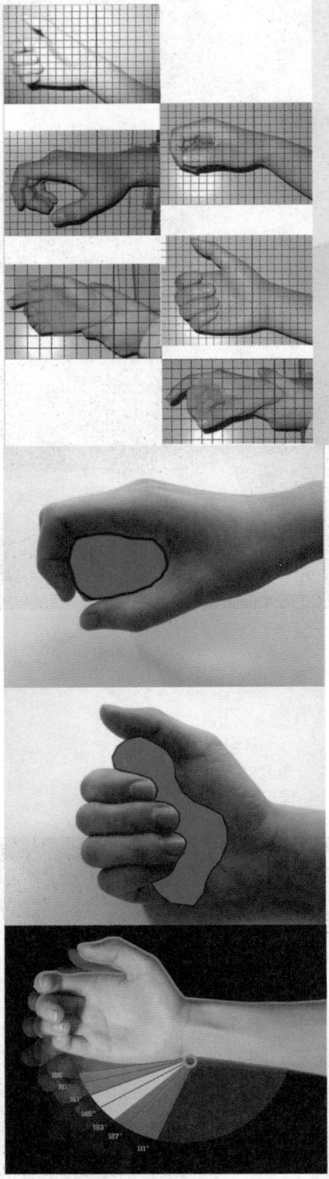

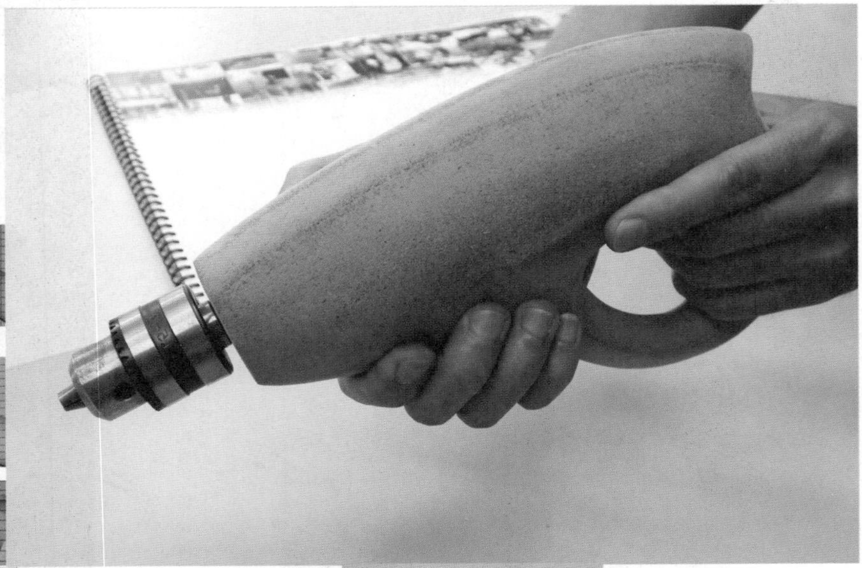

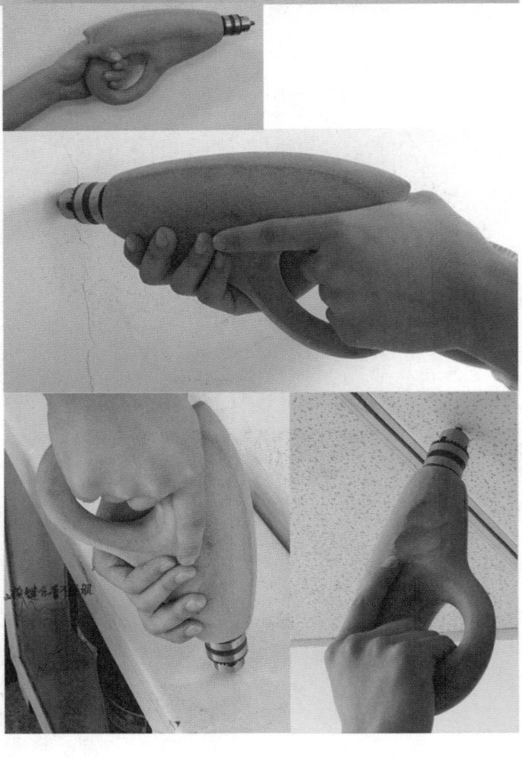

通过手电钻使用过程中存在的人机把持问题，对使用动作进行详细分析与归纳，以人机工程学为主导结合形态美学因素，创造性地加以诠释。

图 1.3.2

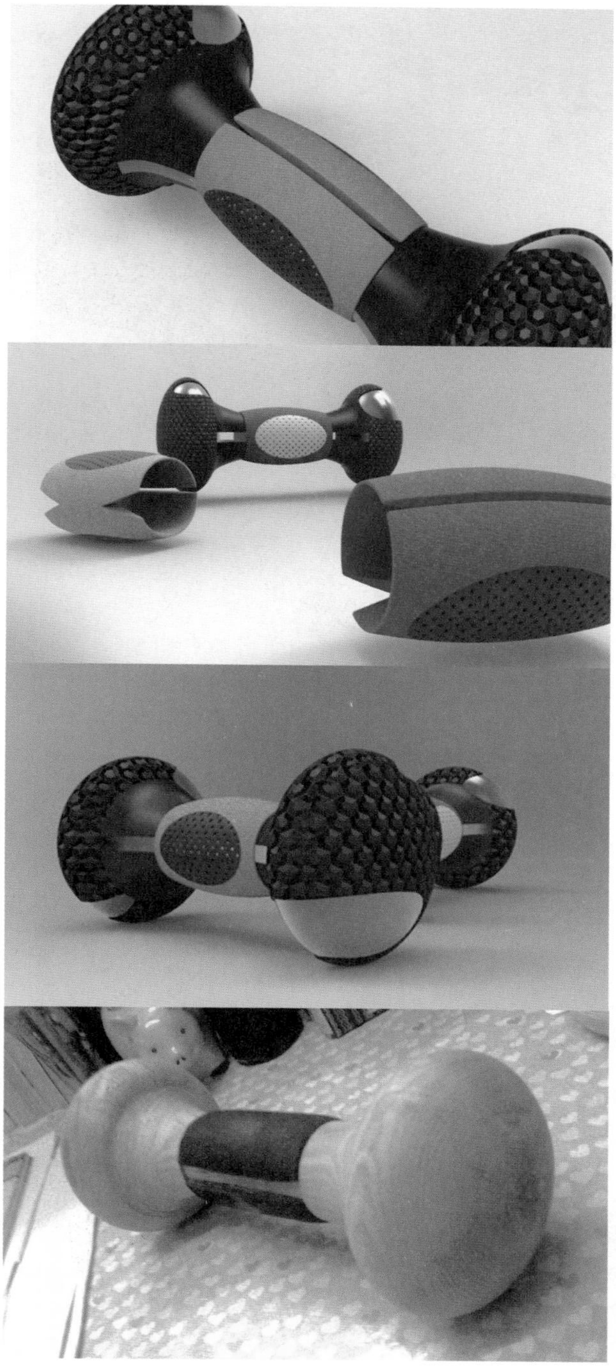

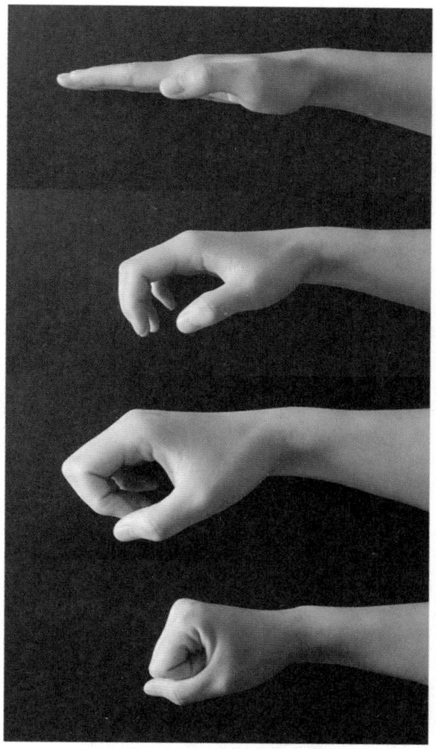

哑铃以一种独特的美感，成为健身一族的新宠。通过对形体、结构、色彩、角度的分析，围绕“人”的生理感受为中心，使“机”与人体相适应。

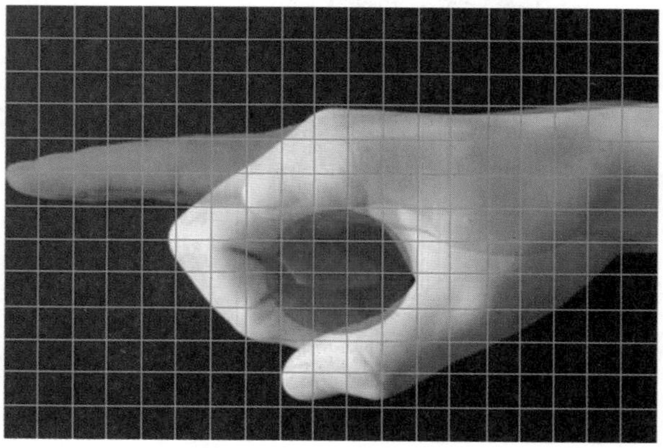

图 1.3.3

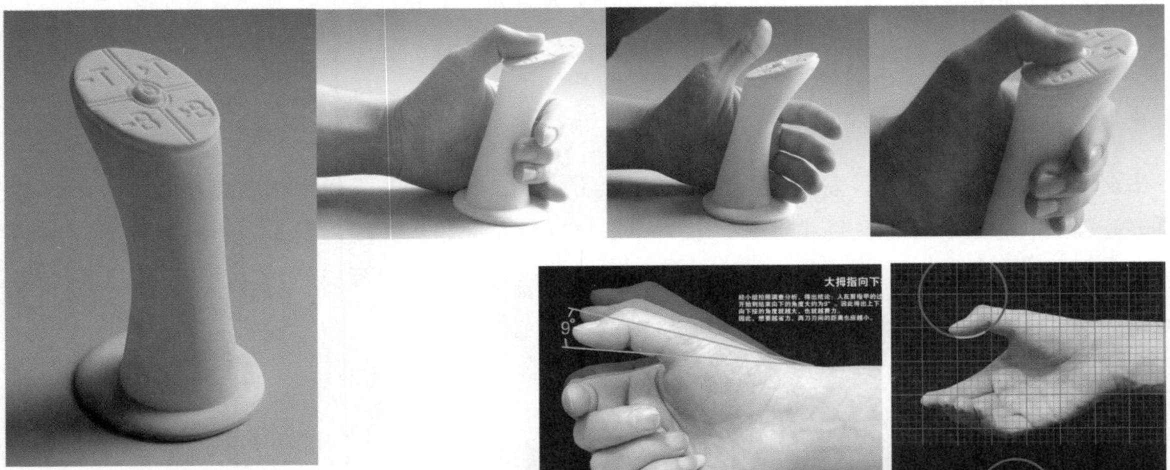

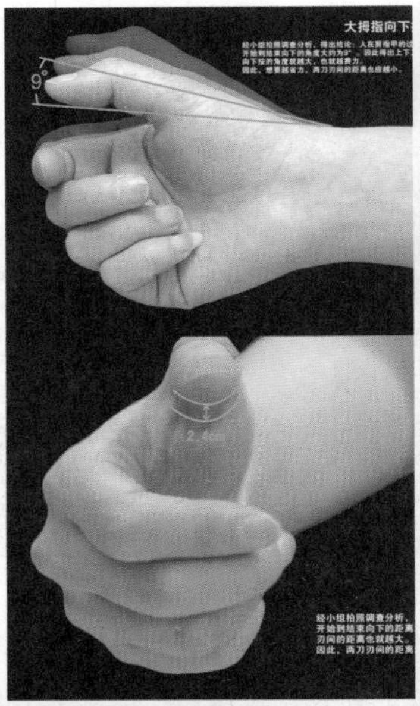

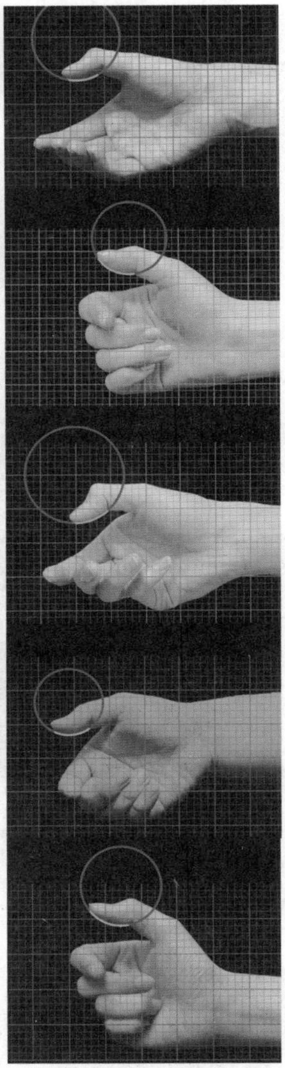

在人机系统中，人主要与感觉系统、神经系统、运动系统发生联系。首先通过感觉器官接受人机系统信息，随即传入神经，把信息由感觉器官传到大脑这个人体理解和决策的中心，进而传达到肌肉。所以在设计中这种作用过程是对操作者感知能力的直接验证。

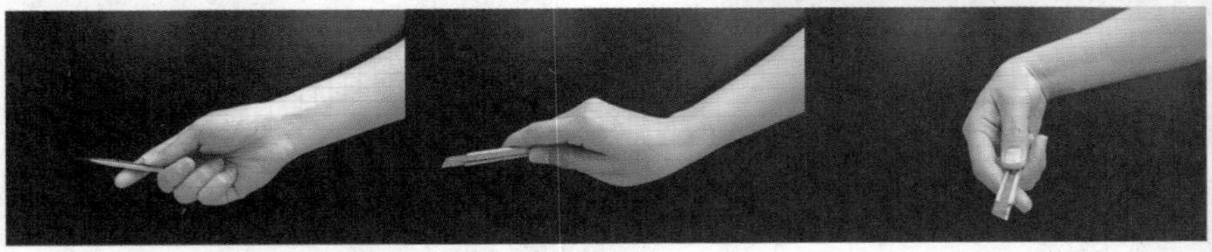

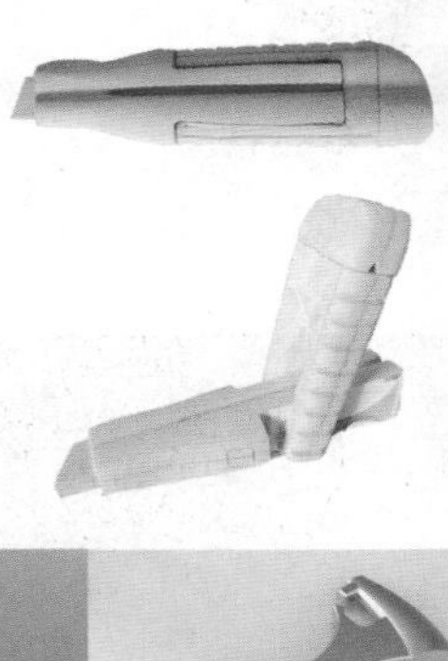

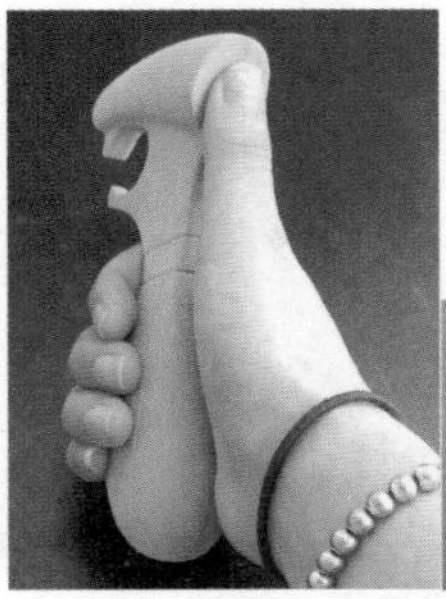

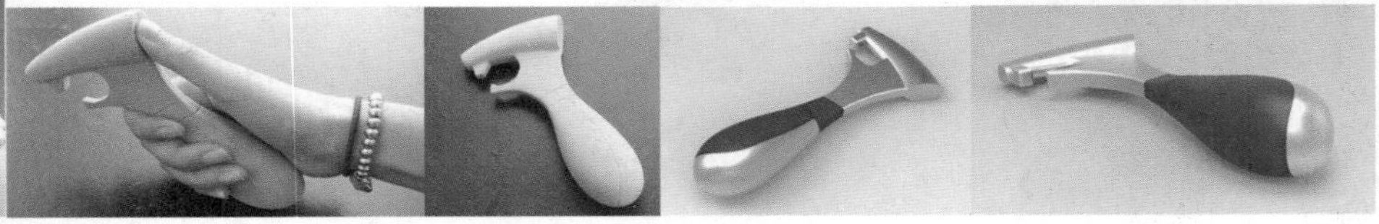

图 1.3.4

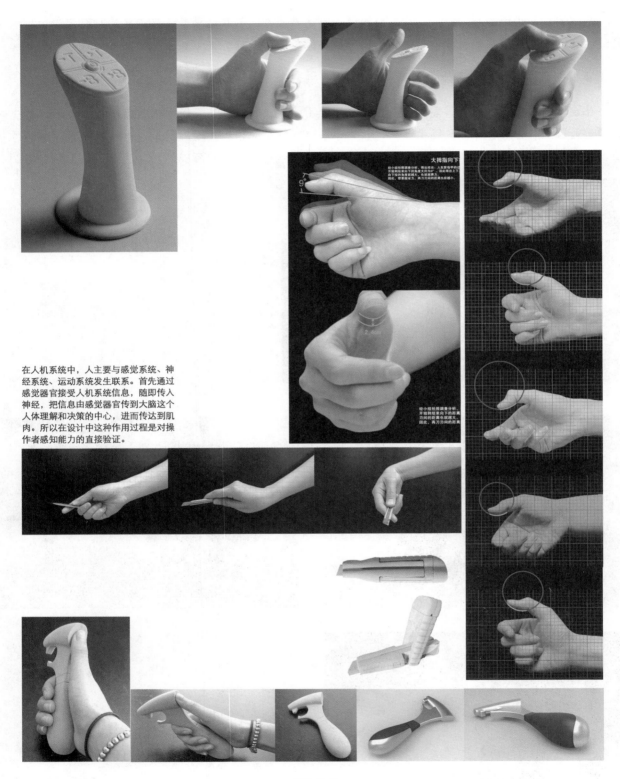

1.3.3 关注低成本因素

企业要创新也要盈利，在产品开发与设计中不考虑成本的创新几乎是没有意义的。而低成本恰恰是制造者和顾客共同追求的目标，也是创新设计关注的重要内容。

1.3.4 创新思维激发设计思路

在设计的过程中会遇到很多问题，当这些问题不能解决的时候，不妨用创新思维激发一下。首先对问题进行反复的思考，在你头脑中浮现、映射；联想到各种问题相关联的因素，再反复比较、联想，不断否定、不断循环往复、不断地换位思考，从不同的思维角度思考和解决问题（图 1.3.5 和图 1.3.6）。

图 1.3.5

将双肩包转化成具有手推车、踏板车和滑板功能的多用背包。仅需轻轻用脚一抬，用户就可将单脚滑板车还原成基本双肩包形态，该多功能设计使其可以当做手提行李箱、可登机行李箱、手推车、单脚滑行车甚至滑板使用。折叠一半时的背包同时具备长板和双肩包两种形态，符合人体工程学设计的双肩背包附有隐藏的车轮遮盖袋，防止双肩包背起的时候车轮碰脏使用者背部的衣物，用户使用坚固的双肩包单脚滑板车能够在城市街道中自由穿行。

图 1.3.6

1.4 产品设计的形态构思

产品给人的最直观的第一印象就是其外观形态设计，形式满足功能仅是产品形态设计的一个最基本的条件。产品形态在满足功能的同时，它必须对产品功能具有解释说明作用，对使用者有准确的暗示、提示，起到传递产品的信息，展示产品功能的作用。产品设计是以其本身的功能作为形态设计的出发点，设计首先体现于形态上，功能对形态的影响是产品形态设计的重要因素。当形态创意遇到阻碍或枯竭时，可以从自然形态或基本的几何形态中得到启发，如图 1.4.1 所示。

RAMLÖSA

图 1.4.1

1.4.1 从自然界中汲取灵感

对于设计师而言，自然界是一个巨大而宝贵的资料库，任何生命都具有各自独特的形态特征，它们都是功能与形式最完美的结合体，大自然的万物是通过适应各种环境不断完善生存下来的，人类很早就从自然界中汲取养分，学习自然、模仿自然。从自然界中汲取灵感，是一个很好的获取形态的方式，仿生学对产品形态设计产生了重要的启发，如鸡蛋等壳类形态与结构给设计师带来很大的灵感，并依据这一形态结构设计出许多新奇而优秀的作品。如图 1.4.2 所示，蜂窝形态结构科学，重量轻、强度大，具有高度的秩序美。设计师更是学习自然的先锋，师法自然的代表人物设计大师路易吉·科拉尼说：“设计的基础应来自诞生于大自然的生命所呈现的真理之中。”

仿生设计不应表象地模仿自然的皮毛，而应思考自然界深层次内在的方面，常规的产品创意设计形态的仿生应从以下几个方面入手。

1. 具象形态的仿生

具象形态能够比较真实地再现事物的形态。具象形态具有很好的情趣性、可爱性、有机性、亲和性、自然性。设计时切记不要照抄、复制，设计师一定要进行二度创意，取其精神所在，如图 1.4.3 和图 1.4.4 所示。

2. 抽象形态的仿生

抽象形态是从自然形态中抽象、提炼、概括出来的形态，能反映产品的本质特征。抽象形态具有灵动的美学特征，通过对有机的自然形态的取舍、组合，可以创造出多样新颖的形态，引发出有个性的形态创意，如图 1.4.5 所示。

图 1.4.2

图 1.4.3

BEEloved

图 1.4.4

3. 功能与结构的仿生

生物的功能与结构在自然进化中，通过各种恶劣复杂的环境的考验，完全适应了自然的洗礼，随着仿生学的深入研究，设计师不但要从生物的外形、功能去模仿，还要从其结构中得到启发，学习和利用生物系统的结构和功能，创造需要的产品形态，如图 1.4.6 和图 1.4.7 所示。

综上所述，运用仿生思维进行设计，能够创造功能完备、结构精巧、形态美妙的产品，并赋予产品以新的生命，让设计回归自然，如图 1.4.8 和图 1.4.9 所示。

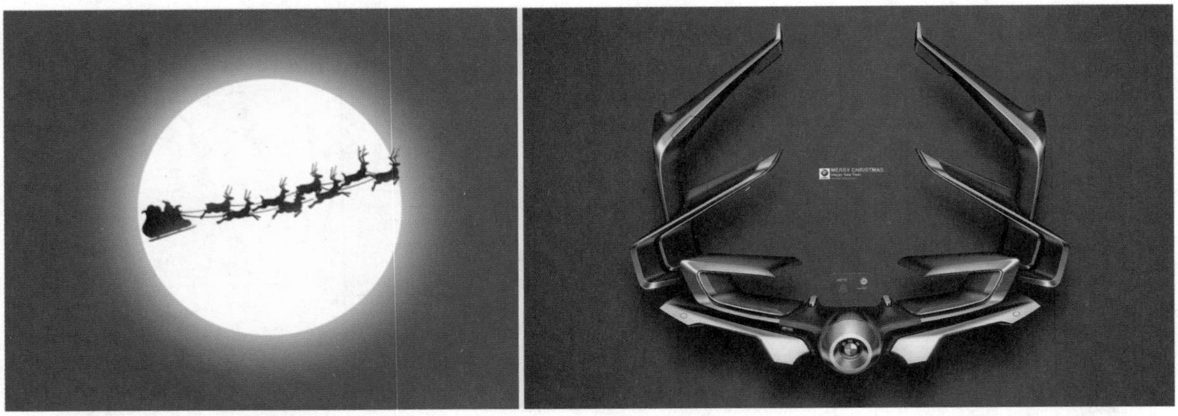
MERRY CHRISTMAS

图 1.4.5

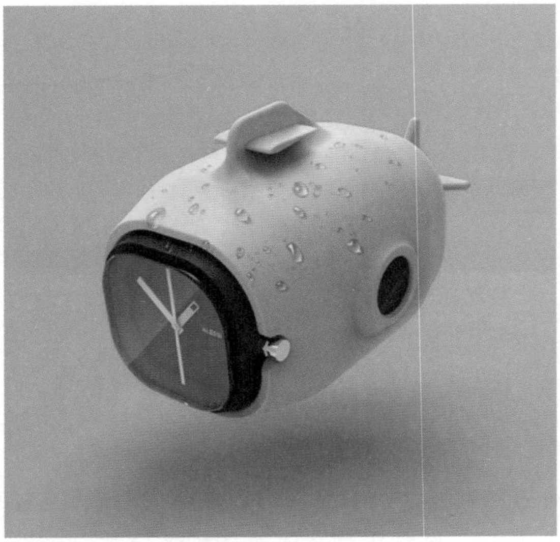

图 1.4.6

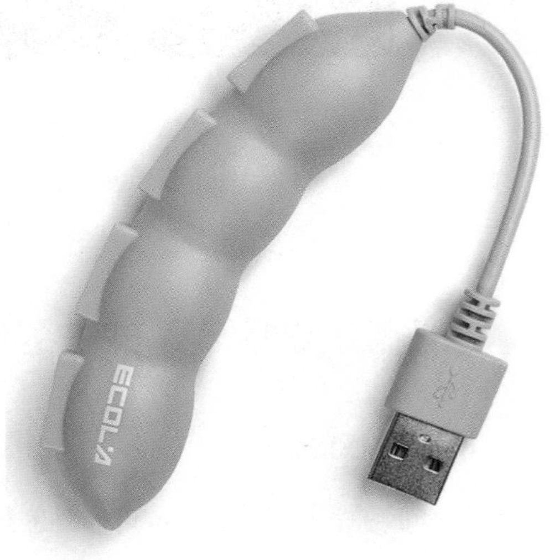
ECOLA

图 1.4.7

图 1.4.8

中国传统的设计哲学催生了“水立方”的概念设计。在中国文化里，水是一种重要的自然元素，并激发人们欢乐的情绪。设计师在设计时针对各个年龄层次的人，探寻“水”可以提供的各种娱乐方式，从而开发出水的各种不同的用途。设计师们希望它能激发人们的灵感和热情，丰富人们的生活，并为人们提供一个记忆的载体。

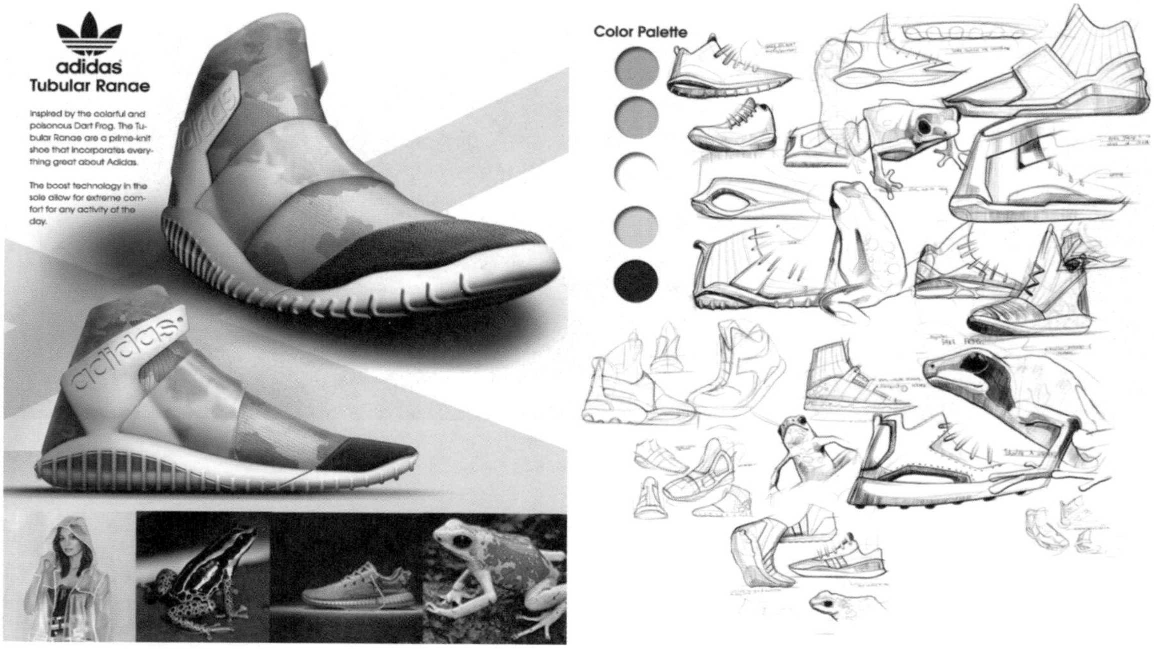
adidas
Tubular Ranae
Inspired by the colorful and poisonous Dart Frog. The Tubular Ranae are a prime-knit shoe that incorporates everything great about Adidas.
The boost technology in the sole allow for extreme comfort for any activity of the day.
Color Palette

图 1.4.9

Ranae 是阿迪达斯的一款仿生管状编织鞋，它的设计灵感来自毒箭蛙，整个鞋身的纹理、颜色借鉴了箭毒蛙的斑背以及背部丰富多彩的颜色，鞋后跟底部的形状模仿了箭毒蛙眼睛的轮廓，这款运动鞋同时提升了支撑技术，使人们在一天的剧烈活动后减少劳累感，身心都能得到极大的安慰。

1.5 产品创意设计表现的推敲与辅助手段

1.5.1 设计灵感的捕捉

形象思维的原理告诉我们，运用形象思维的手段，可以激发设计师的想象力、联想力、创造力。许多产品设计创意都来源于思维的直觉和灵感。好的创意来源于灵感的闪现，这一闪现的灵感是突发性、跳跃性的，稍纵即逝，很难把握，如图 1.5.1 所示。

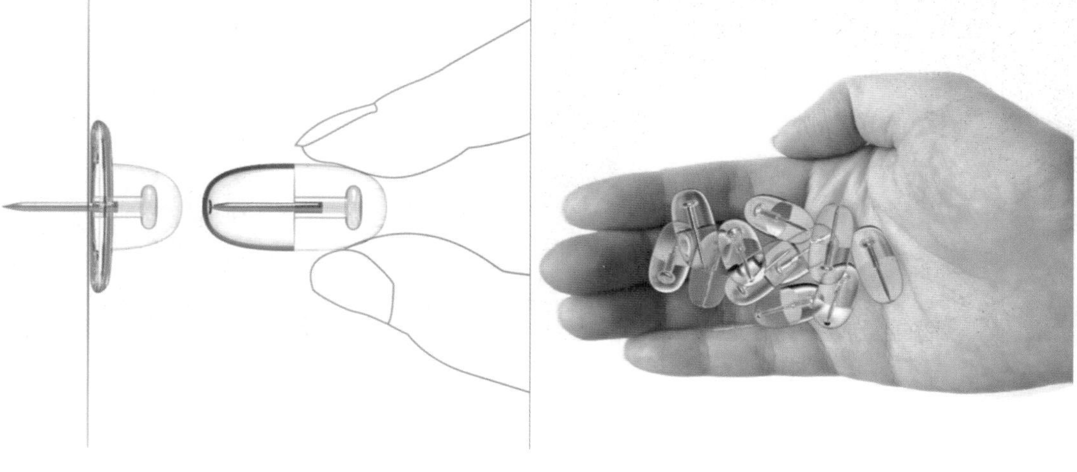

图 1.5.1

将空气囊和图钉两个设计进行了结合，在不使用图钉的时候，图钉针就藏在气囊中，可以避免使用者被图钉扎伤。

草图是捕捉设计灵感最好的方式，因为草图的语言是快捷而丰富的，它不单指简单的线条，还包括图形、标记、文字、词汇、数字等。需要的工具极为简单，一支笔、一张纸即可。草图有记录创意思维的作用，“草图可以贡献于设计的首先是便于阐明设计意图和便于设计师变换思想”，设计草图快捷多变的特点是其他手段难以替代的。芬兰现代主义建筑大师阿尔瓦·阿尔托在建筑设计时，常常采用徒手画设计方案，他认为一旦使用尺子就会受到规矩的限制，特别会影响思想的自由表达和形式的流畅。由于他的设计多为有机形态，因此，徒手画使他的想象思维创意得到充分的发挥，如图 1.5.2 所示。产品设计构思阶段的草图不宜过大，不拘形式，只要设计师自己理解即可，当然以准确快速的表达为好，如图 1.5.3 和图 1.5.4 所示。

1.5.2 电脑设计的介入

电脑设计是最佳的辅助设计方式之一，电脑对设计创意具有辅助与仿真模拟的特点，通过计算机的三维立体建模、材质赋予、光效的设定、空间场景的模拟等，把人们带到一个虚拟而真实的境界。这也包括电脑动画以及虚拟现实技术。结构主义设计大师弗兰克·盖里的建筑设计采用有机形态、结构复杂多变，在设计西班牙毕尔巴鄂古根汉姆博物馆时，盖里运用三维自行追踪电脑系统完成了复杂的解构形态设计工程图，解决了复杂的技术难题，扎哈·哈迪德的设计创意由于其形体的复杂性也是运用了电脑绘图来进行充分的分析和表现才使其设计展现于世人，使设计创意得以实现。图 1.5.5 展示的是扎哈·哈迪德设计的广州大剧院。

实践证明，电脑图及动画模拟使设计更加严谨、理性，更加直观，使设计有了更加广阔的推敲空间。作为设计师，掌握三维软件技术，并在产品设计中加以灵活的应用，这样才能更好地为今后的产品创意设计工作打下坚实的基础。

设计中经常用到的设计软件 Alias、Maya、Softimage XSI、Lightwave、3ds Max 等，根据设计专业需要，熟练掌握三维软件技术，并在产品中加以应用，把各软件不同的功能联系贯通，并结合产品特征，综合几大软件的优势，扬长避短而又灵活地制作设计产品。应该理解，软件技术不只是工具和表达手段，也是设计很好的助手，要很好地设计和表现一个产品还需要设计者本人具备与艺术相关的许多知识，利用三维技术再现设计师的所思所想，更好地表达产品设计的本质，如图 1.5.6 所示。

1.5.3 虚拟现实设计的利用

1. 虚拟现实的概念

虚拟现实技术汇集了现代多媒体、人工智能、人机多维界面技术、传感器技术等高科技，并通过人的视觉、听觉、触觉、手势或语言，建立人、机、行为一体化的信息空间，形成一种逼真的、动态的、多维的虚拟模型。

2. 虚拟现实技术的发展

近年来，虚拟现实技术已逐渐应用到如航空、汽车等工业设计中。在 20 世纪 80 年代末，主要应用是桌面虚拟现实系统，一般在工作站上工作，属于初期阶段；20 世纪 90 年代中期，采用沉浸式虚拟现实系统，应用各种传感器，配合动画，显示出 1∶1 的虚拟形象进行设计操作。一些跨国集团公司已试行分布式虚拟现实系统，可在网络环境中，充分利用分布在世界各地的各种资源，协同进行互动性的产品设计，甚至请顾客在融洽的气氛中，共同探索产品的开发。

été
hiver
été
hiver

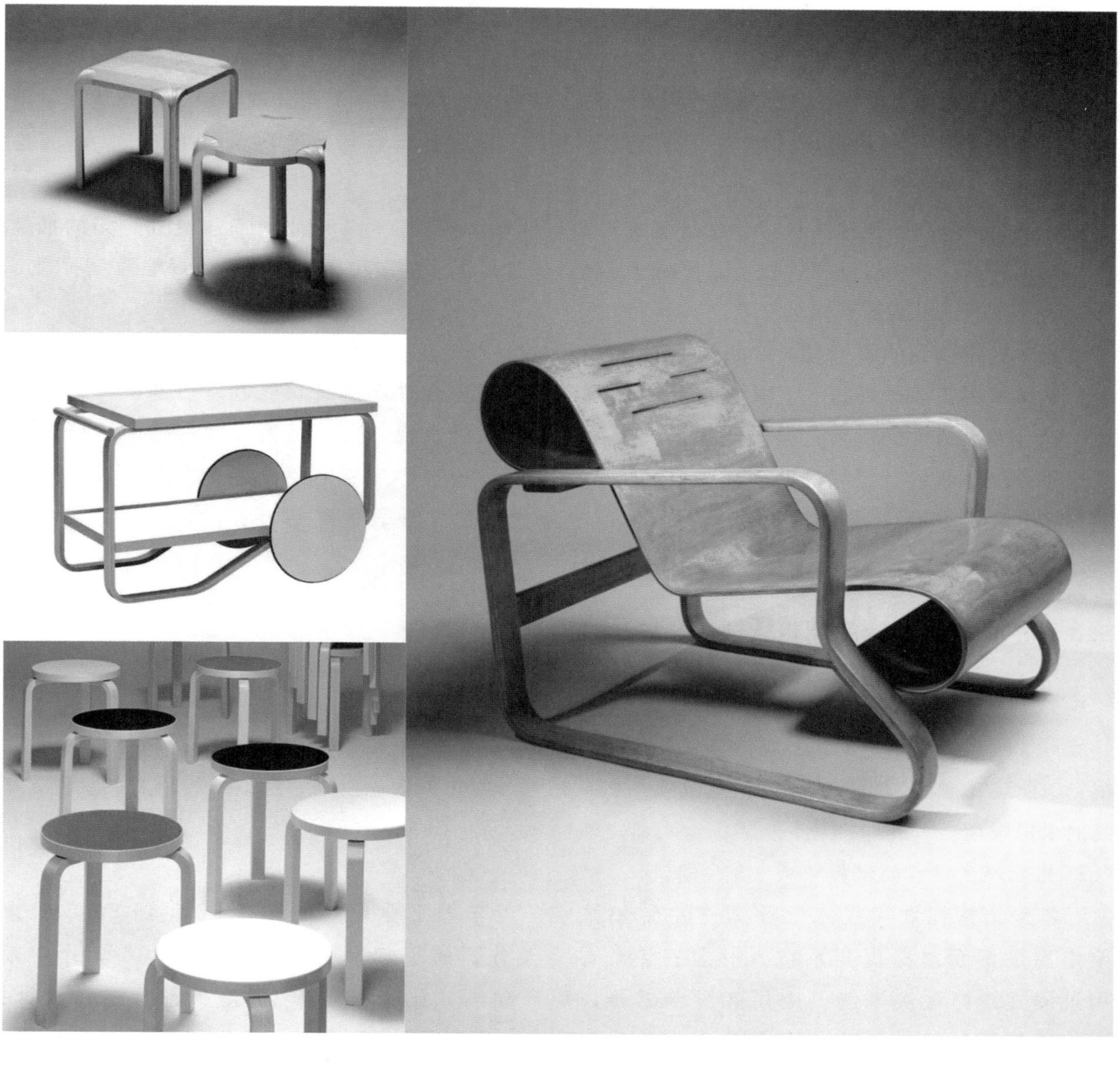

图 1.5.2

PUNCHED STEEL SHADE

图 1.5.3

SONY

图 1.5.4

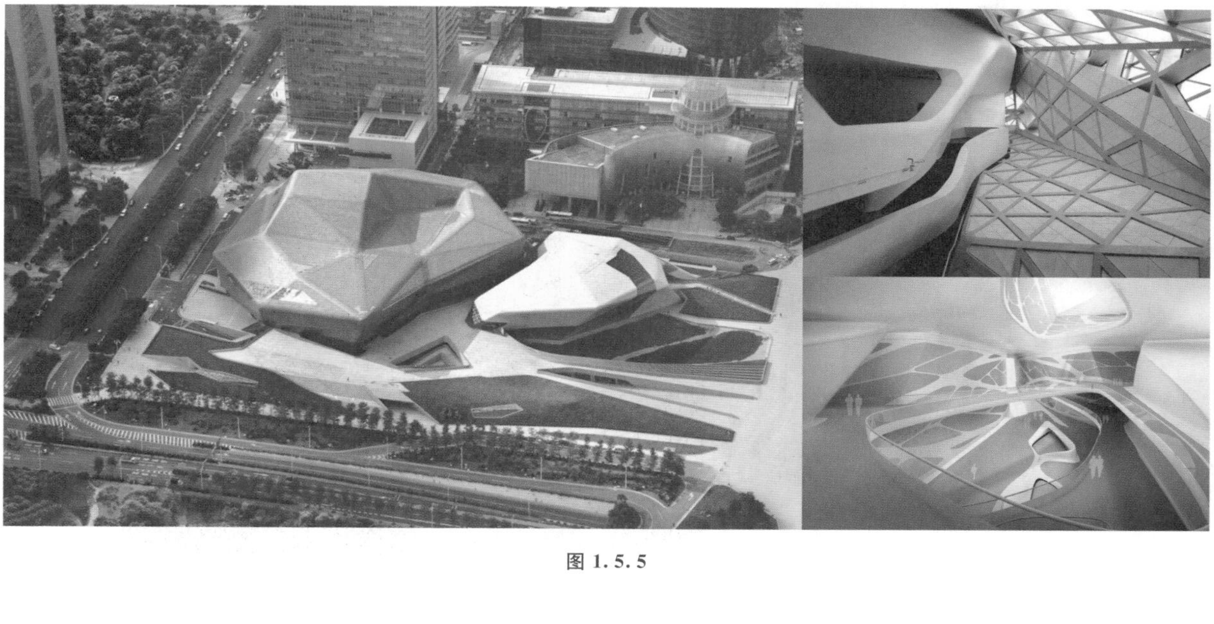

图 1.5.5

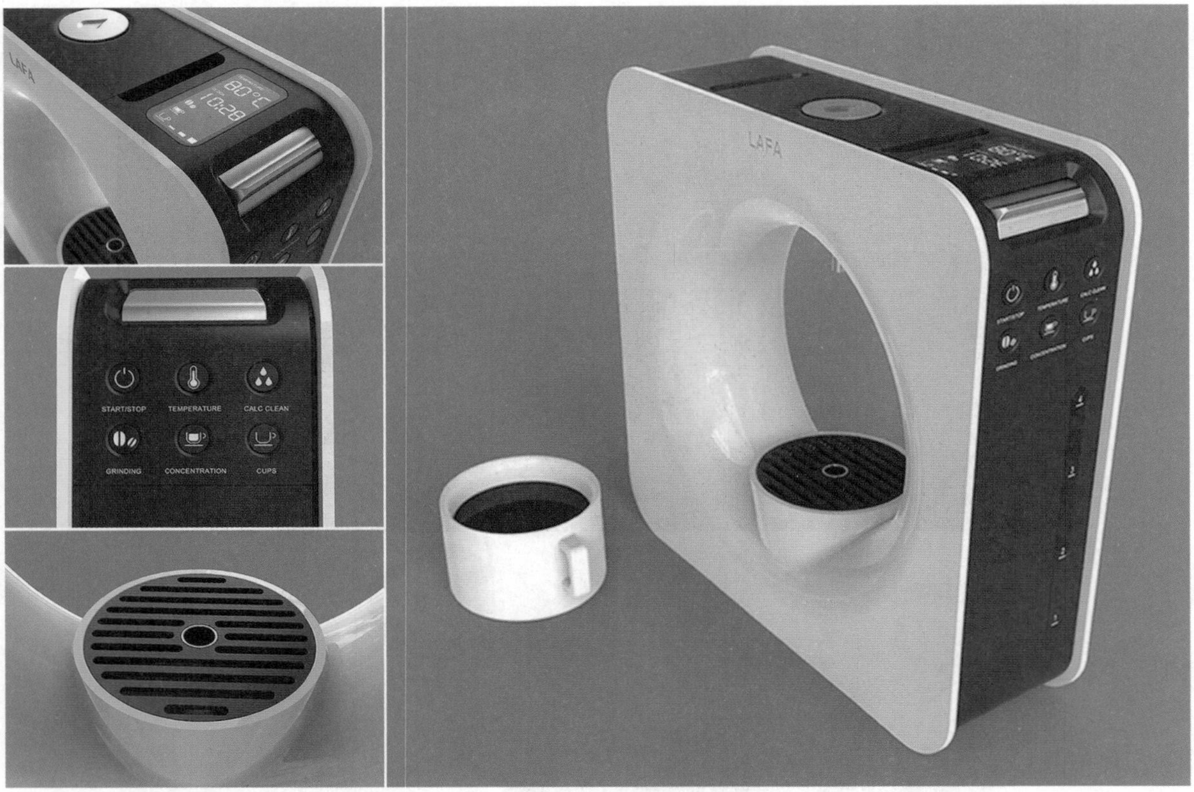
LAFA
80°C
10:28
START/STOP
TEMPERATURE
CALC CLEAN
GRINDING
CONCENTRATION
CUPS

图 1.5.6

3. 设计领域虚拟现实的应用

在传统的工业设计中，我们一直使用二维的平面图来表达设计思想，即使是使用计算机三维软件，我们最终也不能完整表达设计者的意图，而基于虚拟现实技术的工业设计方法是以数字化的三维模型作为设计思想的载体，全面表达设计者的意图。可以根据自己的需要任意放大、旋转模型，主动索取信息，从而实现工业设计由面的表达向体的表达的突破。利用电脑、手绘板等方式，将设计方案做成可以任意放大、旋转的电子数据模型，通过网络传递，用于设计交流，这是一种更为符合人类感知习惯的高效的设计表达方式。

工程师可以通过虚拟模型观察外部结构和外部结构的关系，并根据需要调整，设计师又可以相应地改变外部形态，使各领域的人员协同进行设计。

基于虚拟现实的工业设计可以通过 VR 设备，将人置身于产品的虚拟世界，研究人在产品操作中的动作关系，为产品的尺度定位提供依据。可以将赋有不同色彩和材质的虚拟数字模型通过 VR 设备置于它的使用环境中，让受试者得到身临其境的体验，从而科学地确定产品的色彩和材质。

基于工业设计的基础进行设计，它将设计师的理念和设计体验者可以理解的方式来传达，利用网络使设计师、工程师、制作者使信息交融逐渐加深，符合现代设计技术发展的大趋势，如图 1.5.7～图 1.5.10 所示。

1.5.4 三视图及三维立体预想图的组合运用

三视图和三维立体预想图是设计表现的“组合拳”，视图可以使设计师对设计的尺度有准确的把握和深刻的理解。视图有助于我们研究设计各要素比例的相互关系，相互作用，从而进一步的完善设计，从设计概念到方案的最终完成，三视图的确定很重要，准确的视图设计是设计的良好开端，也是尽快介入最终设计的保障。

oculus

图 1.5.7

图 1.5.8

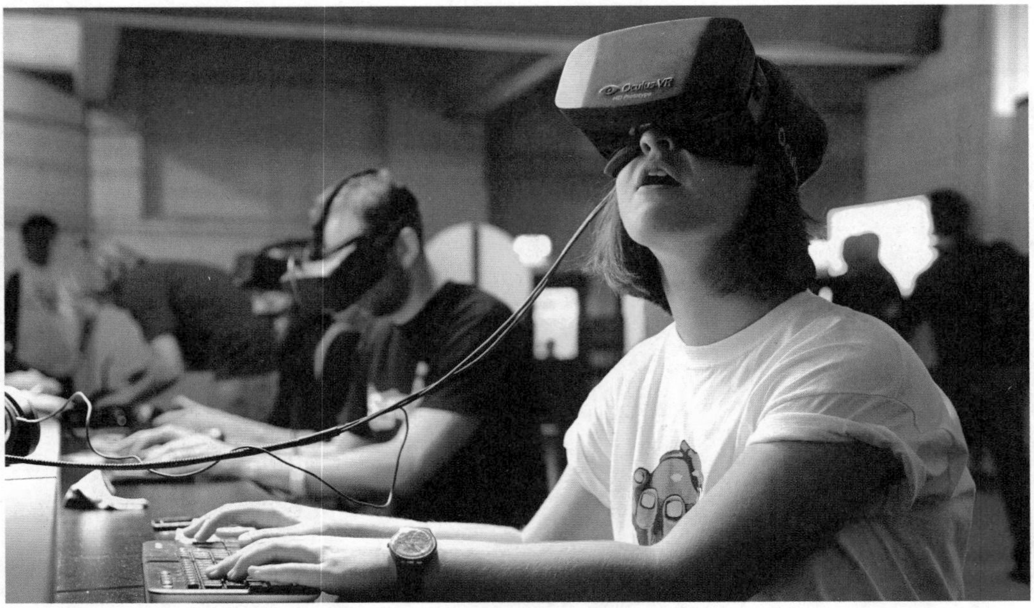
Oculus VR

图 1.5.9

SPROUT

图 1.5.10

图中所示的产品是运用虚拟现实技术的“Sprout”胎教助手，融合了语音胎教、音乐胎教、腹部扫描等多项功能。这给准妈妈怀孕期间带来了无限乐趣，同样又减少了去医院做检查的苦恼，提高了效率。在必要期间，孕妇可以查看胎儿发育情况，若出现问题，及时与医师取得联系。

通过视图确定的尺度，简单的调子、起伏的阴影可以很快的画出产品的形态、造型尺度、比例关系，使设计更趋准确，如图 1.5.11～图 1.5.13 所示。

画三视图，结合坐标纸的使用，无疑是一种省时又省力的好办法。坐标纸是一种坐标网格组成的图纸，可以依据设计的课题内容的大小、复杂程度，选定比例尺，如一个格子代表实长多少，这样，我们就可以准确地在坐标纸上画出各种尺度的视图，整体的立面图、局部图、剖视图等，而且可以迅速、准确、灵活地展示出我们的设计。在坐标纸上画三视图，可以让我们始终有个尺度观念参照，画图时，可以徒手，也可以借助绘图仪器。坐标图为绘制三维立体预想图和实物制作的快速准确打下良好的基础，无论是初学者，还是成熟的设计师，掌握这一技巧无疑是很好的设计方式。

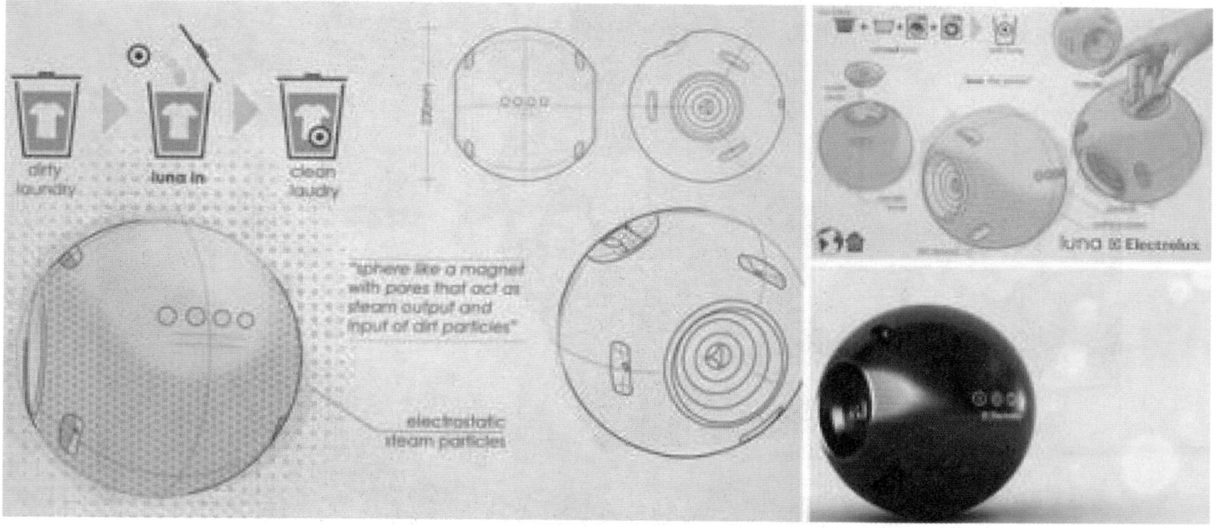
dirty
laundry
luna in
clean
laudry
"sphere like a magnet
with pores that act as
steam output and
input of dirt particles"
electrostatic
steam particles
luna Electrolux

图 1.5.11

Considered

图 1.5.12

图 1.5.13

1.5.5 方案的推敲与完善——模型的作用

在产品设计中模型起着非常重要的作用，模型可以分为概念模型与仿真模型，这是用三维方式来模拟研究设计的好方法，具有更加直观的艺术效果，在完成纸面设计、尺度关系图，三维立体预想图后，我们可以进一步的用模型来推敲设计，研究设计的功能、结构、各部位的空间比例尺度、空间关系、形态、节点、细部、色彩、灯光效果等，这种三维方式模拟手段直观，可以将人带到真实的境界。图 1.5.14～图 1.5.17 所展示的是一个壁炉清扫工具模型的研究过程。

图 1.5.14

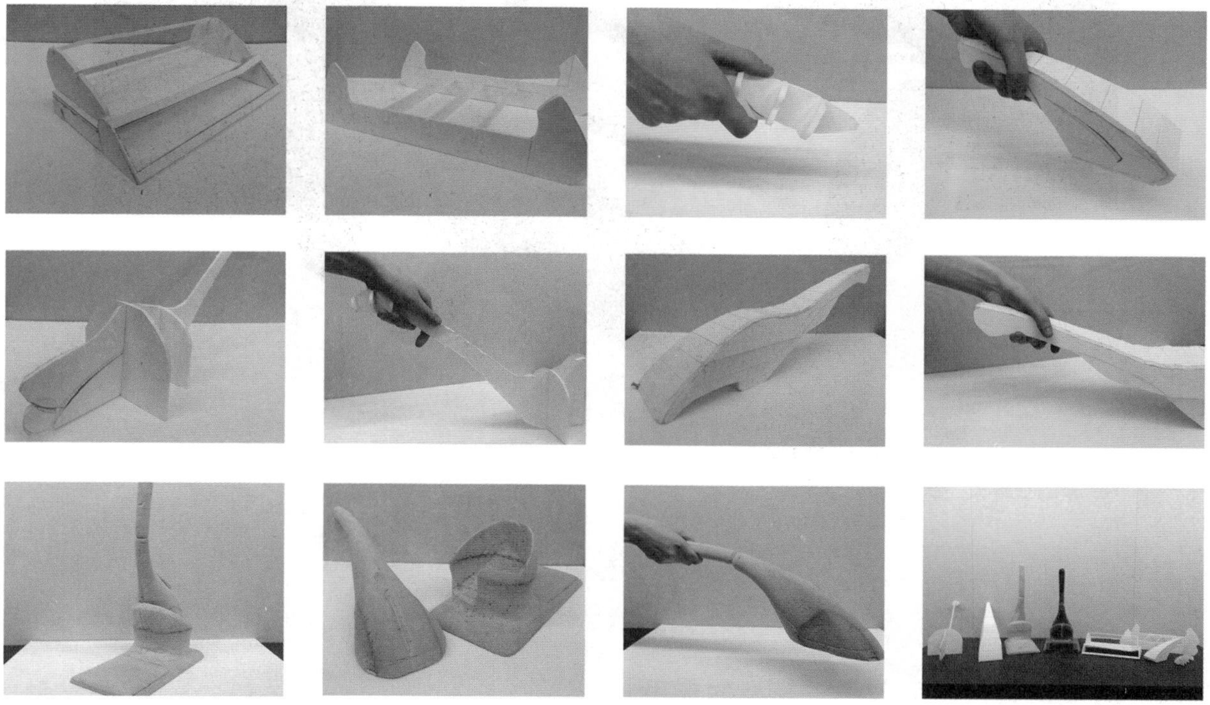

图 1.5.15

总之，完成引发及辅助设计创意的媒介方式是多种多样的，每种媒介都有其独有的特点，在不同的阶段起着不同的作用，熟练地掌握和运用这些媒介，可以迅速地激发设计师的灵感，加速设计进程，最后完成设计。

Z-GRIP
Shellac

图 1. 5. 16

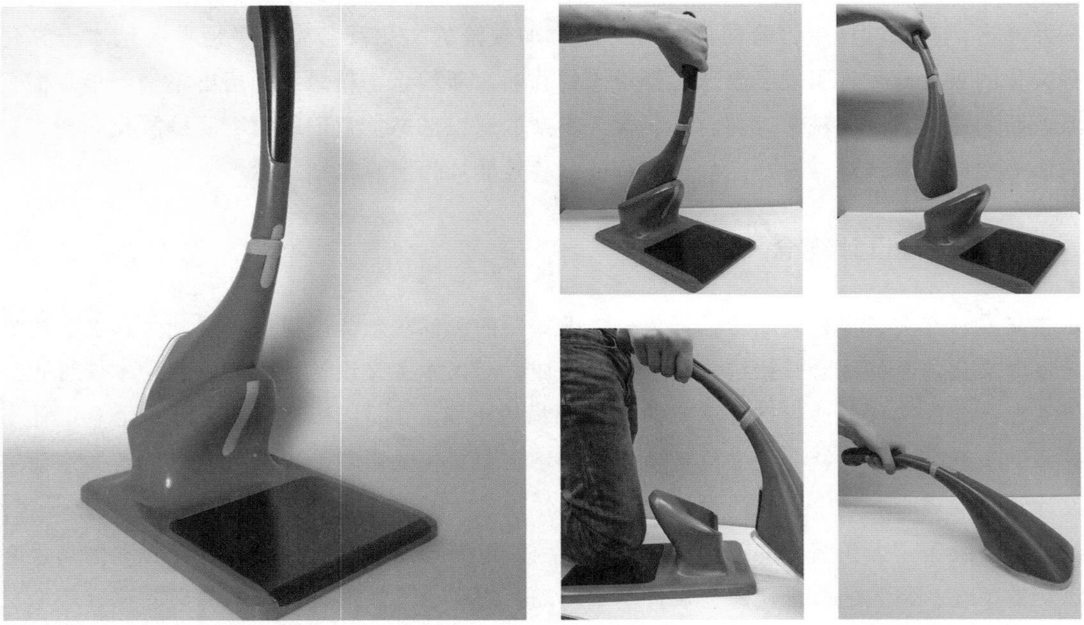

图 1. 5. 17

复习思考题

1. 产品设计创意思维包含哪几个方面?
2. 寻找 3～5 个具有代表性的产品，并分析它们的产品设计切入点。

第 2 章　产品设计创意与设计观念

2.1　产品设计的观念

“观念”源自古希腊的“永恒不变的真实存在”。“观”即看法，“念”即想法，它是指人类支配行为的主观意识。观念的产生与人类所处的客观环境是密不可分的，它源自我们生活的客观世界。实际上设计观念是推动设计文化性延伸的源力，它根源于国家或民族的历史、地理、风土人情、传统习俗、生活方式、文学艺术、行为规范、思维方式、价值观念等基础范畴，对人们诠释生活、承接文化、发展历史、超越现代的社会文化发展起着至关重要的作用。

观念不仅是一种文化现象，也是一种历史现象，它随着社会历史文化的推动而不断发展演进。观念具有时代性的特点，不同文化时期会产生不同的设计观念，映射着不同的社会历史文化，同时又是文化向纵深发展的产物。当今时代，观念的发展日臻成熟和完善，各种思想交流融合、互相渗透。随着世界经济的迅猛发展以及信息时代大传媒的作用，全球化在商业和城市环境中已表现得非常广泛，带来异质文化的相互冲击，在此过程中，跨国接触与交流愈加频繁的文化观念引发了世界各地本土文化的再发现，这种文化的吸收与兼容引发了全球设计观念的井喷。新观念、新思维的层出不穷为信息时代的产品设计注入了新的血液。这些观念，契合着现代人复杂的意识形态。它们取自不同的文化思想，延展着丰富多彩的历史文明。设计观念对产品的创新设计起着重要的作用。

2.1.1　人本主义与设计观念

人本主义设计在文艺复兴运动中，作为一个很重要的设计观念类型得以发展壮大。在当时文化背景下，以人性为文化内容的观念开始统领整个文化领域，而人本主义设计中所体现的人本属性也为当时历史条件下工业社会的文化形成带来了适宜的思想和物质土壤。到了 19 世纪下半叶，由于工业革命引发了社会关系的一系列变革，社会的文化环境开始传承工业文化的影响，人与机器的主客关系研究成了人本主义设计观念的重心。这个阶段的设计观念主要体现在人机关系的不断修正与超越中。20 世纪 80 年代以来，马斯洛关于“人类需求的五个层次说”被引入设计理论中，设计从人性、心理的角度对人的需求进行深切的关怀，将人的需求还原为设计基本驱动力的观念逐渐形成，人本主义的设计观念又被赋予了新的内涵。进入信息文明时代，人类发展开始受到自然力的制约，从而迫使人类不得不重新审视自身与自然的关系，人们开始反思“人本”的设计思想。尤其是随着时代的发展，随着人类对自然以及自我认识的愈发深入，人类越来越认识到自己是大自然中的一部分，人类自身的力量在大自然面前显得如此渺小和柔弱。人本主义的设计观念超越了原有的对主体狭义的限定，形成了“人与自然和谐共生”的全新人本主义的设计观念，如图 2.1.1～图 2.1.5 所示。

2.1.2　现代主义与设计观念

20 世纪，重要的、主流的设计观念是高举“与传统分道扬镳”旗帜的现代主义，它是各种美术流派和文化思潮引发的设计观念的结晶。现代主义伴随暴风般的文化革命进入到设计领域，它反映了这个

图 2. 1. 1

“PH”灯这一设计早在 1925 年的巴黎国际博览会上，便作为与著名建筑师勒·柯布西耶的世纪性建筑“新精神馆”齐名的杰出设计而获得了金牌，并且至今仍是国际市场上的畅销产品。成为诠释丹麦设计“没有时间限制的风格”的最佳注脚。

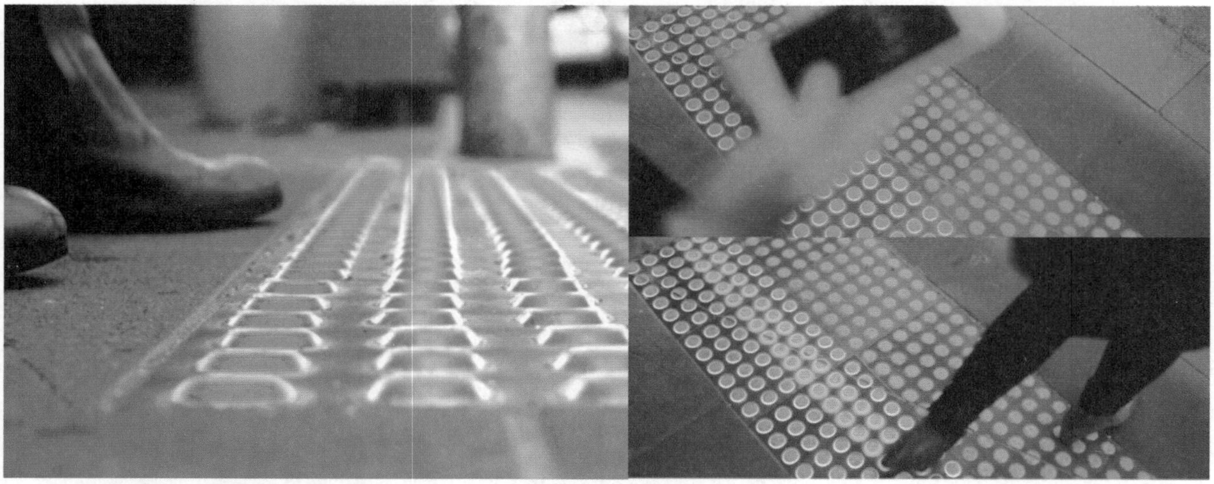

图 2. 1. 2

墨尔本的设计师 Büro North 注意到，自 Pokémon GO 上线以来，许多人在过马路时视线都不曾离开手机，这无疑是十分危险的行为。Büro North 便希望用设计来提醒人们注意安全，推出概念设计智能盲道系统（Smart Tactile Paving）。它其实是安置在地上的信号灯，红色代表禁行，绿色代表可以通过。当人们走到突出的纹理处便能意识到已经到达路口，即使是低头玩手机也能用余光瞄到信号灯，在一定程度上可以提醒玩家注意安全。

时代政治、经济和精神文化生活的重要变革，反映了这个时代人们极其复杂、丰富的思想感情和极为深刻的哲学思考。对现代主义设计发展起了重要作用的是现代工业和科学技术。现代主义设计对待现代科学和机械文明的心理和态度是复杂的，但这并不意味着现代主义的主流与工业社会的进程相反。事实上，工业和科技文明剧烈地改变着现代社会的面貌，从精神上有力地推动了现代主义的迅速变化。现代主义的这些特征，使它们具有不可忽视的社会历史的和审美的价值，它们是西方现代社会和现代精神生活的真实写照，如图 2. 1. 6 和图 2. 1. 7 所示。

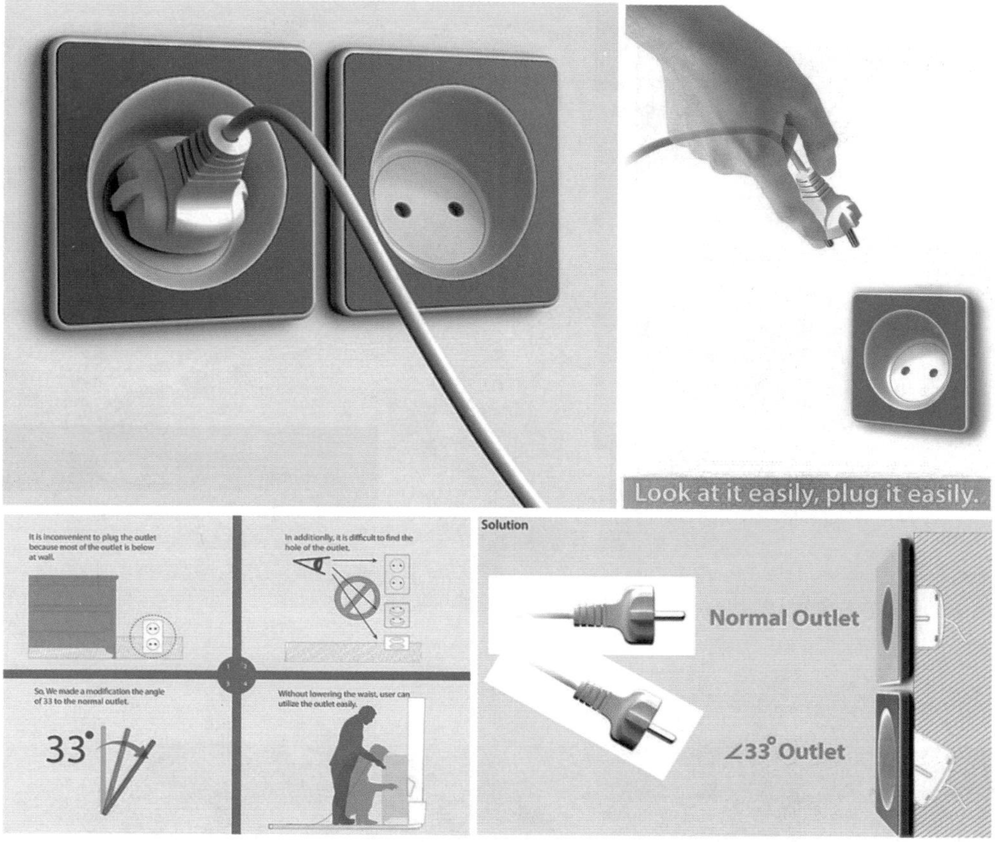
Look at it easily, plug it easily.
It is inconvenient to plug the outlet because most of the outlet is below at wall.
In additionlly, it is difficult to find the hole of the outlet.
So, We made a modification the angle of 33 to the normal outlet.
33°
Without lowering the waist, user can utilize the outlet easily.
Solution
Normal Outlet
∠33° Outlet

图 2.1.3

图中所示产品为∠33°OUTLET 插座设计：将墙面的插座倾斜 33°以方便人们的使用，虽然免不了弯腰但是至少在使用的过程中操作的角度会更加舒服。

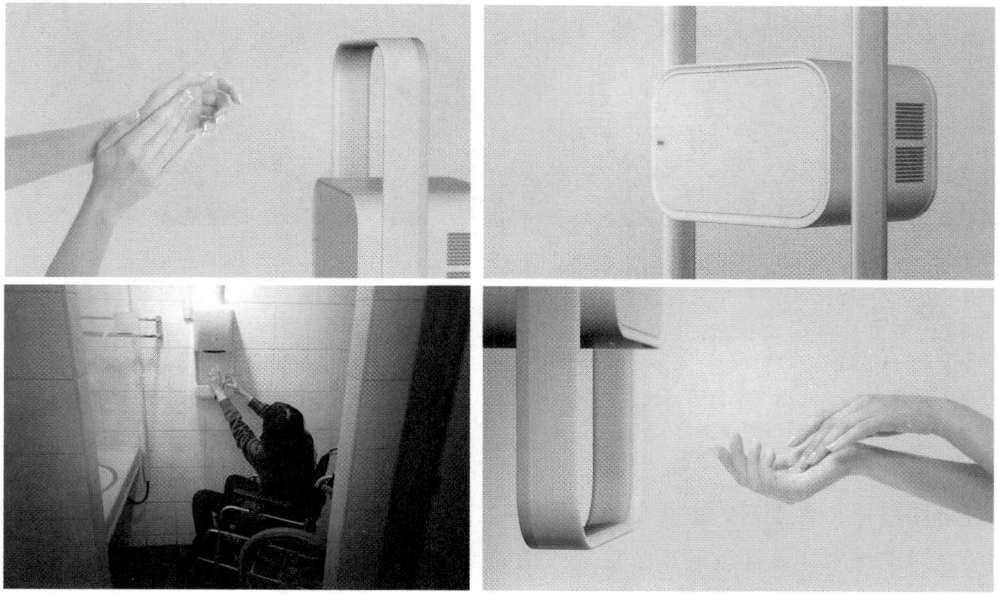

图 2.1.4

图中所示为三星集团为残疾人设计的干手设施，该产品上下都可以出风，上出风为正常人身高所用，下出风适合残疾人坐轮椅的高度。

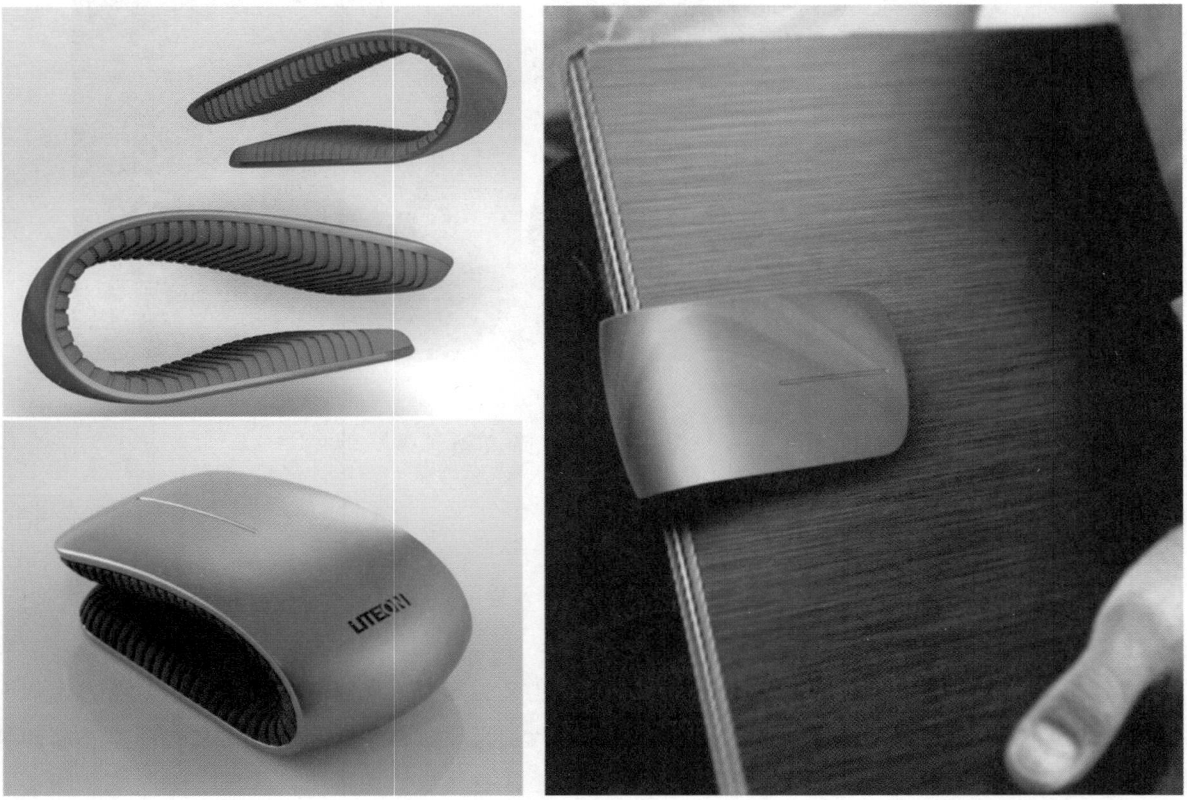
LITEON

图 2.1.5

图中所示是一款来自设计师 Frank Guo 的创意作品，C 形鼠标（Clip Mouse）。设计师将普通鼠标变成了性感的 C 字裤一般的造型，内衬了防滑垫，可以超级方便地夹在笔记本电脑上。采用无线的方式与电脑连接，并使用了多点触摸的操控方式，整个鼠标没有一个滚轮和按键，带给人们全新的操控理念。

AD110
11 47 4

图 2.1.6

图中所示为德国著名设计师迪特拉姆斯的作品。迪特拉姆斯将系统设计方法在实践中逐渐完善并推广到家具乃至建筑设计，使整个空间有条不紊、严格单纯，成为德国的设计特征之一。

DRINK
Coca-Cola
ICE COLD
Coke
Coca-Cola
Coke

图 2.1.7

美国工业设计之父——雷蒙德·罗维让可口可乐成为美国文化的象征，给可口可乐公司带来了巨大的商业利润，人们都称他为世界上最具天赋的商业艺术家。他赋予了瓶体具有女性柔美的曲线，并且去除浮雕图案，使用清晰的白色文字“Coke”与“Coca－Cola”。并且在 1960 年，他以菱格设计了第一瓶铝罐装可口可乐。

2.1.3 后现代主义与设计观念

承接着现代主义的文化衰落，随之而来的是后现代主义的形成。伴随着文化领域中对西方现代设计的批判与反思，后现代主义形成了一股文化思潮。后现代主义在综合传统和现代的文化精华方面超越了现代主义，它承认了被现代主义否定的传统，注意对各地区各民族优秀传统文化艺术的吸收和借鉴。后现代主义设计以其亮丽的色彩和轰动的展示效果也曾成为传播媒介的热点。这一观念的形成其实是在现代主义的阴影中成长的，它仅仅是在形式上对现代主义的反叛，但究其根本后现代主义是现代主义在美学层面、文化层面上的一种修正、一个变种。后现代主义加以弘扬的许多方法与原则，在现代主义的美术中已经尝试过、试验过，只是在后工业社会里把个别的方法和原则加以极端的发展和夸张。他们反思现代主义设计的话题，激发了设计师的创造灵感。然而在一味的反驳中，后现代主义观念扭曲了科技和理性的美好一面，逐步走向了设计观念的绝境。后现代主义设计被理解为一种文化上的“放任主义”情绪，它声色相映的辉煌仅仅昙花一现，如图 2. 1. 8～图 2. 1. 12 所示。

Level 1

图 2.1.8

以色列著名建筑设计师 Ron Arad，他的一生设计了非常多的作品，以家居设计和建筑设计闻名。Ron Arad 一直坚持以不锈钢、铝和聚酰胺作为主材料，有了后来独特的 Ron 氏风格。这辆为公益活动设计的单车拥有让人过目不忘的花形车轮，Ron 利用弯曲回火钢材打造了这两个“花轮”。

图 2.1.9

解构主义建筑大师扎哈·哈迪德的家具设计，说是设计其实更像造型艺术，特别是她的草图绝对算得上解构主义绘画，是外人无法解读的。传奇的经历，给自己更是给作品蒙上浓郁的神秘色彩。

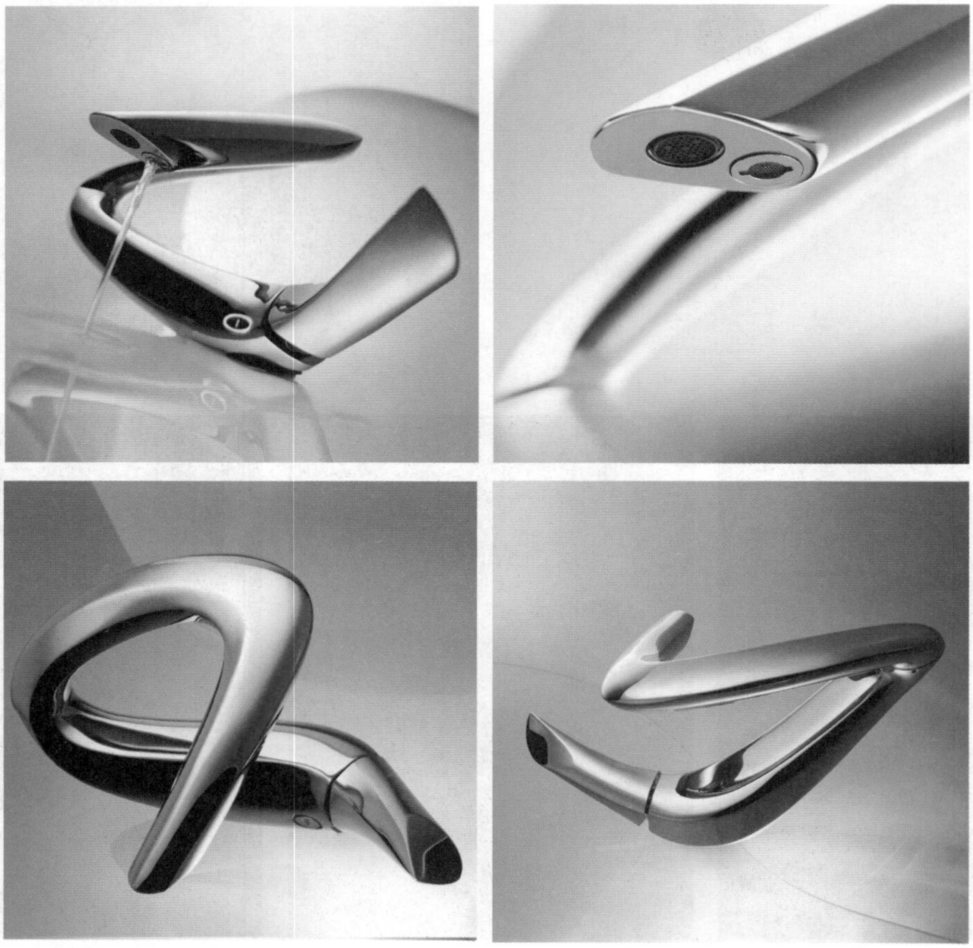

图 2.1.10

图中所示的这款属于扎哈·哈迪德唯一的跨界卫浴水龙头作品，充满了未来设计感，设计灵感来源于水流运动的美态，龙头的流动性展现出液体瞬间凝固的张力与惊艳，以纯粹的抽象形态表现纯粹的精神，每个方向都具有不同的曲线造型。内部采用专业净水隔离结构，纯净水和自来水完全分开流道，避免不同水质交叉污染，可提供四档水温，纯净水为触控开启，普通水则使用机械把手控制。

图 2. 1. 11

图中所示为设计师法布里奇奥·巴托尼设计的水龙头，后现代感的线和曲线是这个设计的基本元素，设计紧贴环保主题，又能有效地节约用水。

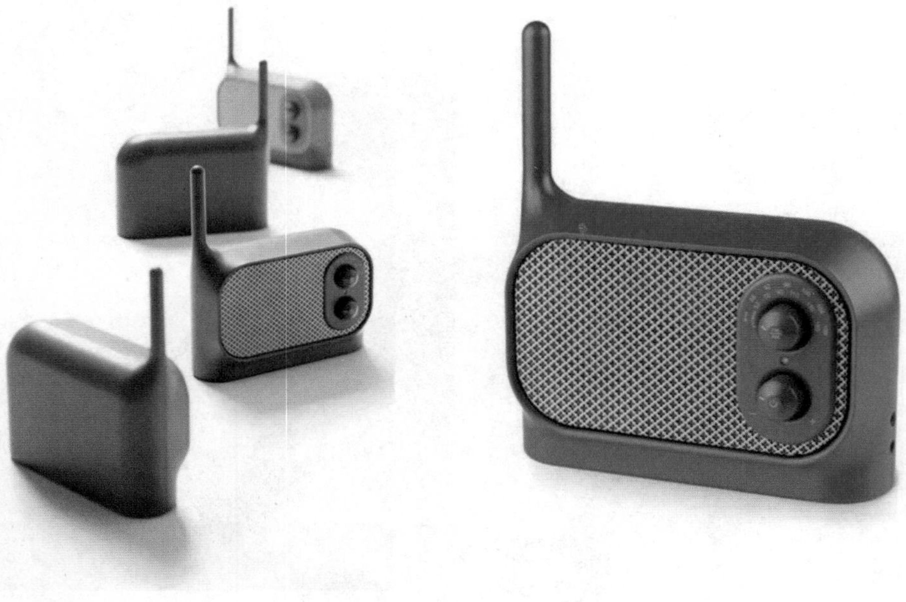

图 2.1.12
图中所示的 Smaradio 智能收音机为美国胡桃木搭配中国数千年的榫卯工艺。除了调频功能，这款收音机还配备了许多互联网的内容，蓝牙和 Wi－Fi 连接方式让音乐播放更加灵活。

2.1.4 设计观念与地域文化

众所周知，现代科技的发展导致了全球化的文化趋同现象，一种强势文化观念会迅速蔓延到世界各地，但这种强势文化的产生都是基于深层次的文化特异性。因此，地域性与民族性文化的发掘日益受到人们重视。“多元文化论”得到人们普遍的支持，说明由于地域文化的特异性所形成的概念设计具有顽强的生命力和蔓延性。在这种观念的指导下，地域性文化在一定条件下可以转化为国际性文化，而国际性文化也能够被吸收和融合为新的地域文化。这种全球性的文化观念多元构成是推动设计观念多元化的重要力量，在某种意义上，设计观念的地域性与国际性的特异与融合就是设计观念地域性的再创造。

2.1.5 设计观念与情感

基于信息技术的革命，设计观念的产生和发展正发生着深刻的变化，人们除了要求产品的物质功能被充分满足，还要求产品的精神功能让用户交流和宣泄情感。观念能够触及所有人的意识活动，满足人的精神需求，实现情感所必需的积极性、大众性、统一性、深刻性。由此可见，对观念的创造和发展是产品设计实现情感化的重要手段，如图 2.1.13 和图 2.1.14 所示。

2.1.6 设计观念与社会审美

设计观念的审美因素与审美标准是由人群精神活动和物质活动共同规范的，认识运用这些审美观念是设计的前提，服务人类是设计的目的。产品设计从观念出发才能创造出大量具有广泛性、客观性的美的形体。并且美同观念一样在各领域、时间、空间范围里的价值不是一成不变的。观念中美的产生就是人的大脑对客观美的正确反映，设计观念在不断地对文化的继承与超越中形成审美的多样统一。

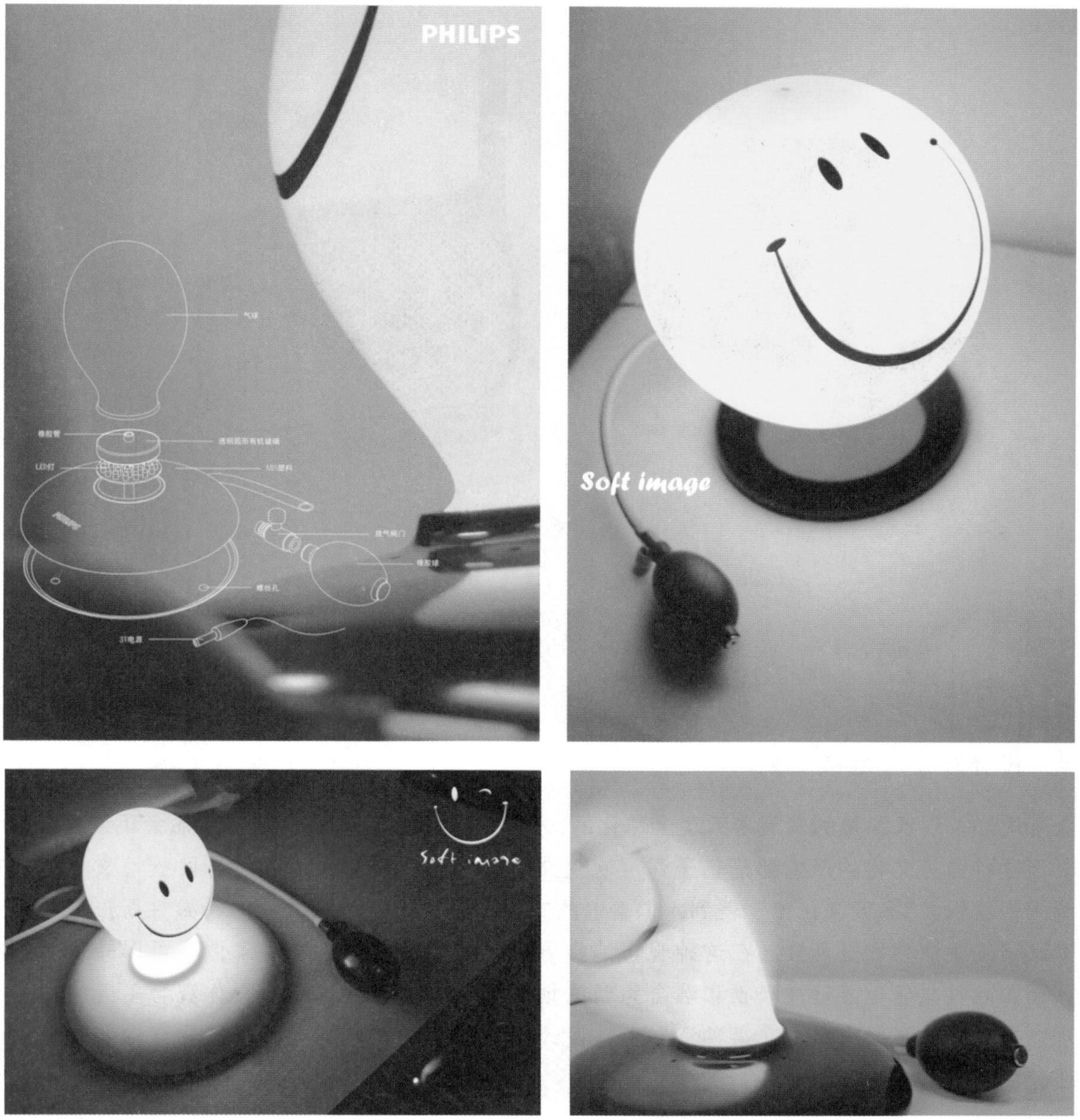
PHILIPS
Soft image

图 2.1.13

图中所示的灯具是由橡胶球灯罩、有机玻璃和 ASB 塑料组成的底座以及橡胶球挤压开关构成的。这盏灯的开关与常规的开关有些不同，它是一个利用挤压泵原理的简单橡胶球，开灯时就像是给气球打气，通过挤压橡胶球开关把橡胶球的灯面撑起来，灯就亮了。橡胶球的尾端有一个放气阀门是用来关灯的，打开放气阀门泄完气后，灯就熄灭了。

对设计观念的文化针对性不能简单理解为对时代文化精神的片面截取，引领产品设计的发展必须了解和掌握设计观念的文化传承，探究社会深层的观念文化导向。通过发掘观念形成的文化性与历史性，以及设计观念所具有的主观性、发展性、多样性和概括性等文化特征，来正视设计观念的文化历史传承作用。设计观念虽丰富多彩但并非完美无缺，更不可能是永恒的，我们透过姿态万千的设计新观念，能清晰地体味到无数设计者孜孜以求的奋斗精神和整个社会对文化、情感的追求，也正是因为这种执着的追求，人类才能不断走近文明的顶端、不断创造奇迹。层出不穷的新观念、新思维为信息时代的产品设计注入了新的血液，观念契合着现代人复杂的意识形态，他们取自不同的文化思想，延展着丰富多彩的历史文明，新设计观念思想对产品的创新设计起着重要的作用。信息时代观念的发展已经日臻成熟和完善，各种思想交流融汇，互相渗透，如图 2.1.15 所示。

图 2.1.14

1010
ALESSI
1010
ALESSI

图 2.1.15

2.2 当代设计创意理念

随着世界经济的迅猛发展以及信息时代大传媒的作用，全球化在商业和城市环境中已经表现得非常广泛。全球化带来异质文化的相互冲击，在此过程中，愈加频繁的跨国接触与文化观念交流引发了各地本土文化的再发现，而不是文化帝国主义或媒介帝国主义所说的同质化，这些文化的吸收与兼容引发了全球设计观念的井喷。层出不穷的新观念、新思维为信息时代产品设计注入了新的血液，设计观念的盛世来临了。前卫时尚的概念设计、生态环保的绿色设计、细腻亲切的情感化设计、有条不紊的慢设计、真实深刻的体验设计、善于反思与调整的再设计，静默的、喧嚣的、简单的、繁复的、浅显的、深奥的无所不有，它们形随意变，渐渐契合着现代人复杂的内心意识形态。他们抽取自不同的文化思想，同时又延展着丰富多彩的历史文明。

2.2.1 慢设计

慢设计是基于人们对精神生活的追求而提出的淡化产品功能、强调审美同情的设计概念。对于讲究功能的人而言，慢设计显得复杂且没有必要，但它改变了长期以来“快”给人们僵化、冷漠的感受。它用一种近似仪式的使用过程，触摸人们内心最容易被感动的情结，使人忘记时间的流逝，感受生命刹那的静谧。好的设计灵感或许只有在这种随性、超然的感知状态下才能够产生，这种将生活复杂化的设计承载着心灵交流的温馨和乐趣。这一观念倡导“慢”生活，只有我们慢下来，不盲从日常事务运作的节奏，我们才有可能忘却外在的一切缧绁之苦，才有可能忘记自身世俗的存在，在陶然沉醉中进入美的体验境地，如图 2.2.1 所示。

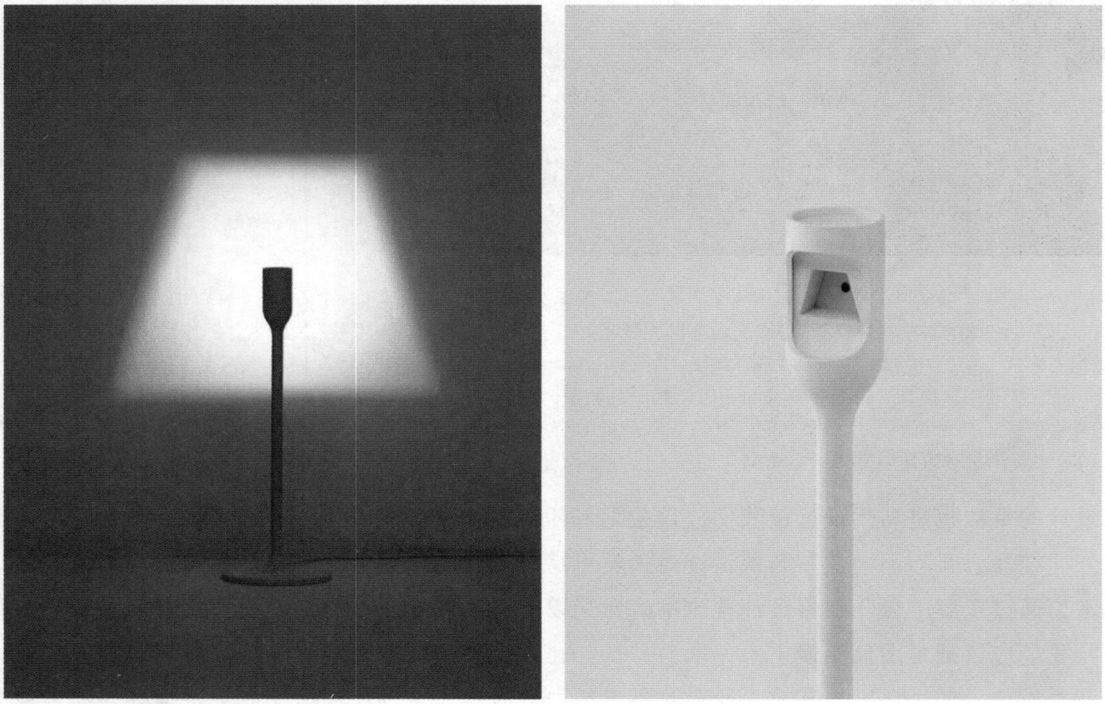

图 2.2.1

图中所示的是一盏普通的台灯，但走近看，会发现它并没有灯罩，只是由极简的支架以及一个几何形的 LED 发光源组成。接上电源，它便在墙上投射出灯罩轮廓的光，自动“组装”成为一盏灯。

在人的情感体验中，慢是由“返虚入浑”，静静体味对象的起始。慢设计有时会通过故意制造一些小麻烦让我们在使用产品的过程中慢下来，遗忘现实生活中的琐碎与忙碌，和身边的世界有额外的交流，品味产品的生趣，体验到轻松和缓慢的感触，从而达到享受生活的目的。其产品的功用性是不会被人们一目了然地知晓，因为它正是通过这种功用的模糊性慢慢使观赏者淡忘该产品的使用“目的”，也就是说，慢设计使人与产品的实际用途之间拉开距离，从而帮助人们徜徉于精神生活的世界。

慢设计的“慢”不是指设计时间的长短，而是强调设计师在设计创作中也应处于一种平和、放松、随性的感知状态，即遵从内心最率真的状态。在这样的状态下，慢设计的作品以一种令人惊讶又可亲的形象展现出来。它用一种近似仪式的使用过程，触摸人们内心最容易被感动的情结，使人忘记时间的流逝，感受生命刹那的静谧。天地万物周行不止，只是随我慢下来了。古今中外的学者向来强调“超越当下”。好的设计灵感或许只有在这种随性、超然的感知状态下通过“澄怀”去“味象”，即“澄观一心而腾踔万象”，如图 2.2.2 所示。

SAHAR

图 2.2.2

对生活在发展中国家贫困地区的人们来说，要喝上安全的牛奶并不是一件容易的事情。为了帮助人们免受传染病的困扰，耶路撒冷以色列艺术设计学院（Bezalel Academy of Arts and Design）的学生 Guy Feidman 在导师 Ezri Tarazi 的帮助下，设计了一款名为 Sahar 的牛奶杀菌装置。Feidman 在设计造型时参考了在贝都因家庭中十分常见的赤土陶罐，并且将地区传统与先进的紫外线杀菌技术结合在一起，每次可为 10 升牛奶消毒随后储存在下方的容器中。Sahar 通过可充电电池进行充电，而在未通电的地区则可以利用太阳能充电板充电。

慢设计的目的也是利用设计使我们放慢生活和工作的节奏，有机会“偷得浮生半日闲”，体验超越世俗之外的纯净心灵。而“快”与快设计对人类可持续发展的负面影响引发了我们对慢生活和慢设计的深层思考，通过了解“慢”在慢设计理论中的含义以及其概念的延伸能够使我们更好地了解慢设计。慢设计呼吁我们应该把生活节奏慢下来，因为“快”让人错失了很多美好的事物。当越来越多的设计师为了商业利益或为了使生活更加高效，而孜孜不倦努力的时候，慢设计却抱着另一种情怀，即希望人们在追求物质生活的过程中，有那么一刻，在倾听心灵、关怀生命、享受生活。不难看出，慢设计的观念中贯彻了“情感化”的设计精神。尽管慢设计的宗旨并不宏伟，其理论目前还处于初步发展阶段，还只是一个十分抽象的且正在发展中的概念，但在设计与功能之间的关系出现更多弹性的今天，慢设计理念在

现代设计界得到越来越多的设计师的认同，如 2.2.3 和图 2.2.4 所示。

图 2.2.3

由美国芝加哥设计工作室 Craighton Berman Studio 设计的手动咖啡机，享受慢生活，手动慢慢做一杯美味咖啡。

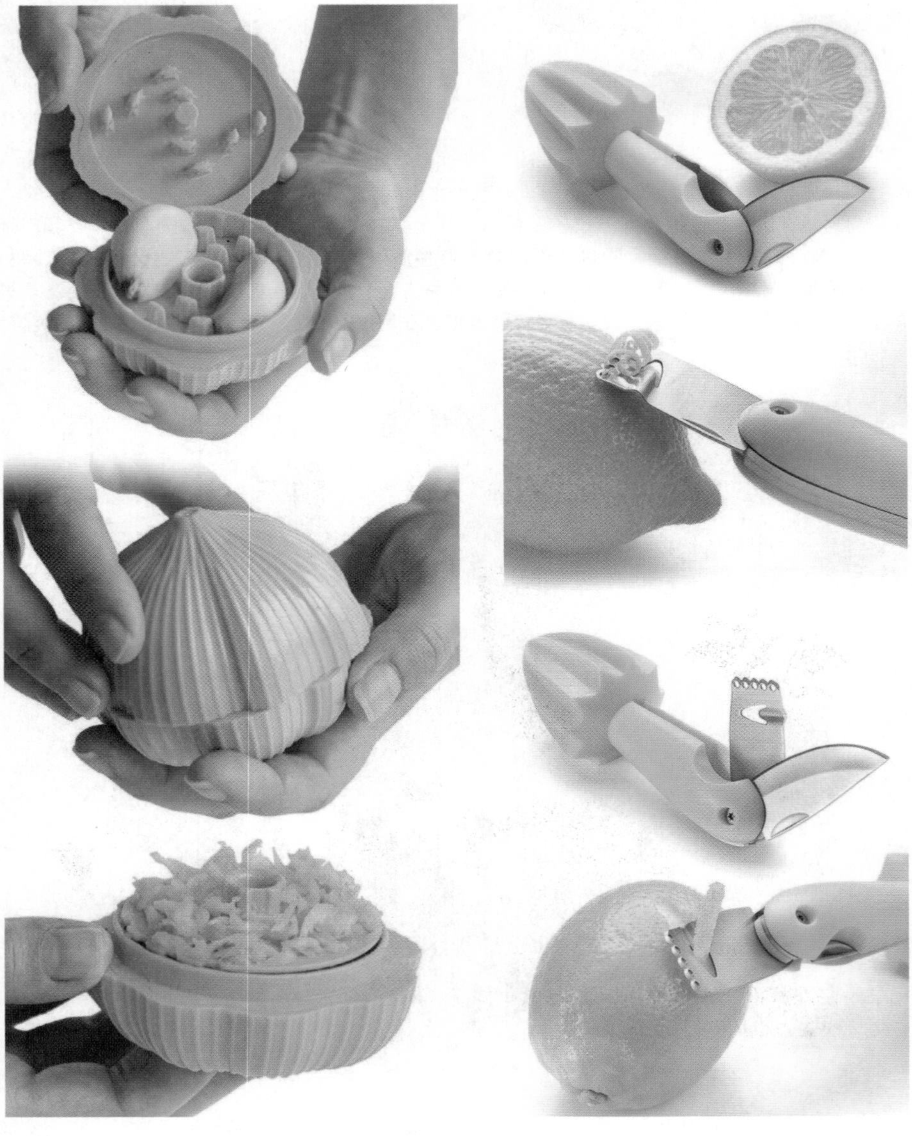

图 2.2.4

绿色设计特有的不仅是一种技术层面上设计技法的创新，更重要的是一种设计理念上的变革，是人类开始从情感上接近自然的尝试。它要求设计师放弃长久以来的那种过分强调产品外观材料和制作上标新立异的做法，而将设计的重点放在真正意义的产品创新上面，以一种更负有责任心的方法去创造和发展产品的形态，用一种更为简洁、经典、大方的产品造型样式使产品尽可能地延长使用寿命。绿色设计反映了人们对于现代科技文化所引起的环境及生态破坏的反思，同时也体现了设计师道德和社会责任心的回归，如图 2.2.5～图 2.2.7 所示。

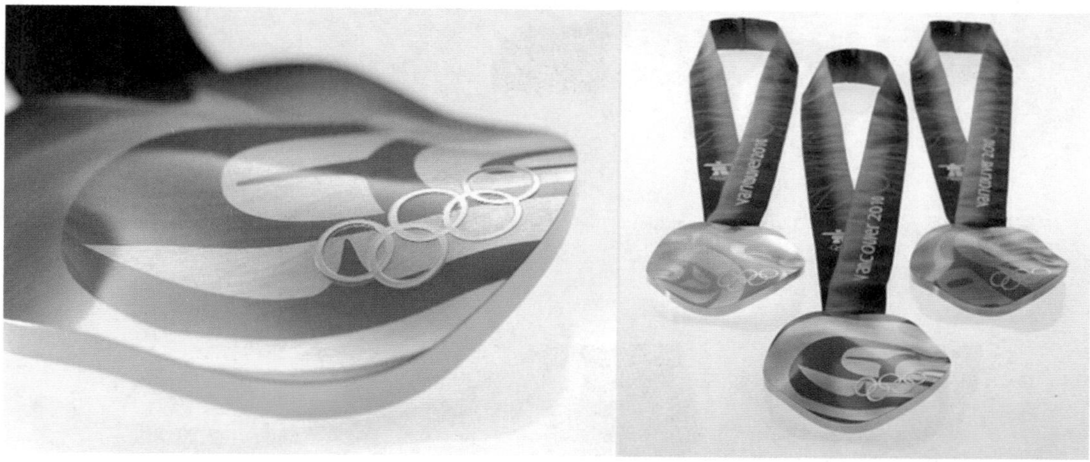

图 2.2.5

2010 年温哥华冬奥会的奖牌是第一款环保奖牌、第一款曲面奖牌、第一款非圆形奖牌，同时还是历史上最重的奖牌。除了传统的金银铜金属材料外，生产方将使用回收的 CRT 显像管、计算机零件和电路板，将其粉碎加工后掺入奖牌中，以彰显奥运对环保问题的关注。此外，这届冬奥会奖牌为圆形，冬季残奥会奖牌为圆角方形，也是奥运史上的第一次。而奖牌重量将达到 500～576 克，是奥运历史上最重的奖牌。

图 2.2.6

这款儿童用品设计围绕“生长”“环保”“可循环”进行思考。将植物、动物形象和生活用品融合，让儿童有亲近的感觉（图 2.2.6）。可以激发儿童环保意识，增加想象力，培养其对生活和学习的热爱。

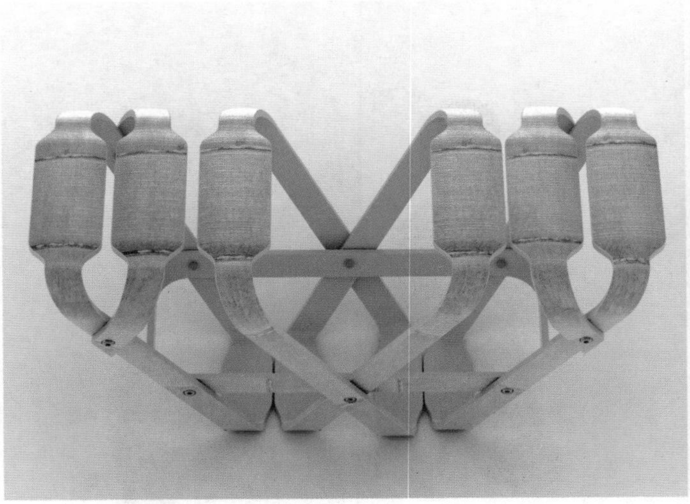

图 2.2.7

图中所示的产品名为“筦”，是一款在两座大山之间运送物资的溜索设计，座椅采用楠竹的原竹材。因为在潮湿的环境中，木材容易受潮腐烂而竹则是越湿润韧性越强。这样的材料选择适合山区的环境，并且此款座椅制作工艺简单，在不借助机械化大生产的前提下当地的百姓也能自主完成。在座椅下方还有置物用的竹筐，便于放置包裹等随身携带的物品。

2.2.2 情感化设计

在物质生产极大丰富的现代社会，随着生活节奏的日益加快，人们更关心情感上的需求，精神上的需求。满足人们内心深处的愿望是情感化设计考虑的重要因素之一。如何使产品这一物质形态具有思想性和人情味，成为现代设计师们要解决的重要问题。通过情感化的产品设计拉近人们之间的距离，实现产品的情感化，使产品更具有亲和力和较强的情感化因素，让人在与物的交流过程中产生愉悦的心情，进而喜欢产品，满足使用需求。情感化设计是指以本能、行为和反思这 3 个设计的不同维度为基础，将情感效果融入产品的设计中的一种设计方式，它强调和明确了情感在设计中所处的重要地位与作用，解决了产品设计中物品可用性与美感之间的矛盾，如图 2.2.8 和图 2.2.9 所示。

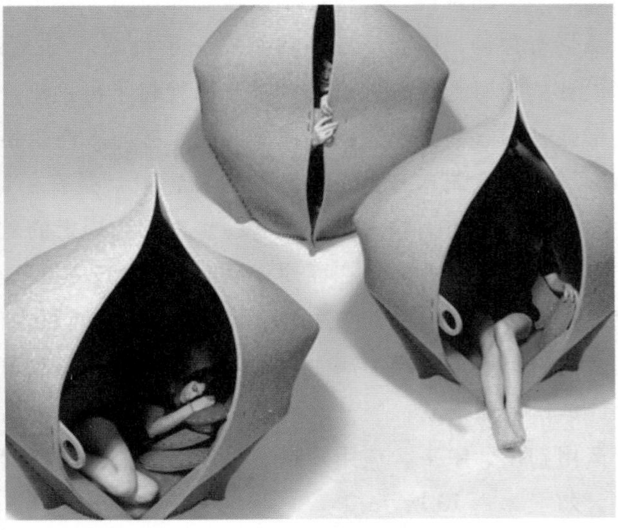

图 2.2.8

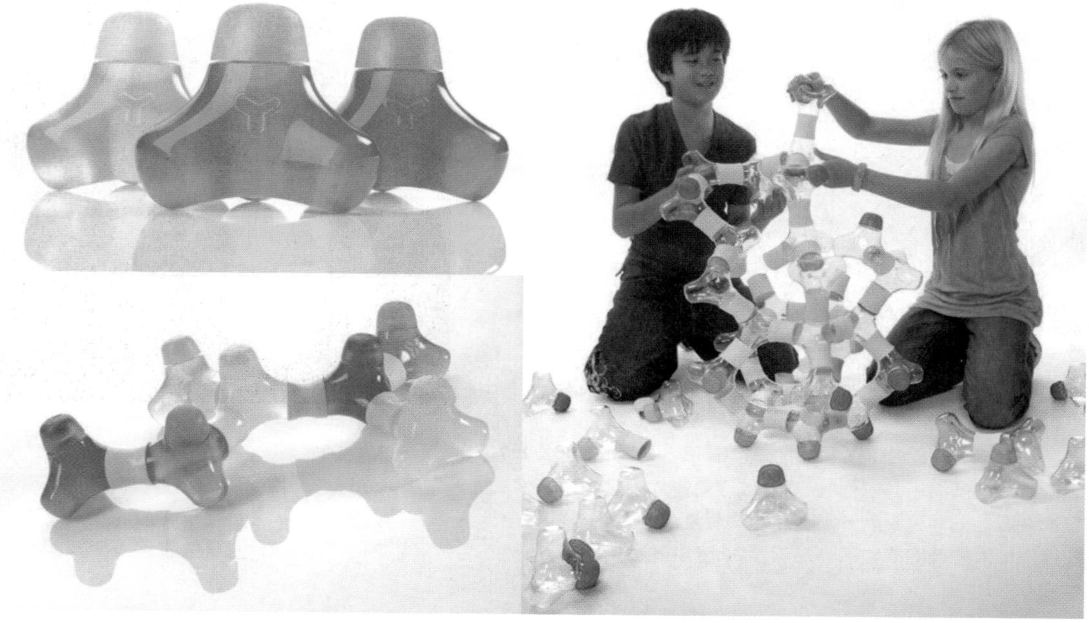

图 2.2.9

Y－Water 是针对孩子的一种低卡路里饮料。考虑到肥胖对孩子的影响，Thomas Arndt 在为他的两个孩子寻找低卡饮料无果而返后，就自己创造了一种。Y－Water 共分 4 种分别是 Bone Water、Brain Water、Immune Water 和 Muscle Water，直接传达信息。因为当你对孩子说钙有利于骨骼生长，孩子未必能接受这个信息，从这个产品开始到包装到最后营销，比如网站始终围绕着这个品牌所要传递的信息。Y－Water 的 Y 型瓶子除了带来一个鲜明生动的形象，而且当喝完饮料，这个瓶子就会成为一个玩具，有一个 Y 结（Y Knots）将这些瓶子连接起来，所以很多瓶子就成为 LEGO 一样的玩具。

产品以物的形态存在于人们的生活当中，首先满足人温饱等基本需求，再是健康、教育，然后才慢慢开始追求奢侈和舒适，这也正是产品设计中本能、行为和反思 3 个阶段的写照。在满足本能层次后，人对物产生感情的原因通常是产品自身充满了情感。人们在心理层次上的满足感不会如同物质层次上的满足感那样的直观，它往往难以言说和察觉，甚至于连许多的使用者自己也无法说清楚为什么会对某些产品情有独钟，因为“产品自身充满了情感，而人又是有情感的”。如果设计师在设计产品的过程中，将设计的情感因素融入产品，那产品就将不再是单纯的物品，而具有了人的情感，因此产品的亲和力就会增强，很容易引起人们的情感共鸣，并与人产生情感交流，从而实现以产品形式来进行社会沟通与情感交流，而交流本身也是设计的过程，设计是在不断的交流过程中完成的。在情感化产品设计的过程中，设计师应当消除人与人之间的生理和心理上的差别，让产品更加易于人们的情感交流。设计师的情感表现在产品中，大众在面对产品时会产生一些心理上的感受，这是一种审美心理感应的过程。通过情感过程，让人对产品建立某种“情感联系”，使原本没有生命的产品就能够表现人的情趣和感受，变得富有生机，使人对产品产生一种依恋。我们再次以意大利 Alessi 公司设计的水壶为例：水壶的壶嘴处被设计成小鸟的形状，当开水沸腾时水壶就会发出小鸟的叫声，设计师把大自然中富有生命意义的造型元素运用到设计中来，使用户在使用产品的过程中感受到来自大自然的趣味，突出了产品的亲人性和趣味性，如图 2.2.10 所示。

Memphis 设计的产品无不带有一种“比起功能来说更多感情色彩、比起商业来说更加艺术性的元素。”Memphis 的设计大师们用不同寻常的方法结合形状、材料和鲜艳的色彩，所依据的设计旨在让人

惊讶和激发想象的漫游，如图 2. 2. 11 所示。设计师除了要有较强的造型能力之外还要在设计中充分考虑人潜意识中的情感需求，使人在使用产品的过程中不知不觉地产生快乐的情绪，实现“人与物”的高度统一。

图 2. 2. 10

当然，产品的功利属性也同样重要。其实，艺术属性和功利属性的结合存在于一切艺术领域中，而不仅仅是现代设计。设计活动在遵循艺术原则的基础之上还要进一步遵循技术原则，设计师不能仅仅考虑个人的情感因素，这也是设计师与艺术家的显著区别。

审美心理学认为，人们对待事物的情绪和感受是一个审美心理感应的过程，我们把这一过程分为两个层次：内在的心理感应和外在的心理感应。内在的心理感应具有公共性，在这个层次上，大众对待同一事物的感受基本上是一致的；外在的心理感应就比较复杂，它受社会潮流、文化背景等方面因素的影响。

现代社会物质生产极大丰富，生活节奏日益加快，人们更关心情感上的需求、精神上的需求。而对于工业设计师来说，产品设计始终是以人为核心的设计，这便要求设计师们把满足人们内心深处的愿望作为设计的重要考虑因素之一，并努力在产品设计中表现出来。产品设计毕竟不是完全意义的艺术创作，不能完全是设计师自身情绪的宣泄。只有将自身个性和风格适当融入，设计师才能走在潮流前端引导时尚趋势，真正的表现美、创造美，如图 2. 2. 12 所示。

图 2. 2. 11

工业产品设计可以说是工业革命的产物，在充满机械化的当今社会，工业产品虽然说在某种程度上提高了人们的生活质量和生活节奏，但是冷漠的人机关系由始至终都没有得到良好的处理和解决，寻求一种更加人情化的设计来使产品这一物质形态具有思想性和人的情感，成为现代设计师们要解决的首要问题。2003 年，享誉全球的认知心理学家唐纳德 · A · 诺曼，在他的著作 *Emotional Design* 中在本能

dyson
VISION OF
THE PATIENT
He cannot see,
he is less anxious.
15°

图 2.2.12

设计师 Adrian Borsoi 带来的一个名为 Medical Feather 的创新型医疗设备的概念，可用简单的程序来进行静脉注射操作，使之更容易并且无痛。它利用超声技术找到静脉并标记一个区域，帮助护士找到静脉的正确位置，冷却后也会轻微麻痹皮肤以缓解疼痛。

的、行为的和反思的这 3 个不同维度，从心理的角度明确了产品设计必须与认知和情感相交织，即“情绪是认知不可分离、不可缺少的一部分。我们所做所想的每件事都影响着情绪，不过在许多情况下，这种影响是下意识的；反过来，我们的情绪也会改变我们的思维方式，它作为我们适当行为的永久向导，引导着我们趋好避坏”。

在物质生产极大丰富的现代社会，随着生活节奏日益加快，人们更关心情感上的需求、精神上的需求。满足人们内心深处的愿望成为了设计的重要考虑因素之一，让产品这一物质形态具有思想和情感，成为现代设计师们要解决的任务。通过情感化的产品设计拉近人们之间的距离、改善人们的生活，实现产品情感化，使产品更具有“亲和力”，让人在与物的交流过程中产生愉悦的心情，喜欢产品，满足需求，如图 2.2.13～图 2.2.15 所示。

2.2.3 概念设计

概念设计是当今时代的最新产品科技成果，它代表着未来产品的发展方向，给人以更广阔的遐想空间。概念设计具有极其超前的构思，应用最新科技成果体现设计者独特的创意，它不仅完整地诠释了设计者对未来的预见能力，也能从中领略到产业中最顶尖的科学技术。概念设计可以更多地摆脱生产制造水平方面的束缚，尽情地甚至夸张地展示自己的独特魅力。设计新产品就是设计一种新的生活方式、工作方式、休闲方式、娱乐方式，现代设计更多地体现着人类深层文化中一种生存理念和精神向往，如图 2.2.16～图 2.2.18 所示。

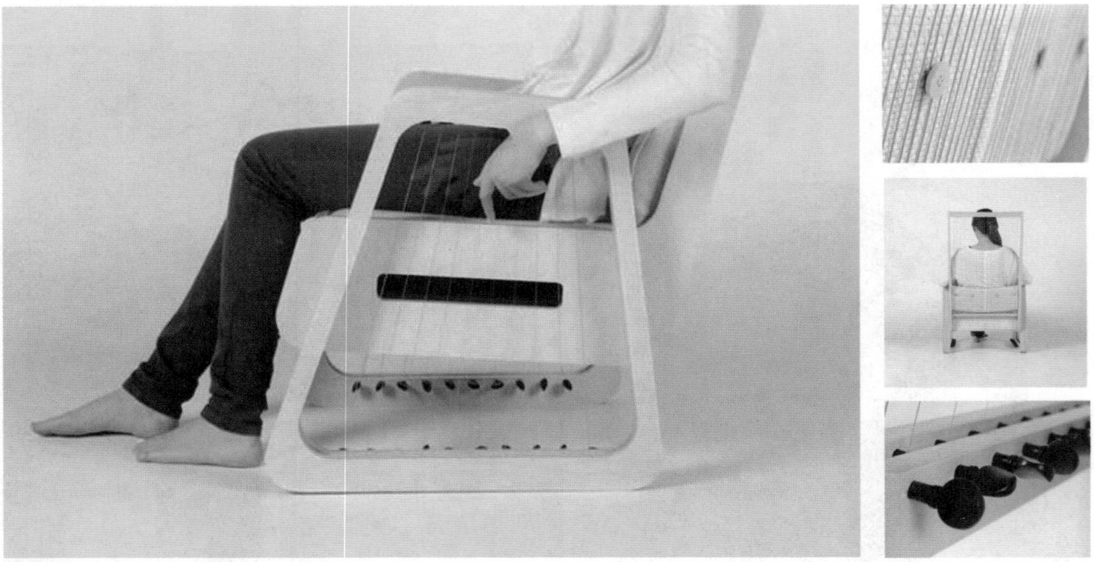

图 2.2.13

由韩国设计师 Jae young 设计的吉他座椅（Echoism Chair），椅子的两侧和靠背布满了琴弦，如同一把改造后的吉他，我们可以像弹奏吉他一样去拨弄琴弦，伴随旋律彻底放松自己。

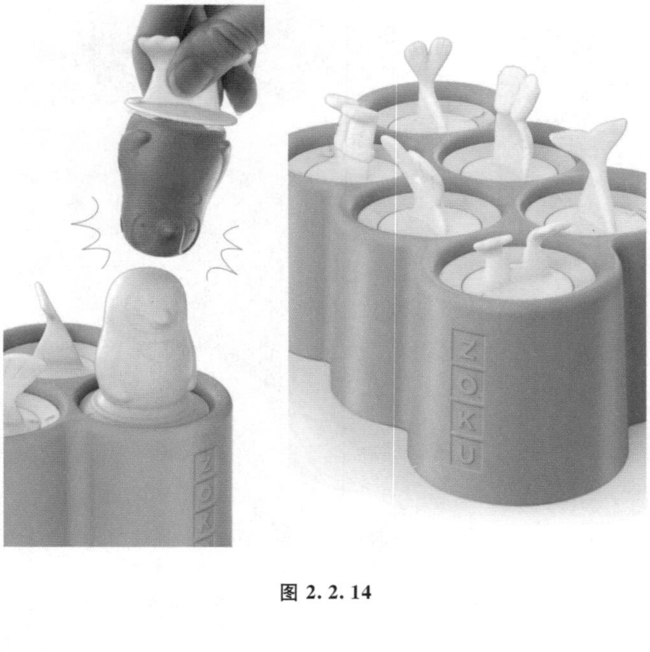
ZOKU

图 2.2.14

图 2.2.15

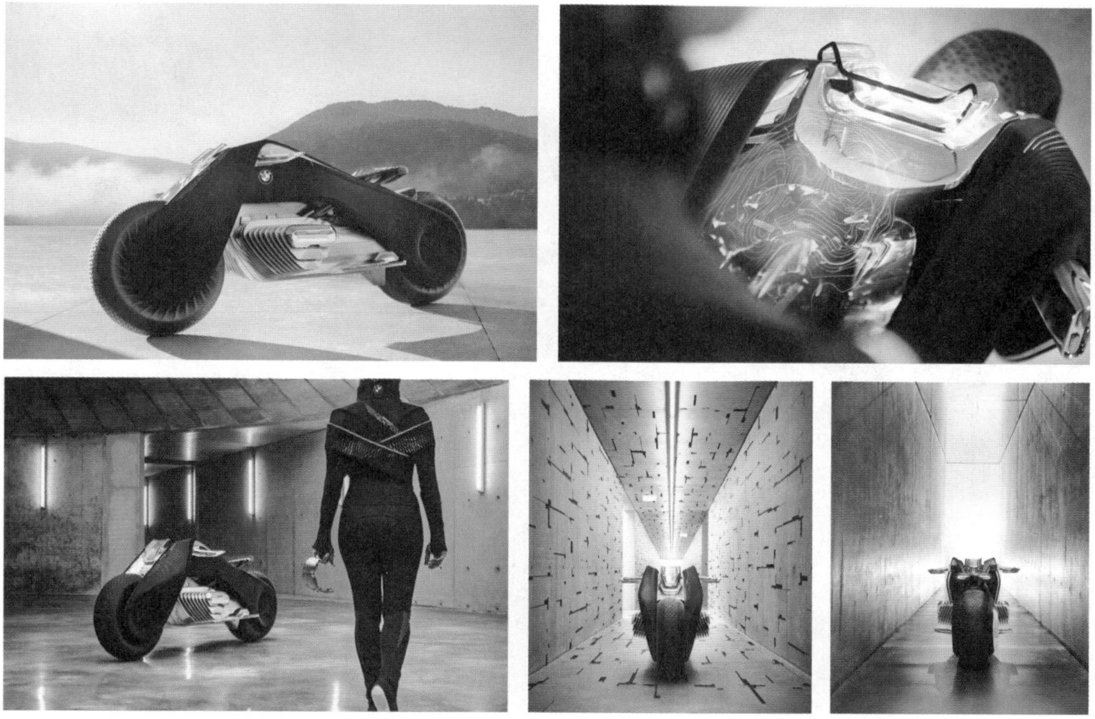

图 2. 2. 16

图中所示为 BMW Motorrad VISION NEXT 100 此概念车集合数字和模拟两大技术的优点于一身，打造出一种合一、超逸、脱俗的骑行体验，所以，我们称之为逍遥逸志（The Great Escape）。

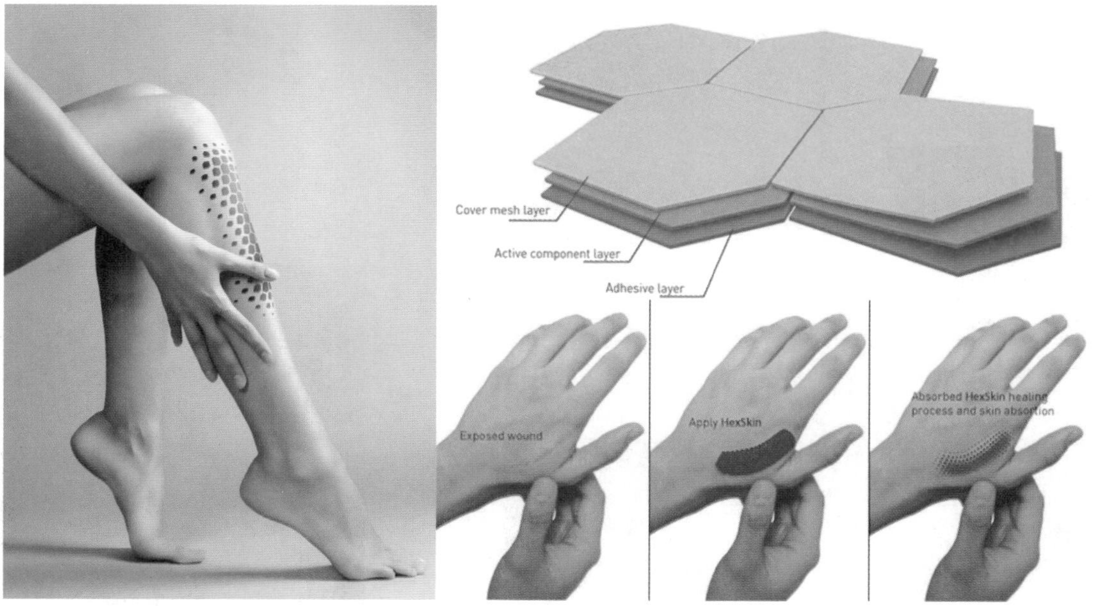
Cover mesh layer
Active component layer
Adhesive layer
Exposed wound
Apply HexSkin
Absorbed HexSkin healing process and skin absorption

图 2. 2. 17

图中所示的 HexSkin 是一种蜂窝状、可直接被皮肤吸收的概念绷带，由设计师 Felipe Casta eda 创造。这种独特的绷带由覆盖在表面的网格层、含治疗或修复剂的活性成分层和粘贴层构成，使用这种绷带的伤者不需要痛苦和频繁地更换绷带，绷带的所有成分都能被伤者的身体慢慢吸收，为伤口提供营养和高效的疗愈效果，同时这样的绷带也更时髦、更酷。

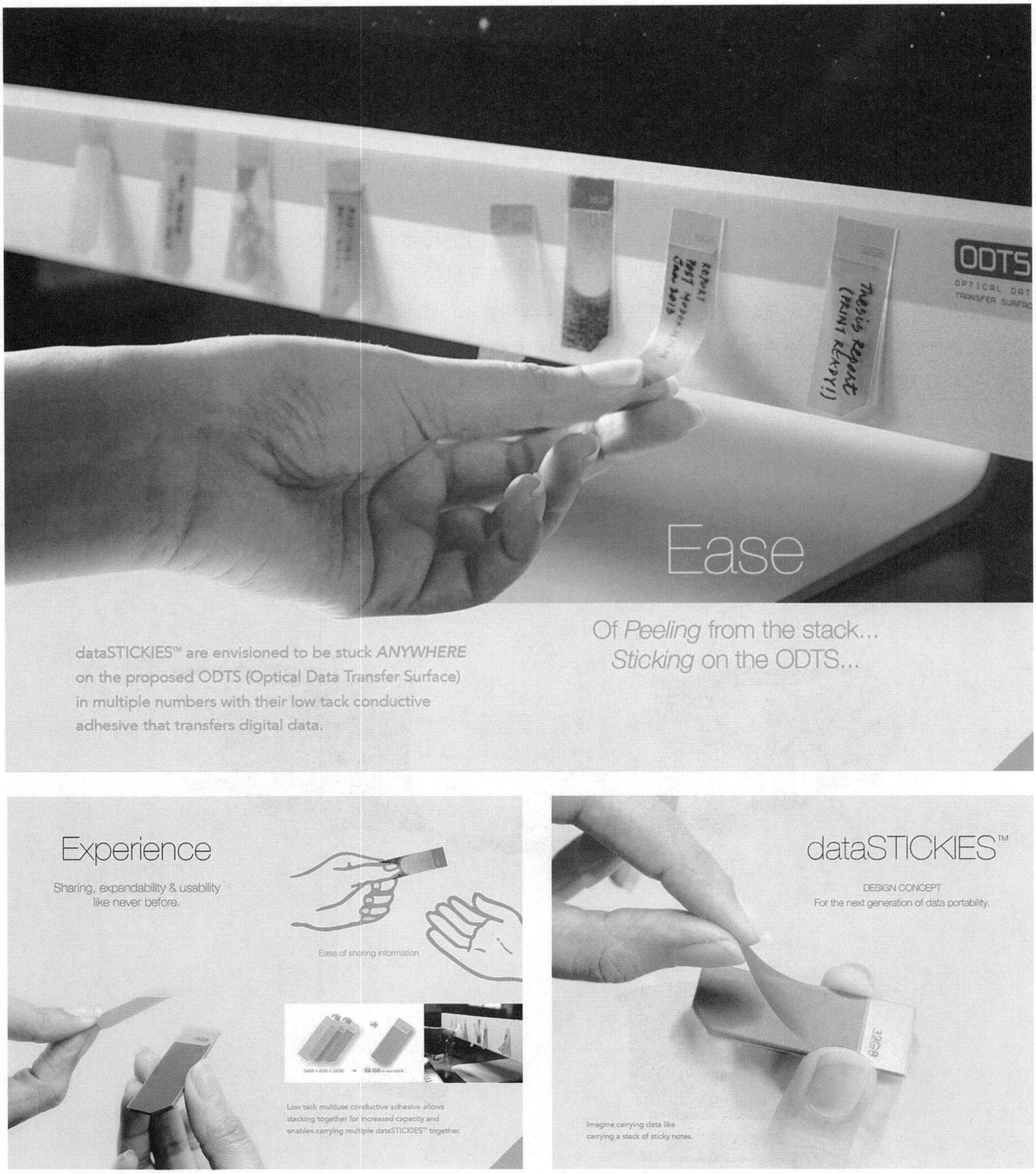
ODTS
Ease
Of Peeling from the stack...
Sticking on the ODTS...
dataSTICKIES™ are envisioned to be stuck ANYWHERE on the proposed ODTS (Optical Data Transfer Surface) in multiple numbers with their low tack conductive adhesive that transfers digital data.
Experience
Sharing, expandability & usability like never before.
Ease of sharing information
Low tack multiuse conductive adhesive allows stacking together for increased capacity and enables carrying multiple dataSTICKIES™ together.
dataSTICKIES™
DESIGN CONCEPT
For the next generation of data portability.
32GB
Imagine carrying data like carrying a stack of sticky notes.

图 2.2.18

图中所示的 STICKIES 不仅名副其实，薄如便签，还有重复粘贴、不留痕迹的特点。使用时将它粘贴在计算机、电视机、音乐设备上，设备就能自动读取存储在其中的资料，而且多个还可以堆叠在一起增加容量，这是因为它使用了特殊的导电性黏合剂，并且有一层 ODTS（光学数据传输层）作为传送数据的介质。

2.2.4 交互设计

现代设计已经不再是单纯的物品化设计，它更注重对于受众情感的全面关照。而要实现产品与受众情感的沟通交流，我们就不得不提到界面交互和人工智能这两种当下广泛流行的交互方式。交互设计(Interaction Design)作为一门关注交互体验的学科在20世纪80年代产生，它是由IDEO的一位创始人比尔·莫格里奇在1984年一次设计会议上提出的。

交互设计是一种从用户体验着手关注人与产品互动的新型设计理念。从用户角度来说，交互设计致力于了解目标用户和他们的期望，了解用户在与产品交互时彼此的行为，了解“人”本身的心理和行为特点，同时，还包括了解各种有效的交互方式，并对它们进行增强和扩充。交互设计的目的是通过产品界面和行为进行结合，让产品与其使用者之间建立一种有机关系，从而可以有效达到使用者的目标。现今，交互设计还借鉴了传统设计的可用性及工程学科的理论技术，并充分延伸到了多个学科。交互设计对于预测产品的使用；用户对产品的理解；乃至探索产品、文化、人和物质、历史之间的关系都起到了决定性的作用。当下，交互设计秉承它独特的实践方式在现代发达城市中不断展示其设计的成果，以及在设计领域中所起到的决定性作用，如图2.2.19和图2.2.20所示。

图 2.2.19

谷歌在美国举行发布会，推出了Google Home智能家居设备，它可以链接家中的智能设备并通过语音控管理它们。

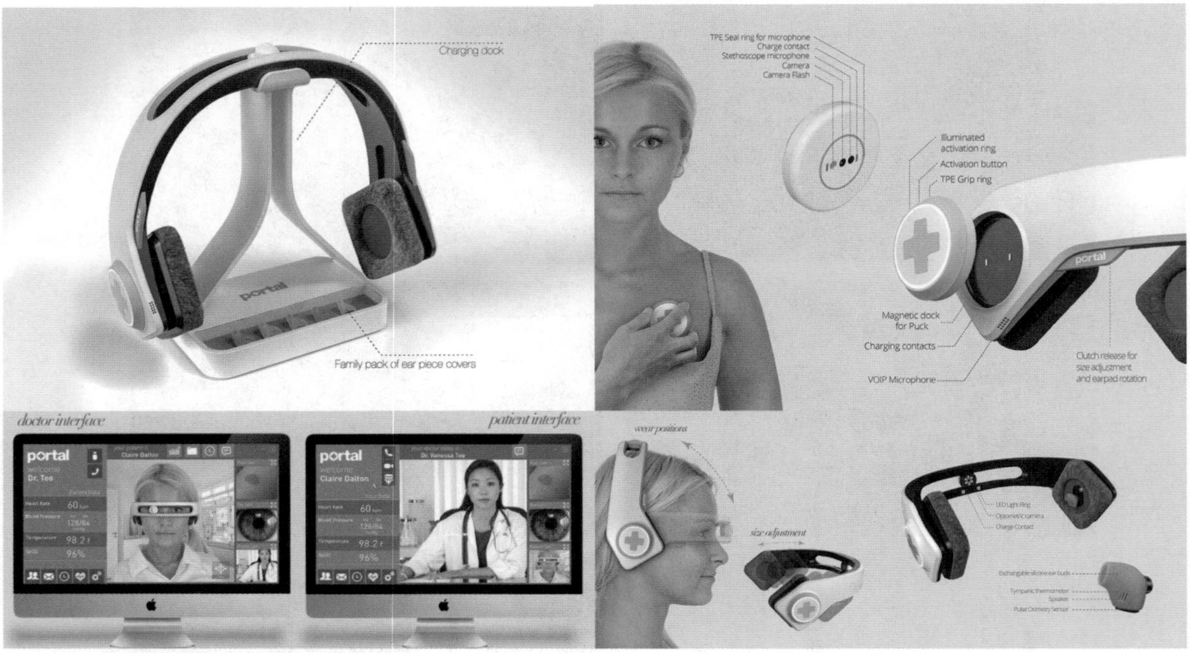
Charging dock
portal
Family pack of ear piece covers
TPE Seal ring for microphone
Charge contact
Stethoscope microphone
Camera
Camera Flash
Illuminated activation ring
Activation button
TPE Grip ring
Magnetic dock for Puck
Charging contacts
VOIP Microphone
Clutch release for size adjustment and earpad rotation
doctor interface
patient interface
wear positions
size adjustment
Optometric camera
Charge Contact
Tympanic thermometer
Speaker

图 2.2.20

这款智能镜子的开发者名为 Rafael Dymek，他是纽约一名网页设计师和开发者。从外观看，这款智能镜子如同一个放大版的 iPhone 手机，上面可以显示时间，天气预报插件，以及应用软件图标。当屏幕上没有程序运行，超过 45 秒时间后，屏幕中央区域就会自动变为一块普通的镜子。

2.2.5 用户体验式设计

用户体验是一种纯主观的在用户使用产品的过程中建立起来的感受。用户体验式设计主要是来自用户和人机界面的交互过程，是以用户为中心的一种设计手段。虽然个体的差异决定了每个用户的真实体验无法通过其他途径来完全模拟或再现，但是用户体验的共性是能够通过良好的设计实验来认识到的。因此以用户需求为目标而进行的设计，是设计过程中的重要组成部分。

用户体验的概念从开发的最早期就开始进入整个流程，并贯穿始终，其目的就是保证：首先对用户体验进行正确的预估，其次认识用户的真实期望和目的，最后要保证功能核心同人机界面之间的协调工作，减少错误。在今天的设计中，应对市场需求的设计共有 4 项目标。第一点："有用"。这是最重要的一点，是要让产品具有切实的实用价值，这里的"有用"是指满足用户的需求。第二点："易用"。产品要让用户一看便知道怎么用，不需要去阅读说明书，这也正是无意识设计的一个方向。第三点："友好"。设计的下一个方向就是友好，这也是用户体验的一处细节所在。第四点："视觉设计"。视觉设计的目的其实是要传递一种信息，是让产品产生一种吸引力，并且使这种吸引力创造出一定的用户黏度，如图 2.2.21 所示。

2.2.6 再设计

再设计（re－design）就是对现有产品的再创造、再设计，赋予其新的内涵和生命。再设计的理念强调设计师要重新面对自己身边的日常生活和事物，从熟知的日常生活中寻求设计的真谛，赋予日常生活用品、材料新的生命。"工业设计"这个在西方工业文明进程中形成的行业在"知识经济"到来之际，也已日臻成熟，它从"行业"中不断反思，不断调整，再设计也就应运而生了。再设计是人类文明和文化的延续，是创造力发挥的新原点。设计是为满足"人"的需求而存在的，人类的需求永远不会停留在

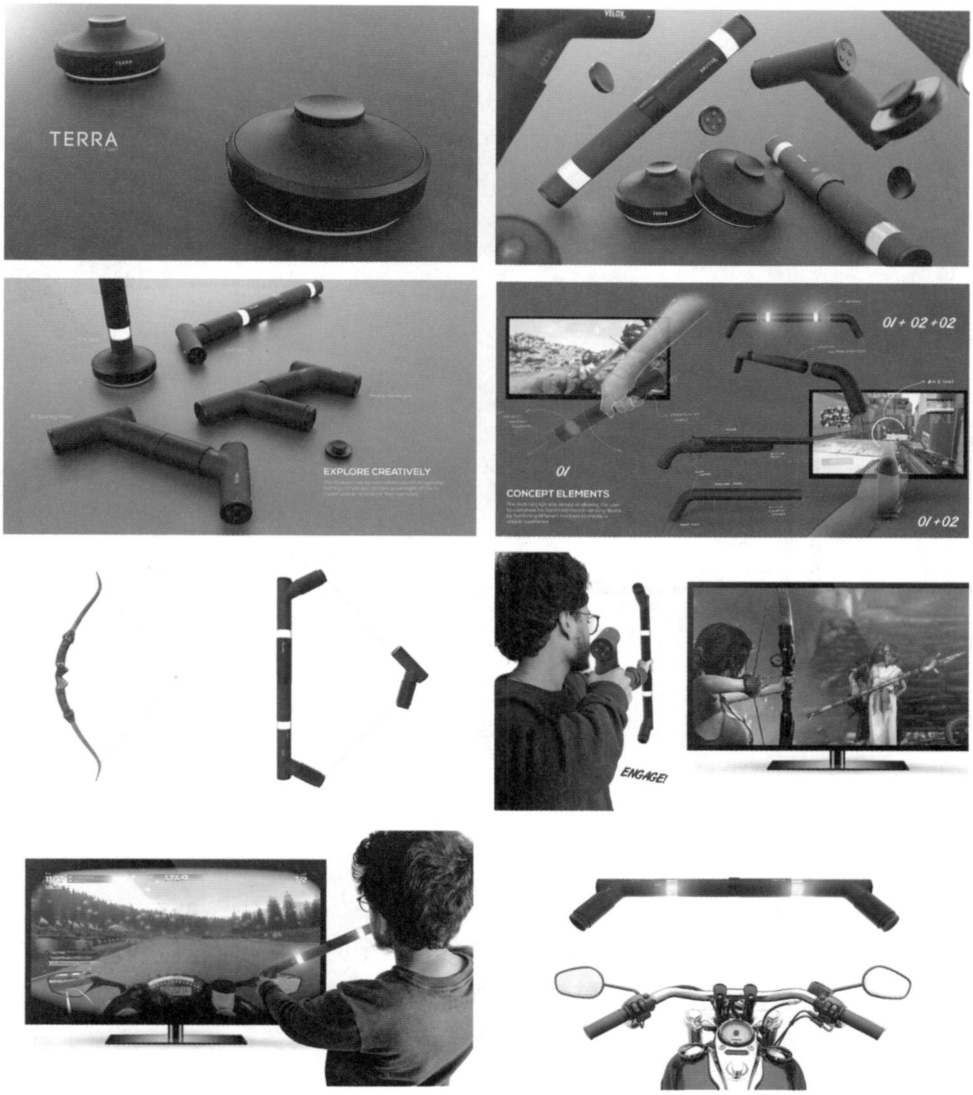
TERRA
EXPLORE CREATIVELY
01 + 02 + 02
01
CONCEPT ELEMENTS
01 + 02
ENGAGE!

图 2.2.21

设计师 Sushant Vohra 在 Behance 网站上发布了一款名为 Exeo 的概念游戏控制器。这是一款采用模块化设计的产品，通过不同的模块组合在一起，这款 Exeo 游戏控制器能够从容应对不同的游戏类型，比如射击、赛车以及棒球游戏等。

某一点上，因此设计也必须经历“再设计”的过程。同时“再设计”也是激情升华和灵感再现的过程，它能使设计师重新寻找和燃起创作的激情，并使之更猛烈，这就是设计所具备的魅力。产品不应仅在视觉上给人带来一种享受，同时也应使人们不自觉地产生一种美好的联想。这种联想是对我们以往生活经验的延续或颠覆，如果巧妙地利用这种联想，产品将为生活增添许多乐趣，似乎又多了一个与人对话的伙伴。“再设计”使产品如此贴近人的生活，把社会中人们共有的、熟知的事物进行再认识意味着当你接受它的时候，就接受一种生活方式和一种生活信念，它并非鸡毛蒜皮毫无意义，也非楼台高阁令人望尘莫及，它所体现的是一种人类的文明和文化。

“再设计”可分为两个层面，即自身的提炼和自身的衍变。第一层面的“再设计”是对产品本身的不断完善，使之在造型、结构、细节、功能、材料方面越来越趋于完美。这种自身不断完善的“再设计”过程总是沿着一条抛物线轨迹展开，越接近最高境界越趋于完美，同时“再设计”的空间也越来越小，每一件设计精品都经历了这样的“再设计”过程，如图 2.2.22～图 2.2.26 所示。

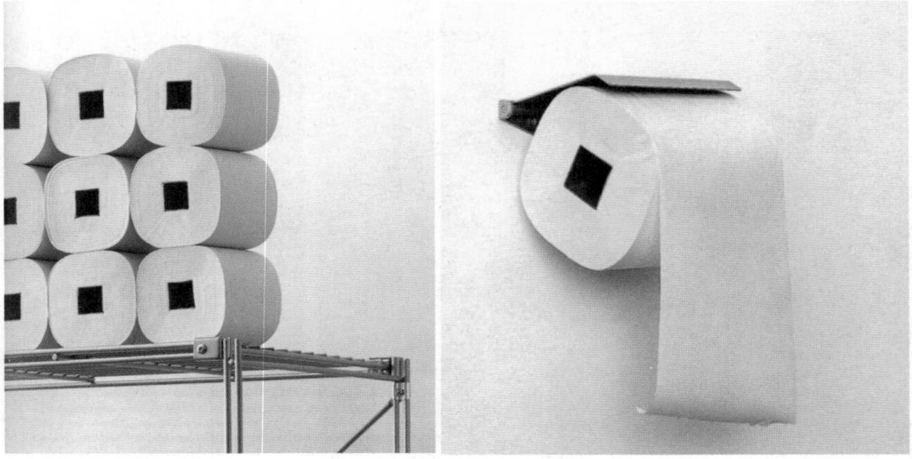

图 2.2.22

坂茂重新再设计的卫生纸如图所示。中间的芯是四角形的，因为四角形的卫生纸卷筒会产生阻力，这个阻力发出的信息和实现的功能可以间接起到节约能源的作用。

Clip
Pin
Easy Pin
WINTER
HOLIDAY
EASY PIN

图 2.2.23

Easy－Pin 是一款非常酷的图钉再设计，设计师将图钉和夹子进行了功能上和形式上的结合，使用者在使用 Easy－Pin 的时候，它没有穿孔或破坏你的照片，只是轻轻地夹住他们。在不需要进行图钉固定时候，也不需要把这些针从木板上拔出来，因为他本身的造型设计可以使这些图钉能够轻松地被拽出来。

图 2.2.24

图中所示为英国产品设计师 Henry Franks 通过观察大家使用生活中物品的方式，寻找更棒的设计灵感。他在木制的马桶坐垫前方伸出两根卫生纸架，顺手好拿不用再考虑卫生纸该放哪，也在无形中提醒男士掀起坐垫。

Coca-Cola

为了鼓励人们回收重新利用废物，可口可乐公司联合奥美中国在泰国和印尼发起了一次名为“第二生命（2ndlives）”的活动。可口可乐为人们免费提供 16 种功能不同的瓶盖，只需拧到旧可乐瓶子上，就可以把瓶子变成水枪、笔刷、照明灯、转笔刀等工具，给了瓶子第二次生命。

图 2.2.25

图 2. 2. 26

图中所示的 Bambleu 折叠砧板同时具有 4 种功能，可以平铺使用也可以折叠起来使用，并且两块可以完全重合的菜板在需要的时候也可以用来压大蒜等蔬菜，同时中间的转轴可以便于将切好的蔬菜倒进锅中。

设计中第二层面的“再设计”是由一个母体为源泉，引发出另一件或另一系列的作品，它们之间有质的联系，拥有共同的核心特征，是相关联的成组成套的事物。这种“再设计”是沿着水平发展的轨迹演进，甚至产生无止境的延续。参照母体的来源至少有两个渠道，一个是以传统的经典设计为母体，对其进行创新，产生更符合时代特征的形式。另一个渠道是以调侃、幽默的手法对经典进行颠覆、解构，把这些日常熟知的东西陌生化，捕捉到新鲜感，从而产生使人会心一笑的乐趣，如图 2. 2. 27 所示。

图 2. 2. 27

法国 HeHe 城市设计公司最近设计了一款能在铁轨上跑的玻璃罩小车。这个设计与传统的轨道交通完全相反——列车重量较轻、存在时间较短同时运行速度很慢。列车采用电力驱动，并使用太阳能电池板充电。

“再设计”也是“可持续性设计运动”的一个重要组成部分。现在，一个产品在使用期内的环境成本大约有80%取决于设计。倡导环保的观念在设计阶段就应该被确立，设计出效率更高、浪费更少的产品和服务，避免出现以往那种先污染、后治理的情况。与传统的设计相比，“再设计”在减少废料、降低能源与材料消耗方面提出了更高的要求，因此设计过程本身必须进行重新设计，这就是“再设计”。对于“再设计”，我们最常见、最容易理解的就是废物利用，“再设计”绝不仅仅只是利用废料，把废当宝。“再设计”反对的是浪费和奢华，而不是反对高科技。事实上，为达到可持续发展的目的，“再设计”会比传统设计方式采用更多的高科技材料，但“再设计”能够更加合理地把高科技的潜力充分发挥出来，而不是简单地用高科技堆积出一项项产品。在“再设计”的观念中，高科技不再是目的，而是手段，为了人类能够更长久、舒适、快乐地生活下去的手段。

2.2.7 无意识设计

“无意识设计”又称为“直觉设计”，是深泽直人首次提出的一种设计理念，即“将无意识的行动转化为可见之物”。为了便于理解，可以举一个身边的例子进行分析：经常做饭的人一般都知道，煮米饭时放一些辅料可以使做出的米饭达到意想不到的口味，比如放醋可以使煮出的米饭更加松软、香嫩，即使大部分人知道这个常识，但是因为一时疏忽仍会有忘记添加辅料的时候。因此需要做一种设计，就是在煮米饭时的一个无意识动作中自动添加相应辅料，而这种设计就称为“无意识设计”。设计是为了满足人的一种生活需求，而非改变，设计是方便人的生活方式，而非复杂。因此，好的设计必须以人为本，注重人的生活细节，方便人的生活习惯，使设计让生活更美好。特别是在工业设计高度发达的今天，很多设计师力图否定约定俗成的设计，用自己的思想创造一种新的生活方式，这样就无形中加重了人们的“适应负担”。“无意识设计”并不是一种全新的设计，而是关注一些别人没有意识到的细节，把这些细节放大，注入原有的产品中，这种改变有时比创造一种新的产品更伟大。深泽直人“无意识设计”解读在当今物欲横流的社会，人们早已厌倦华而不实的产品，面对“换汤不换药”的设计产生了审美疲劳，而深泽直人的“无意识设计”是一种已存在的感觉，是一份真挚情感的表露，在其设计中充满了无微不至的人文关怀，让顾客一看到就“爱”上这个产品，找到自己内心苦苦寻觅的东西，如图2.2.28和图2.2.29所示。

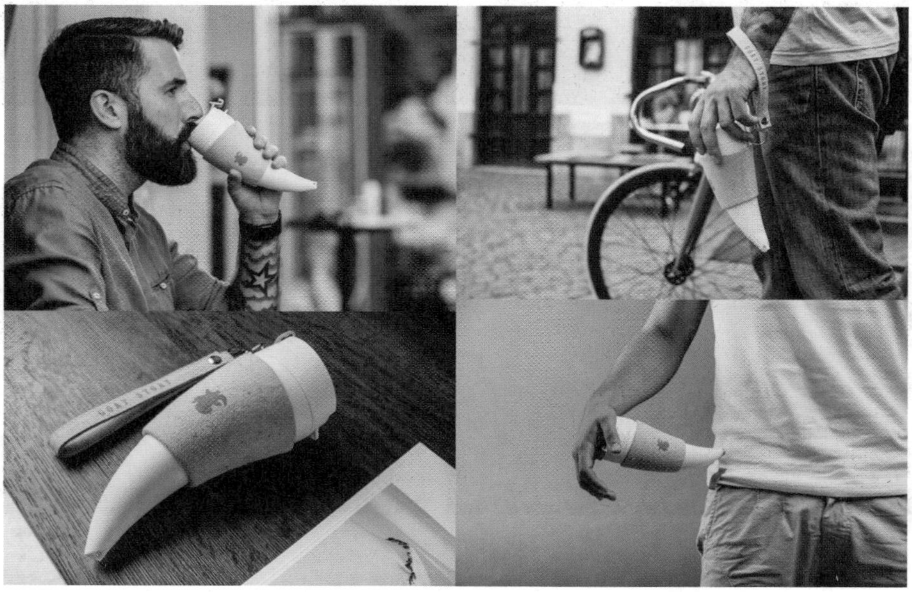

图 2.2.28

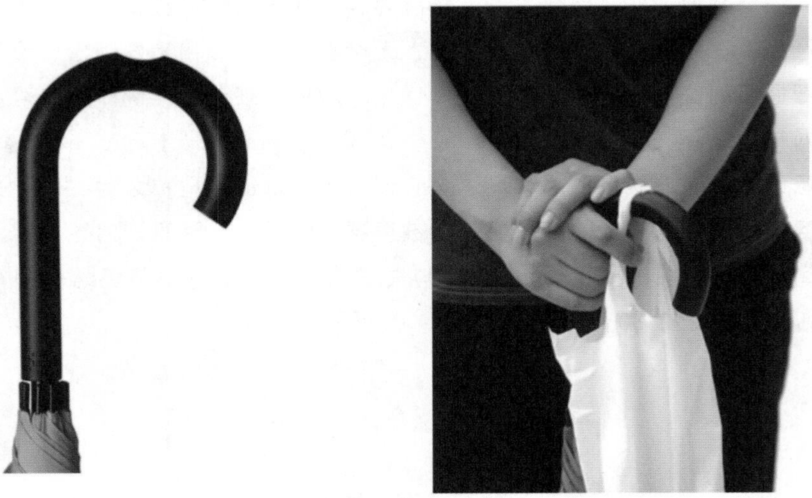

图 2.2.29

图中为带凹槽的雨伞。这种雨伞与普通雨伞的唯一不同就是在伞把上有一个凹口。许多老人习惯于在走路时用雨伞代替拐杖，当他们再拎着其他东西时，就可以把东西挂在弯钩处，以达到节省体力的目的。

BGM
3
MUJI

图 2.2.30

在 MUJI（无印良品）的众多商品里，深泽直人设计的壁挂式 CD 播放机一直以来被人们奉为极简主义的经典之作。这个外形酷似厨房排气扇的播放机通过拉绳控制，精巧雅致的外观以及独特的听觉体验让人着迷。最近，MUJI 推出了“排气扇”的升级版——MJBTS－1 蓝牙音箱。新版的设计在外形上延续了经典“排气扇”的简约外形，并保留了拉绳开关。此外，它还能够通过遥控器以及有蓝牙功能的手机控制，增加了 FM 收音机的功能，显得更为“与时俱进”。

在产品设计中，细节是设计作品深化主题、拓展内容、提升品位并经得起推敲的关键所在，是创新的起点，也是实现产品外在价值的重要部分。因此，无论设计创意如何精妙绝伦、设计方案如何恢弘大气，如果对细节的把握不到位，就不能成为一件好作品。所以，细节的准确、生动可以成就一件伟大的作品，细节的疏忽同样会毁坏一个宏伟的规划。荣格在《本能与无意识》一文中写道：“我把无意识定义为所有那些未被意识到的心理现象的总和。这些心理内容可以恰当地称之为‘阈下的’——如果我们假定每一种心理内容都必须具有一定的能量值才能被意识到的话。一种意识内容的能量值越是变低，它就越是容易消失在阈下。”可见，无意识是所有那些失落的记忆、所有那些仍然微弱得不足以被意识到的心理内容的收容所，如图 2.2.30 所示。

复习思考题

1. 了解当下设计观念，并列举简述设计的观念有哪些?
2. 谈谈设计观念与产品设计创意的关系?
3. 如何在产品设计中体现情感化?

第 3 章　产品设计创意的科技支撑

在今天这个多元化的时代背景下，技术专业化、知识密集化、信息爆炸化为设计领域的发展提供了广阔的空间。原有阻碍设计的技术壁垒已经不复存在，现代技术能够完全满足产品设计中的多层次需求。每一次技术的升级都会带来更高的效率和巨大的财富，不可避免地在每次有高新技术出现产品的研发制造过程中都会被迅速广泛的应用，高技术带给人们的影响不都是正面的，高技术在研发实施过程中，对能源环境以及人们的情感都潜伏着巨大的威胁，像日本地震后福岛核电危机警示人们重新审视高技术。众所周知，成就文明的设计思维正如金字塔的筑建一样，每一层积累都需要正确精准的位置定位和方向指引，最终才能铸就辉煌，从而长久屹立、坚不可摧，如图 3. 0. 1 和图 3. 0. 2。

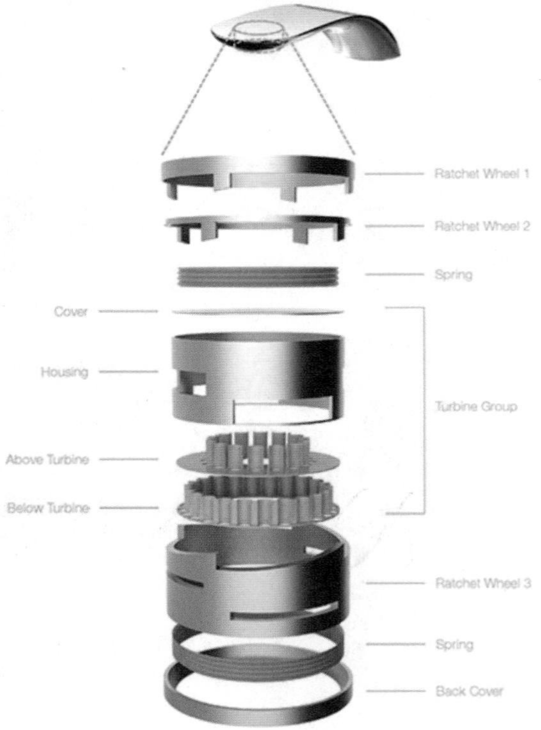
Ratchet Wheel 1
Ratchet Wheel 2
Spring
Cover
Housing
Turbine Group
Above Turbine
Below Turbine
Ratchet Wheel 3
Spring
Back Cover

图 3. 0. 1

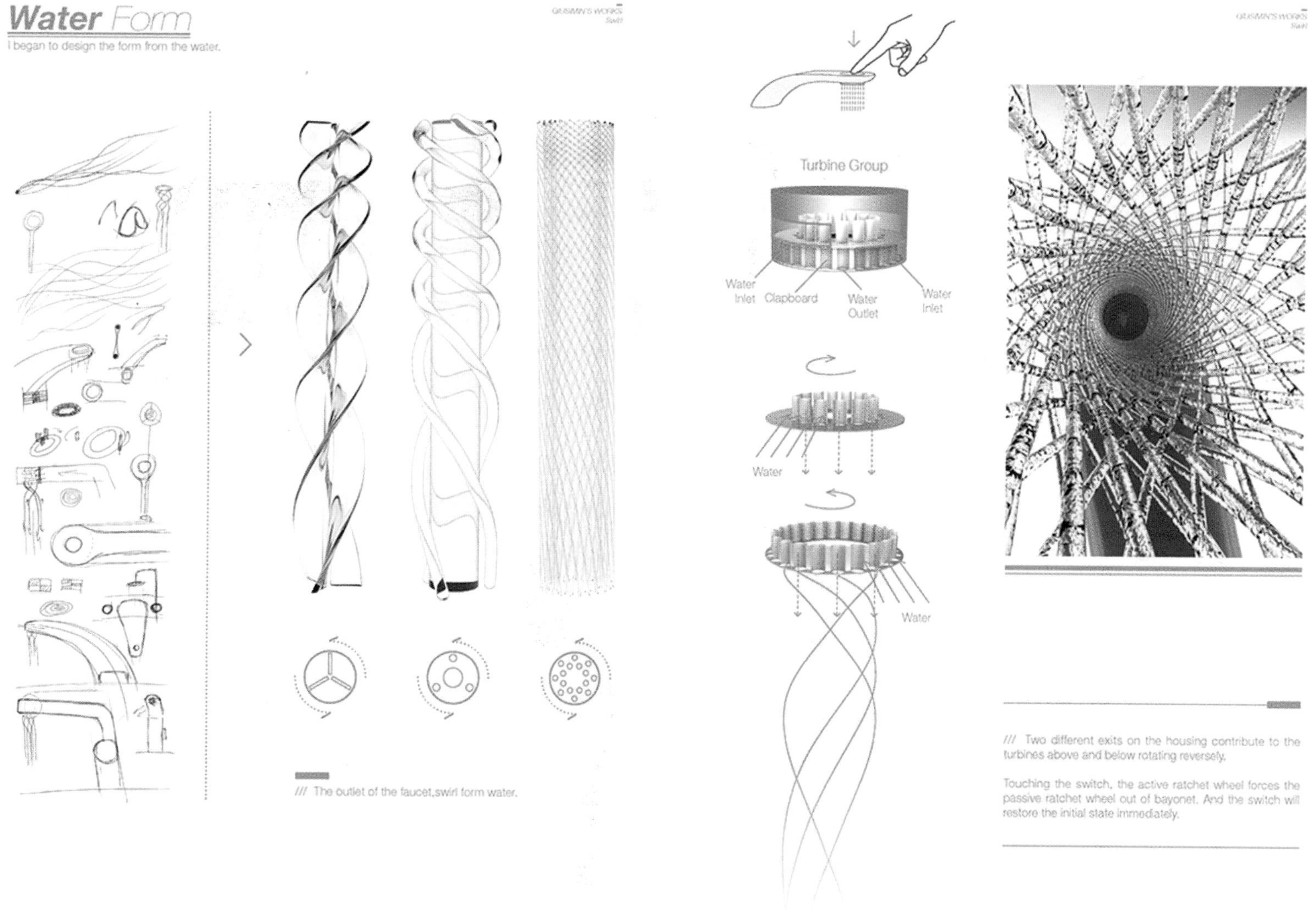
Water Form
I began to design the form from the water.
/// The outlet of the faucet,swirl form water.
Turbine Group
Water Inlet
Clapboard
Water Outlet
Water Inlet
Water
Water
/// Two different exits on the housing contribute to the turbines above and below rotating reversely.
Touching the switch, the active ratchet wheel forces the passive ratchet wheel out of bayonet. And the switch will restore the initial state immediately.

图 3.0.2

图中所示的是英国皇家艺术学院学生的设计作品，水龙头内含上下两种不同直径的两种涡轮转片，两种水流通过顺时针与逆时针交织，形成迷人的液体晶格。另外，Swirl 采用敲击触摸方式开启，与普通龙头相比，还能节约 15% 的用水。

3.1 基于适度技术的产品设计

在基于现代科技纷繁的设计思潮中，我们要探索现代产品设计朝向塔尖文明的正确指引观念和方法，从根本上解决人与自然的和谐共生问题。把和谐的观念融入对技术的选择使用中，即在产品设计中应用适度技术的设计观点，能够指引现代产品设计的正确方向，适应自然生态规律，精准地寻求设计定位。

这里笔者强调一点，用适度技术的应用方法解决现代产品制造中由于技术的滥用使材料、能源、人力等极其宝贵的资源不能合理利用的问题，从根本上保护人类所赖以生存的自然环境。适度技术观念的提出，让设计师重新审视设计中技术的合理有效应用问题，能使人们对技术的选择跳出片面追求“高”的误区，实现技术内在的科技价值与外在生态价值的统一，从而把渗透着简单、合理、有效的适度观念融入现代产品创意设计思路中，形成清晰完善的产品设计评判标准，如图 3. 1. 1 所示。

KENWOOD
KENWOOD

图 3. 1. 1

锅难以保持干净和清洁，因此如何保持锅具清洁成为该产品设计和发展的关键驱动因素。图中的这款锅就突出易清洁的设计功能，删除了在产品前面的电源模块，分解成 4 个部分：盖子、篮子、碗和外部外壳，所有这些都可以安全地放入洗碗机或浸泡在水中清洗。该产品享有 6 年的成功生产，被认为是建伍公司最好的油炸锅系列。其概念和核心技术目前由建伍的母公司在其最新的清洁系统的锅中使用。

现代设计的两难困境在于：一方面我们抱怨设计手段破坏了地球的生态环境；另一方面我们又寄希望于新的设计来改变这种现状。这种两难困境使得人类在每一种新产品诞生的同时，就需要有更多的技术与发明来解决这种新产品所带来的负面效应。因此，设计作为技术的实现手段正在处于不断的恶性循环之中，这是科技增长的宿命。当科学技术威胁到人类生存的时候，人类除了寻找新的技术来制约外，从物质角度来说，目前没有其他可行的方式来解决，人活着就要消费，就要制造垃圾，而设计在某种意义上正是过度消费的催化剂。要保护自然生态，人类只有发自内心地敬畏自然，解决好自身的精神生态问题，才会对整个世界，包括人与自然之间的关系有一个正确健康的认识态度，也才有可能最终解决好生态问题。实现“生态设计”的根本途径，不是考虑通过什么方式去改造自然，而是首先要改造“人”自身的观念，即上升到观念层面使人类对设计伦理问题进行反思。除了倡导可持续发展的设计道德观念，在设计中强调人与自然的和谐共生之外，更重要的是摒弃将人的权利凌驾于万物之上的“人类中心主义”；扬弃自然无价值的理论，认识到“自然具有独立价值”，也许只有这样，人类才能实现真正的和谐生态设计。从人的观念入手，借助于东方哲学的智慧追求人与自然的和谐，改造人类审美的价值观念，如图 3. 1. 2 所示。

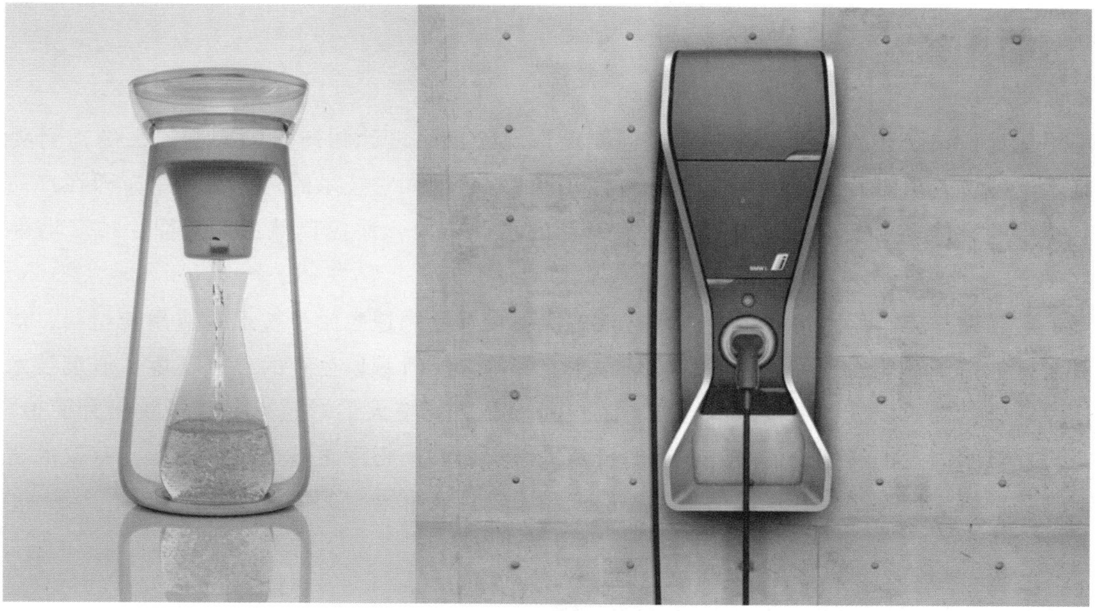

图 3.1.2

如果以技术为核心的生态设计是硬设计，那么以生活方式为核心的生态设计就是软设计，前者是生态设计的躯壳，后者是生态设计的灵魂。产品设计的发展从以技术为核心的生态设计到以生活方式为核心的生态设计都是人类一个认识上的飞跃。人类追求幸福舒适的生活方式无可厚非，但是人类受信念伦理的控制，将设计手段或方式当做目的，并迷失在追求这些目的手段中不能自拔。如今基于生活方式的生态设计已经受到人们关注，生态设计已经由一般意义的生态设计向“深生态设计”发展，前者重视技术性和经济性，后者强调价值观导向和生活方式的引导。只有应用适度技术以“深生态设计”的理念和方法来构建我们的家园，人类可持续发展的目标才能真正实现，如图 3.1.3 和图 3.1.4 所示。

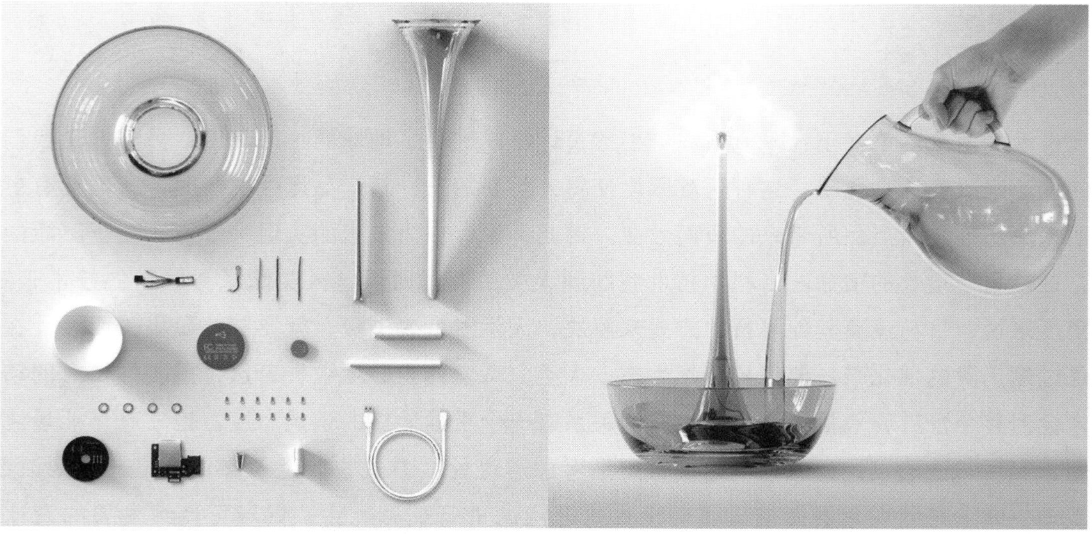

图 3.1.3

图中所示是一款家用加湿器，造型简洁明朗，整体分为两部分。将上部分插入底座，在底座中倒入清水，水分会从上部气孔中喷出，湿润空气。

喜欢骑自行车的人，常常会担心车胎被扎或者爆胎，但从现在开始，可以不用再担心这些问题了，位于美国犹他州的轮胎公司，成功研发了“无气防爆轮胎”，而且与此相似的技术已经用在中国最新款的自行车上了。虽然说以前就曾经有人出过这样的轮胎，但是因为材质非常硬，骑乘相当不舒适，因此并没有很好的市场反应，然而这次他们选用的新材质，完全克服了这些问题。目前共有两款“无气防爆轮胎”：一款是可直接套用在现有的轮圈上，可使用约 5000 公里；另一款是配合他们公司出产的特殊轮圈，可使用约 8000 公里，不论被什么东西扎到都不会破。

图 3.1.4

3.2 新的科技成果运用

科技的迅猛发展加快了产业大踏步向前的步伐，任何设计行业都不会对科学技术成果置之不理，相反都会以最快的速度获取科技信息，准确的抢先一步把最新鲜的科技成果完美的应用于自己的产品设计之中。因为科技的发展总是会给人们的生活方式带来全新的体验。事实上之前提到的新的设计理念和新的造型趋势都是科学技术的发展推动的，如果科技停滞不前，你就无法对自己的产品提出更高的要求，很难去建立一种新的设计理念。

从造型趋势和科学技术中来寻找解决办法并且研究新能源和新材料，不断完善设计思想。这一点是毋庸置疑的，因为每个产品，特别是概念产品，所追求的都是推陈出新，超前的设计理念和意识，它们在材料的运用方面都希望找到新的突破点，如图 3.2.1～图 3.2.7 所示。

图中所示的鞋子的设计是基于 3D 打印技术完成的，这种 3D 打印技术在珠宝、鞋类、工业设计、建筑、工程和施工（AEC），汽车、航空航天、牙科、医疗产业、教育、地理信息系统、土木工程、枪支以及其他领域都有所应用。

图 3.2.1

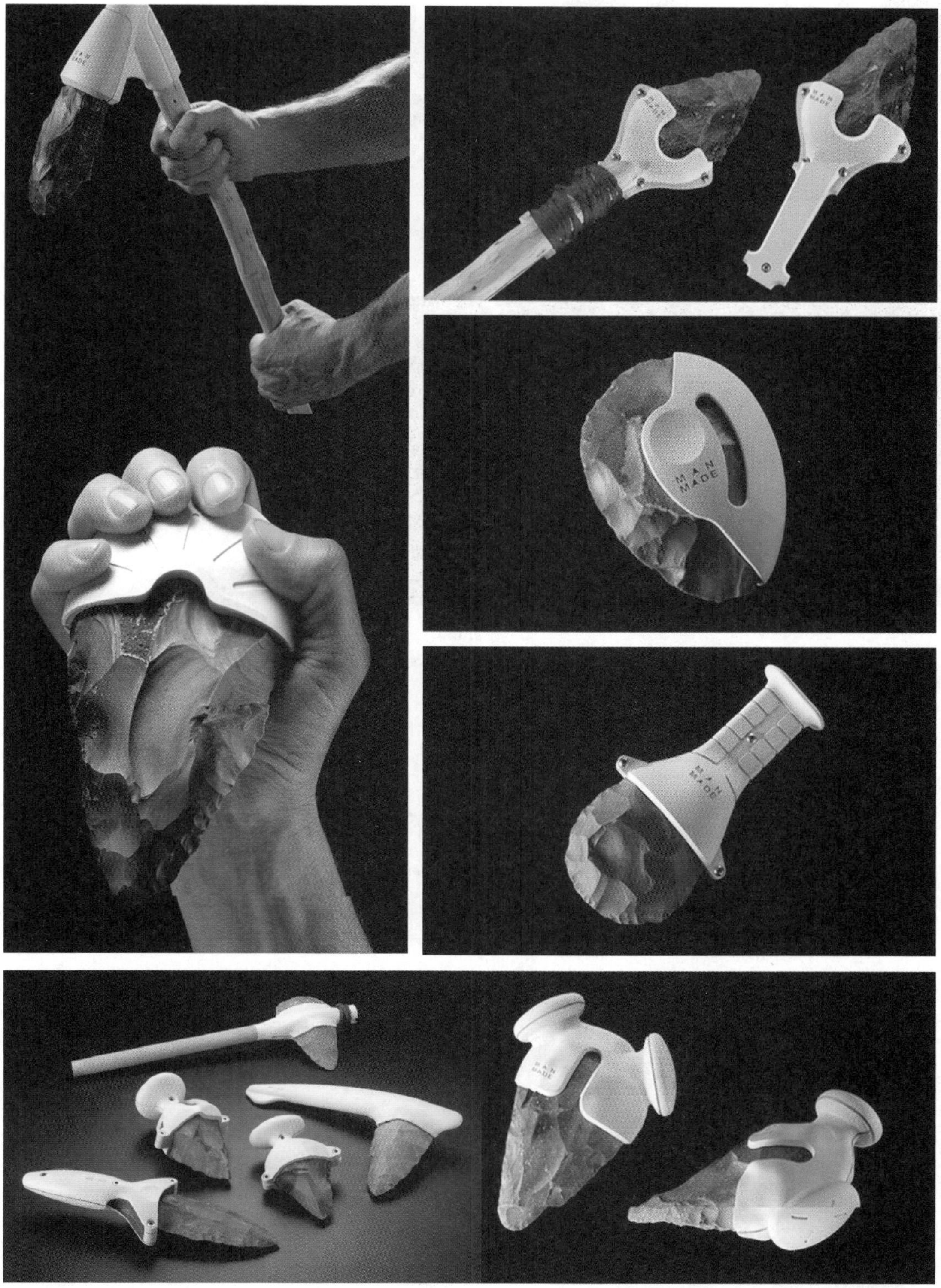
MAN
MADE

图 3.2.2

图中所示的产品是基于 3D 打印技术研究的设计案例。3D 打印技术即是快速成型技术的一种，它是一种以数字模型文件为基础，运用粉末状金属或塑料等可黏合材料，通过逐层打印的方式来构造物体的技术。设计师 Ami Drach 和 Dov Ganchrow 通过最前沿的 3D 打印的手法对人类最古老的工具——石器时代的燧石手持斧子进行了再设计，创造出了燧石手持斧子 2.0 版本。这个设计在原有的打制石器上增加了 3D 打印配件，对原有的火石、石矛、锤子、刀等进行了再设计。远古时期打制石器和现代科学技术手段的碰撞产生了一种特殊的造型美，赋予古老的磨制石器新的生命。

虚拟现实技术是仿真技术的一个重要方向，是集仿真技术与计算机图形学人机接口技术等多种技术为一体，富有挑战性的交叉技术前沿学科和研究领域。虚拟现实技术（VR）主要包括模拟环境、感知、自然技能和传感设备等方面。模拟环境则是由计算机生成实时动态的三维立体逼真图像。感知是指理想的 VR，应该具有一切人所具有的感知。除计算机图形技术所生成的视觉感知外，还有听觉、触觉、力觉、运动等感知，甚至还包括嗅觉和味觉等，也称为多感知。自然技能是指人的头部转动，眼睛、手势、或其他人体行为动作，由计算机来处理与参与者的动作相适应的数据，并对用户的输入作出实时响应，并分别反馈到用户的五官。传感设备是指三维交互设备，如图 3. 2. 3 所示。

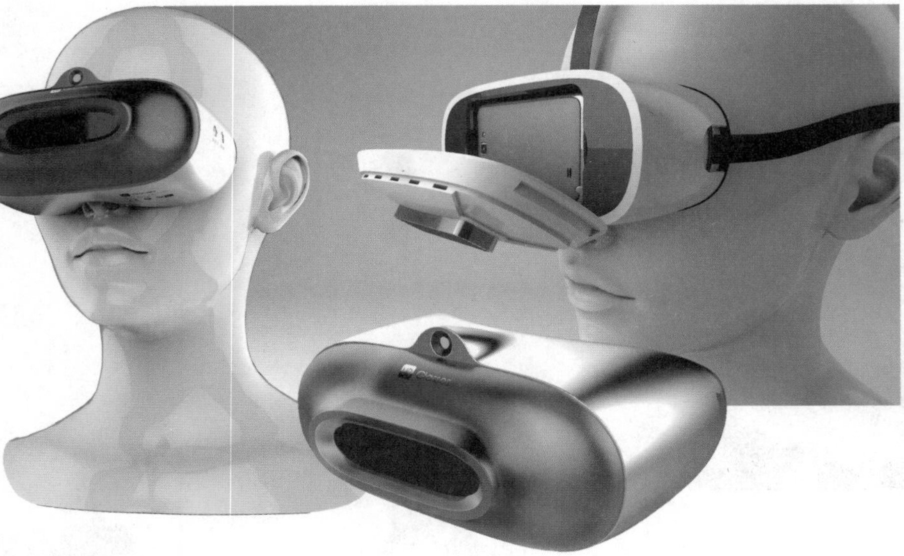

图 3. 2. 3

VR 眼镜由眼镜部分、手机部分和体感控制器部分组成，支持 DVI、HDMI、Micro－USB 输入。用软件来实现虚拟场景，完成虚拟现实设计。VR 带来的体验就如 3D 电影所带来的震撼，视角达到 360°，更惊喜的是身临其境中可通过手势捕捉器来实现虚拟互动，进一步拉近虚拟与现实间的距离。

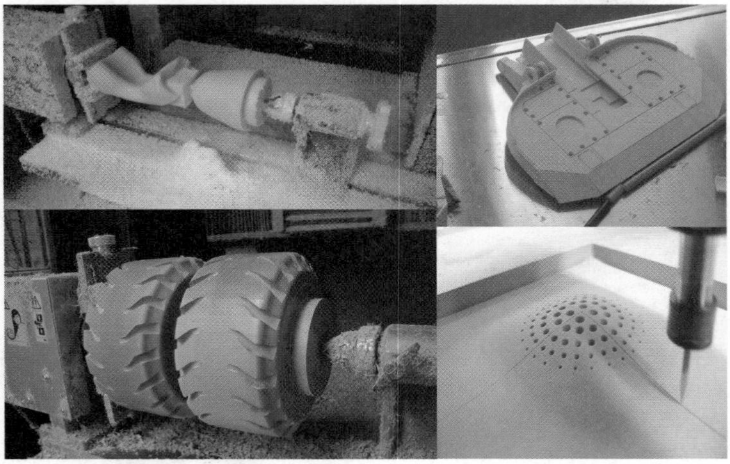

图 3. 2. 4

图中所示的是快速成型技术（Rapid－Prototyping，RP），又称实体自由成型技术。它是通过快速成型设备将产品设计的数字模型快速而精准地加工出来的表现方式。CAID（计算机辅助工业设计）与 RP（快速成型）的运用，正是设计师享受数字化时代带来的全新设计方式。RP 技术可以自动、直接、快速、精确地将设计方案转变为具有一定功能原型或直接制造零件，从而可以对产品设计进行快速评估、修改和试验，大大缩短了产品的研制周期。

图 3.2.5

图中所示的是由 pauline van dongen 设计的太阳能防风夹克，为了给用户提供即时可持续的电力能源，有 3 块太阳能电池板通过层压工艺直接集成到服饰之中。通过使用阿尔塔设备公司提供的高效薄膜式柔性太阳能电池，专门定制的轻质充电模型中所积累的太阳能可以为一台标准的智能手机进行 1～2 小时的充电，具体时长取决于不同的天气状况。这款防风夹克在衣服衬里面直接放置了一个移动电源，允许用户在任何天气下为任何种类的便携式装置充电，从手机到照相机和 GPS 导航都可以。

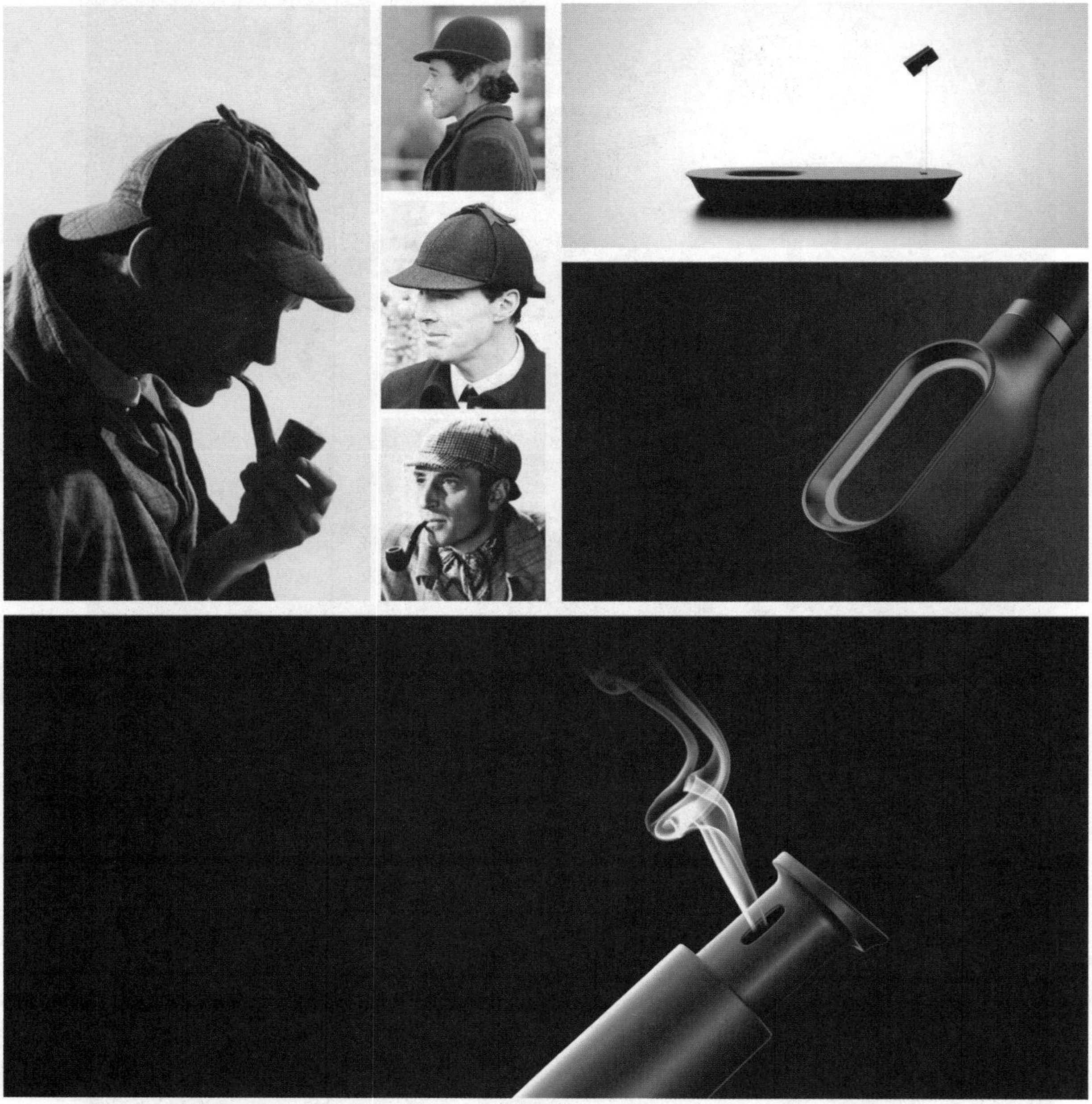

图 3.2.6

Holmes Pipe 电子烟管，是以侦探小说中的人物福尔摩斯命名的。在电影中福尔摩斯有一个抽雪茄的专属动作，设计师把他的烟斗进行再设计，Holmes Pipe 不同于其他的电子烟，它采用抽屉式新型卫生摄入系统，防止有灰尘和其他种类的异物黏在嘴部。LED 指示器与烟管道的吸入相互作用，像原始烟管道一样形成光线漩涡。“+”“-”触摸键是调整蒸发器的电压，控制烟味的深度，Holmes Pipe 同时配备专属的充电座，而且充电座的设计以玻璃作为支架。

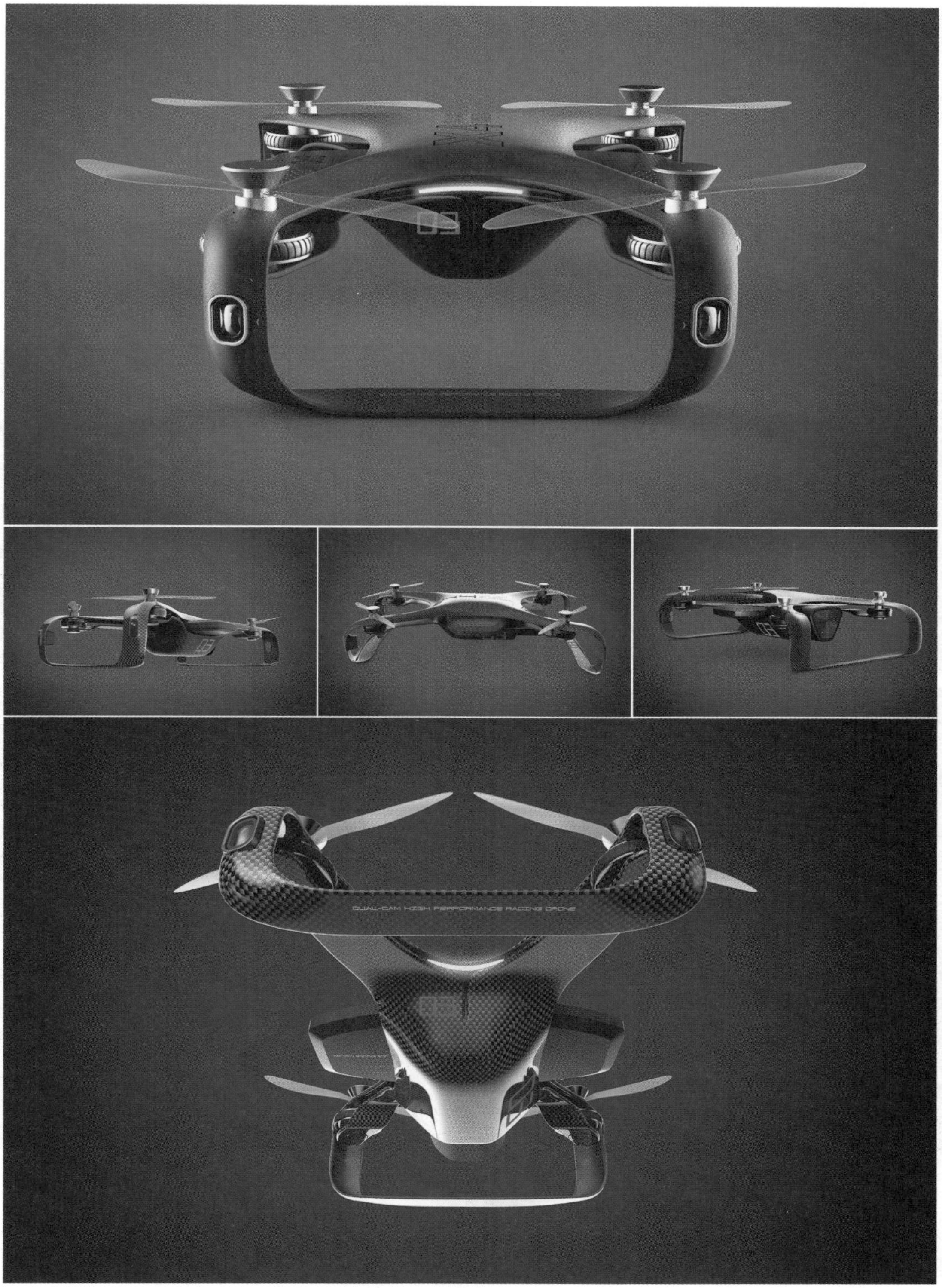
DUAL-CAM HIGH PERFORMANCE RACING DRONE

图 3.2.7

无人机是按照系统组成和飞行特点的无人驾驶机器，并且配备遥感技术（Unmanned Aerial Vehicle Remote Sensing），即利用先进的无人驾驶飞行器技术、遥感传感器技术、遥测遥控技术、通信技术、GPS 差分定位技术和遥感应用技术等，能够实现自动化、智能化，有效地快速获取国土资源、自然环境、地震灾区等空间遥感信息，并且完成遥感数据处理、建模和应用分析的应用技术。无人机遥感系统由于具有机动、快速、经济等优势，将会成为未来的主要航空遥感技术之一。

3.3　面对新能源问题设计师将何去何从

人类的生存和社会的进步发展离不开能源，能源是经济发展的主要驱动力，是人类赖以生存的物质基础，是维护生态平衡的重要因素。地球上诸如石油、煤炭等常规能源总量是有限的且不可再生，据有关专家预测，到2050年，石油资源将被开采一空，能源危机必将席卷全球，如果能源问题不解决必将危及人类的生存。积极寻找清洁的可再生能源和有效的节能措施，构建可持续发展的社会是人类的必然选择。居安思危，当下世界各国秉承可持续发展的理念，采取立法、政策支持、资金投入、更新技术等手段，推进可再生能源的发展。众多国家都将发展水能、风能、太阳能等可再生能源作为应对危机的重要手段。

面对上述问题设计师将何去何从？产品设计如何跟进时代发展的要求，介入到可再生能源的研发应用之中，实现可持续发展的长远目标，造福人们的生活，是设计人员必然思考的重大问题，如图3.3.1所示。

图 3.3.1

图中所示的云马X1是云造第一款推出的产品，曾获红点至尊奖。作为一款自主研发的可折叠智能电动车，云马X1突破了传统电动车笨重的造型，巧妙地将电池及控制器部分隐藏在前叉管内，整体采用轻盈极简的造型语言，成为国内新能源代步工具的领航者。

可再生能源泛指在短时间内，通过地球的自身循环可以不断补充的能源，如风能、太阳能、水能、生物能、海洋能等非化石能源。可再生能源资源分布广泛，适宜就地开发利用，是可持续发展的清洁能源。从可再生能源就地取材开发的特征来讲，其应用于工业设计是最适合的，但是现在应用研发还极为有限。自古以来，科技的发展一直在人类的设计过程中扮演着重要的角色。技术是设计的平台，技术革新无疑为设计师提供了更为宽泛的设计思路和手段，近些年来，伴随着科学技术的飞速发展，一些新的技术更是给基于可再生能源的公共设施创新设计带来了新的契机。将可再生能源应用到产品创新设计具有很大的必要性和商业价值。了解可再生能源的构成，分析其利弊，将可持续发展的理念和可再生能源技术应用到产品的设计实践中，充分利用可再生能源的优势特点，规避其劣势，对产品设计的创新必将会起到积极的促进作用，如图3.3.2和图3.3.3所示。

图 3.3.2

luminAID
luminAID

图 3.3.3

luminAID 是一盏小巧的充气式太阳能应急灯，仅重 85 克，折叠状态下运输十分方便。解开扣子用嘴吹气，就能得到一个小气囊，LED 灯的灯光充满了整个充气空间，形成一个明亮温馨的发光体，luminAID 具有防水功能，可以漂浮在水面上（图 3.3.2 和图 3.3.3）。最新款的 luminAID 灯在太阳直射下，7 小时就可以充满电，而续航达到了喜人的 30 个小时，亮度达 65 流明（1 流明相当于一支蜡烛的亮度）。在 2012 年海地发生飓风灾害后，Anna Stork、Andrea Sreshta 与 Give Light，Get Light 项目合作，捐赠了 1000 盏应急灯用于海地救灾，让这款产品回归到它们的萌发之地，为灾民带去了充满光亮的夜晚。之后数年里，他们与各种非政府组织合作，将数万盏的 luminAID 送往世界各地缺乏电力资源的贫困地区。孩子们对于这些简便的应急灯爱不释手，数盏 luminAID 聚拢时，总是给人内心带来一阵阵暖流。灯光给这些地区的人们尤其是孩子，带去了对生活的希望，他们脸上洋溢的笑容，就是最好的凭证。

3.4 基于可再生能源的产品设计实践

人类利用可再生能源的历史悠久，充分利用自然力，从事农、牧、渔业生产及日常生活。古代利用可再生能源最有代表性的产品莫过于水车，它是中国古人创造出来的充满智慧的用于提水灌田的工具，现已成为我国珍贵的历史文化遗产，时至今日已有 1700 余年历史。水磨坊也是人类早期利用可再生能源的又一典范，由引水道、水轮、磨盘和磨轴等部分组成，靠流动的渠水为动力，带动木轮引擎，石磨昼夜不停运转，达到生产的目的。早期的能量来源是将水能转化为机械能，随着科技的发展，水利交流发电机的出现，水能被大规模开发利用，水力发电成为现代的重要能源。

自古以来太阳直接提供了能源给人类，但使用机械将太阳能转化成其他能量形式还是近代的事。法国人穆肖设计了世界上第一个太阳灶，他用抛物面镜反射太阳能集中到悬挂的锅上，供法军使用。随后各种样式的太阳灶层出不穷，由于它的便利、无公害、毫无污染，受到广大偏远农村特别是燃料匮乏地区人们的广泛使用，具有很高的实用价值，太阳灶的设计是一个成功利用太阳能的案例。如何将可再生

能源科学、合理、适度的运用于产品设计之中，是摆在设计师面前的一个重大课题，需要去探索、去挑战，如图 3. 4. 1～图 3. 4. 4 所示。

图 3. 4. 1

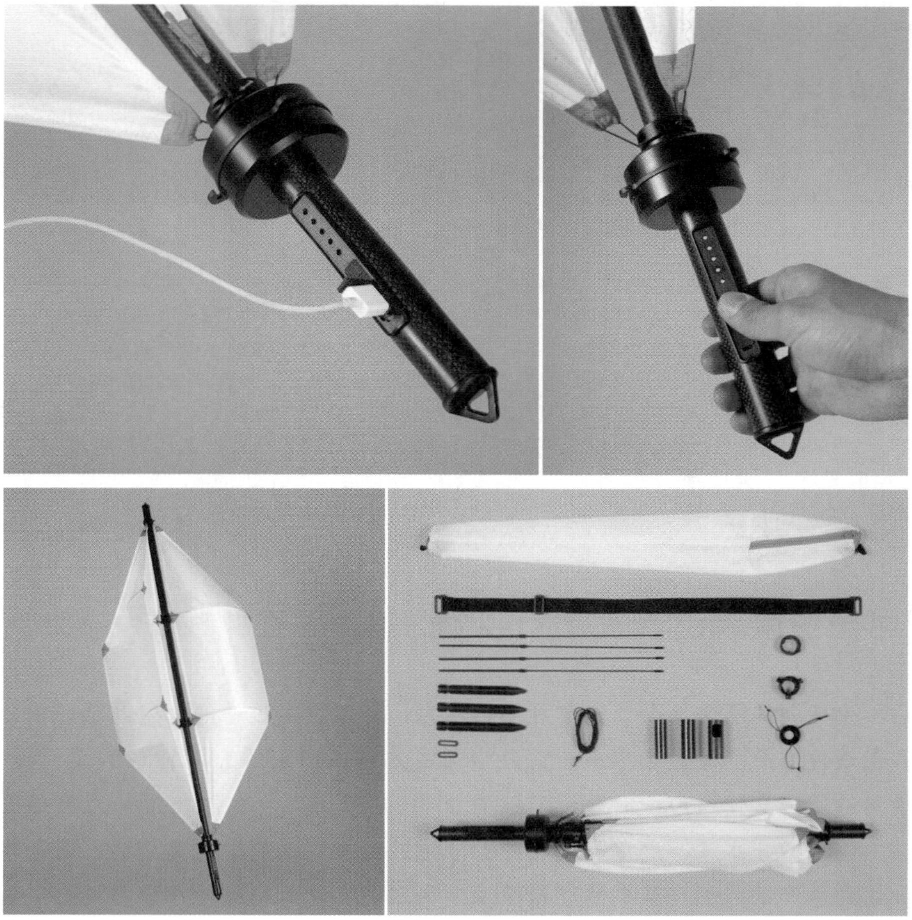

图 3. 4. 2

瑞士洛桑艺术大学的设计师设计了一款便携式风力发电装置，这个装置结构简易，展开后能够使用风力来发电。折叠后只有一根拐杖大小，携带方便，不占空间。装置由帆布和微型发电机两部分构成，使用碳纤维做成，因此重量很轻。当有风吹响帆布时，发电机就能运转，为手机等移动设备提供电力。它不带储电功能，需要移动电源来储存电力，足以野外应急。Nils Feber 这个便携微型风力发电装置受到了野外运动爱好者的一致好评，因为装置便携之余，在风力很弱时也能提供稳定的电量输出。

图 3.4.3

一般的电动车由于需要装上额外的动力装置，因此其体积通常会比较大，而且很难设计成可折叠的形式。这款太阳能电动车的造型相当轻巧，车筐设计得非常简洁，而后轮上亦配备了一块圆形的太阳能电池板，只需要将电池板转至 90°，便可以一边踩踏板一边吸收光源。至于不使用时，只要将电池板翻回原本的位置，便可以将整部电动车折叠起来，然后放在有太阳光线照射的空旷地方，为单车充电。

图 3.4.4

太阳能盆景电池充电器可以放在采光效果好的办公桌上、咖啡厅内等阳光充足的地方，可以通过太阳能板来收集电能，给手机、平板电脑、照相机等带有 USB 插口的小型电器进行充电。

3.5 可再生能源的应用

可再生能源具有自我恢复特性，并可持续利用。可再生能源产品设计环保、节能、应用方便、施工便捷、地域性强，具有常规能源不可替代的优势。另外，可再生能源应用于产品设计具有小型化的特点，可再生能源的充分利用，传递着“绿色经济”兴起的正能量。科技创新驱动了可再生能源产品的发展，使可再生能源成为新兴的战略产业。设计，作为最接近人类的本能：发现问题、分析问题，解决问题的领域，对人们的认知实践活动起着基础性的作用。所以，基于可再生能源的产品设计必须有可持续发展的观念，设计师要充分开动脑筋，寻找科技、设计与艺术的交集，并将其完美结合。产品设计从诞生直至报废消亡的整个全生命过程都伴随着能量的产生与损耗，将生态环保意识渗透于设计之中，才能从根源处解决产品设计和制造行业的能源浪费问题。唯有遵循这样的设计规律才会在生产生活过程中节约能源和保护环境，实现生产与消费的统一，从而引领人们的生活可持续发展，如图 3.5.1～图 3.5.3 所示。

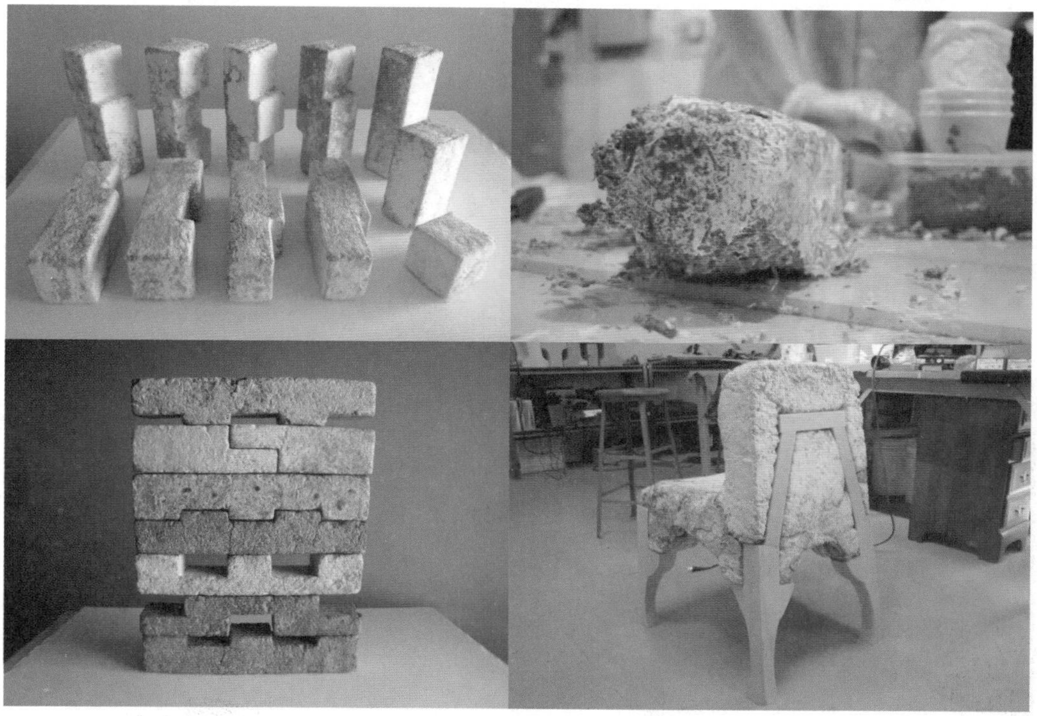

图 3.5.1

生产塑料需要大量的能源，塑料的填埋处理也为地球环境增添了许多负担。一次性塑料泡沫更是浪费能源、污染环境的主要元凶。我们急需要发明新的材料去代替塑料。蘑菇的根部结构菌丝体就是其中一种可能性。菌丝体是一种很棒的材料，因为它是一种自我组合材料。它将被我们认为是废料的一些物质，比如种子外壳或者木质生物质转化成角质状的聚合物，这种聚合物可以被加工成任何形状，可以把它当作黏合剂来使用。通过使用菌丝体作为黏合剂，就可以像在塑料行业一样把东西塑造成任何形状，可以创造许多种不同属性的材料，隔音的、防火的、防潮的、防蒸汽的、防震的，还有消音的材料。它们全都是从农作物副产品中生长出来的天然材料，它们百分之百可以在你的后院降解。Philip Ross 专注于菌丝体在家具和建材方面的实验，他比较专注结构、强度上的测试，倾向于保留蘑菇粗糙有机体的外观。Eben Bayer 和 Gavin McIntyre 成立了 Evocative Design 公司，尝试将菌丝体商业化，让更多的人了解、应用这种新材料，他们还开发了 DIY 包裹，感兴趣的用户可以直接购买原材料，把菌丝体原料放在模具和适宜的环境中，生长出自己设计的形态。

图 3.5.2

图中所示的是 Khalili Engineers 团队为 land art generator iniative 项目设计的集科技、建筑与艺术为一体的太阳能净水装置。使用电磁净化系统，每年可以净化 45 亿升海水，为城市居民提供洁净的可饮水。不仅如此，该装置还能为海岸的浴场提供浓度为 12%的盐水。纯净水将直接被运送至城市供水网络，而使用过的盐水，将通过智能系统重新排入大海这个美丽的太阳能净水装置，将成为海岸边一个新的景点，让游客在沙滩度假时也能欣赏到这根“水管”营造出的曼妙光线。

COPENHAGEN WHEEL
1
2
3
4
5
6

图 3.5.3

Copenhagen Wheel 这款自行车可以将乘骑时候使用手闸等设备产生的制动力储存起来，为上坡或者加速的时候提供辅助。除了贴心的辅助设计，它还能将沿途的路况、空气质量和其他乘骑信息进行统计，并将结果发送至手机上，根据其变化的数据，您可以更加合理地安排出行计划，选择空气更加舒适的时段出行。

复习思考题

1. 了解当下新技术、新材料并收集相关信息。
2. 如何理解适度技术？作为设计师如何在产品设计中运用高新技术？
3. 何为可再生能源？可再生能源应用于产品设计中有何优势？

第4章　产品设计表达

设计与设计表达是不可分割的统一体，设计的表达形式是多种多样、丰富多彩的。产品设计表达主要包括以下几种形式：手绘快速表达、电脑图表达、电脑动画表达、模型表达，文字加图示的故事板表达等。这些表达形式各有其特点和长处，它们的最终目的都是为产品设计服务的，如图 4.0.1 和图 4.0.2 所示。

产品设计表达
手绘快速表达
概略图
方案图
电脑图表达
数据图·预想图
创建三维数字模型
电脑动画表达
模型表达
研究模型
展示模型
功能模型
样机模型
故事板表达
绘制草图
产品渲染
寻找素材
版面设计排版·配合文字图示

图 4.0.1

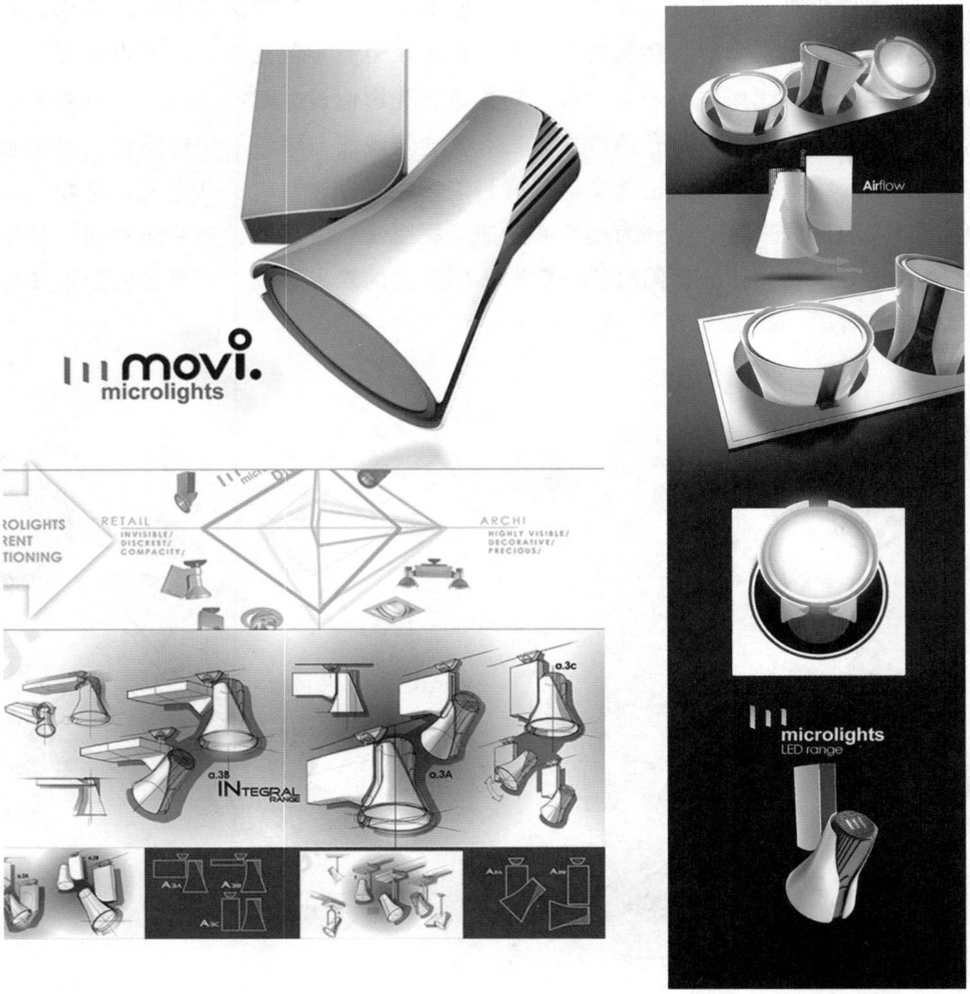
movi.
microlights
Airflow
RETAIL
INVISIBLE/
DISCREET/
COMPACITY/
ARCHI
HIGHLY VISIBLE/
DECORATIVE/
PRECIOUS/
a.3c
a.3B
INTEGRAL
RANGE
a.3A
microlights
LED range

图 4.0.2

4.1 快速设计表达

作为一名设计师，应具备最起码的两个基本能力：设计能力和设计的表达能力。快速设计表达是设计表达最基本也是极其重要的组成部分。一个好的产品创意设计，如果表达不出来，或表达的不准确、不生动、不快速，就会影响到设计的成功。

快速设计表达也是时代发展的需要，当今市场竞争极为激烈，设计领域的竞争更是如此，这就要求设计师既要出好方案，还要多出方案、快出方案，因此如何掌握一套快速设计表达方法的问题就摆在了每个设计师的面前。美国建筑大师西萨佩里在《论建筑画和设计草图》一文中有段精彩论述，他说："建筑往往开始于纸上的一个铅笔记号，这个记号不单是对某个想法的记录，因为从这时刻开始，它就影响到建筑形式和构思的进一步发展，我们一定要学会如何画草图，并善于把握草图发展过程中出现的一些可能触发灵感的线条，接下来，我们需要体验到草图与表现图在整体设计过程中的作用。最后我们必须掌握一切必需的技巧和学会如何察觉出设计草图向我们提供的种种良机。"此话恰到好处地道出了快速表现图的重要性和其对设计创意的潜在影响。

所谓快速设计表达，也就是设计师通过快速的表现手段把自己的设计想法，视觉化、形象化地体现于图面上，快速设计表达是设计不可分割的重要的组成部分，它记录着设计师头脑中闪现的创意思想轨迹，是激发设计灵感的有力工具。

快速表现图与设计思维有一种互动作用，使设计不断完善。画好快速表现图，要求设计师要具备一定的绘画基础，尤其是速写基础。当然快速表现图与绘画是有一定区别的，快速表现图是对绘画诸要素进行一系列的概括和提炼，比如对所表现的设计对象进行光影假设，对产品形态、色彩进行系统的归纳与简化处理，最终形成了快速表现特有的形式语言。快速表现图与精致的预想图相比具有随意、快捷的特点，形式多样、不受约束。常用的工具及材料有铅笔、钢笔、速写笔、马克笔、色粉、彩色铅笔、水彩、透明水色。就表现形式来讲，可分为底色高光法、视图法、浅层法、钢笔淡彩法、马克笔法、色粉法、彩铅法、混合法。产品设计的不同阶段，需要不同形式的表现形式，快速表现图往往出现在设计的初始阶段和方案比较阶段，如图 4.1.1～图 4.1.4 所示。

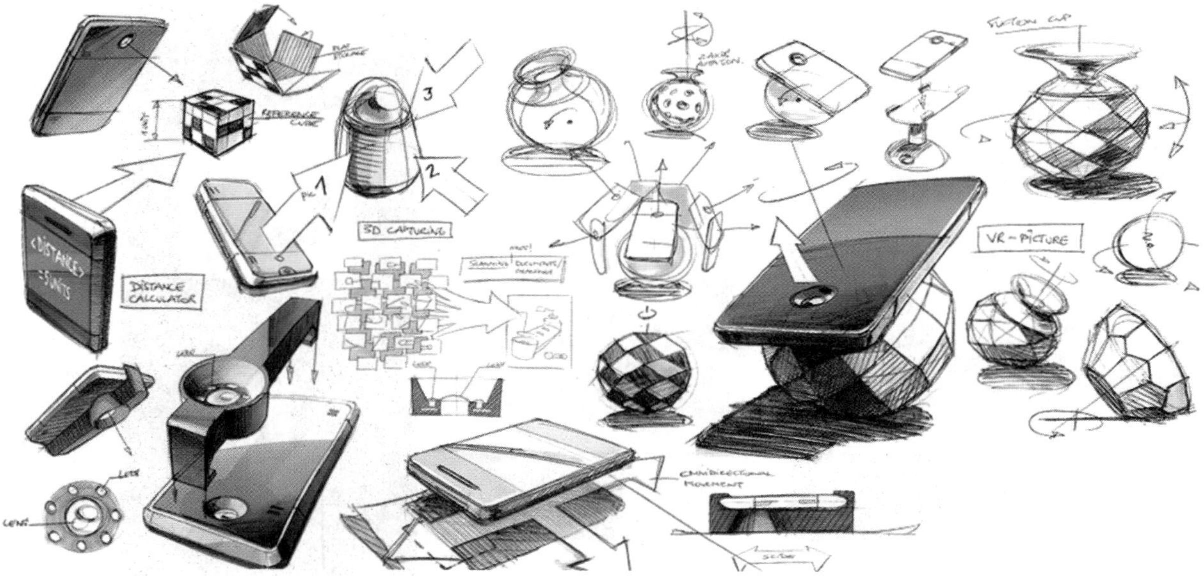
DISTANCE CALCULATOR
3D CAPTURING
VR-PICTURE

图 4.1.1

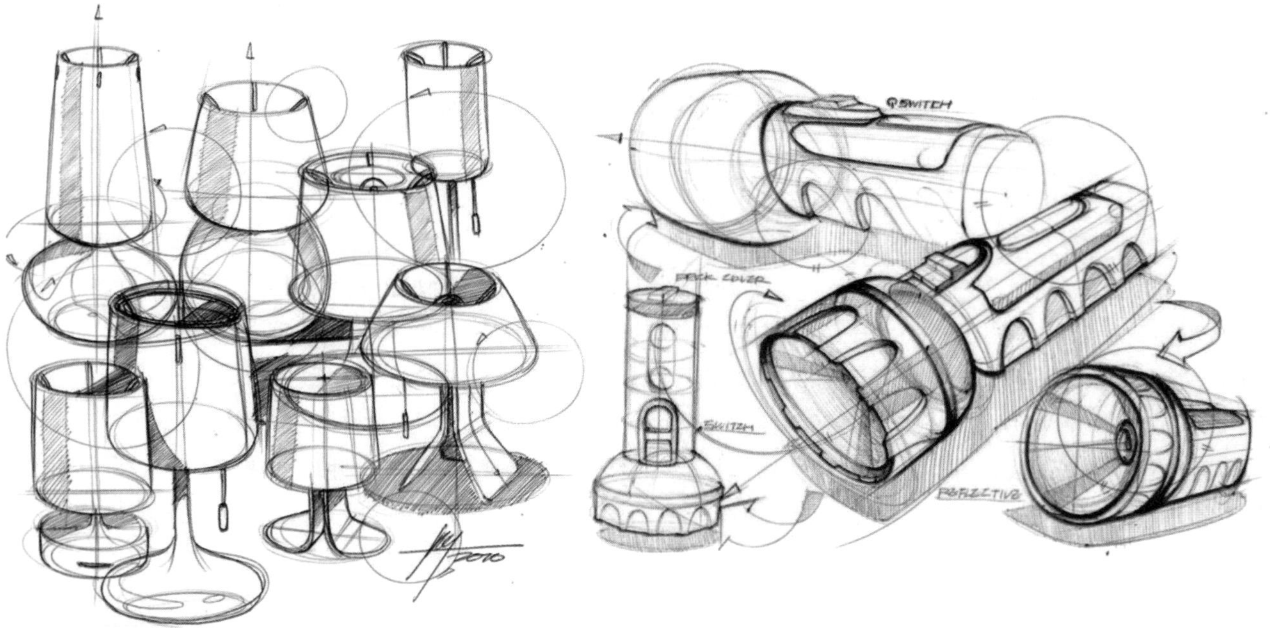
SWITCH

图 4.1.2

BMW

NISHIKI
LIMITED

图 4.1.3

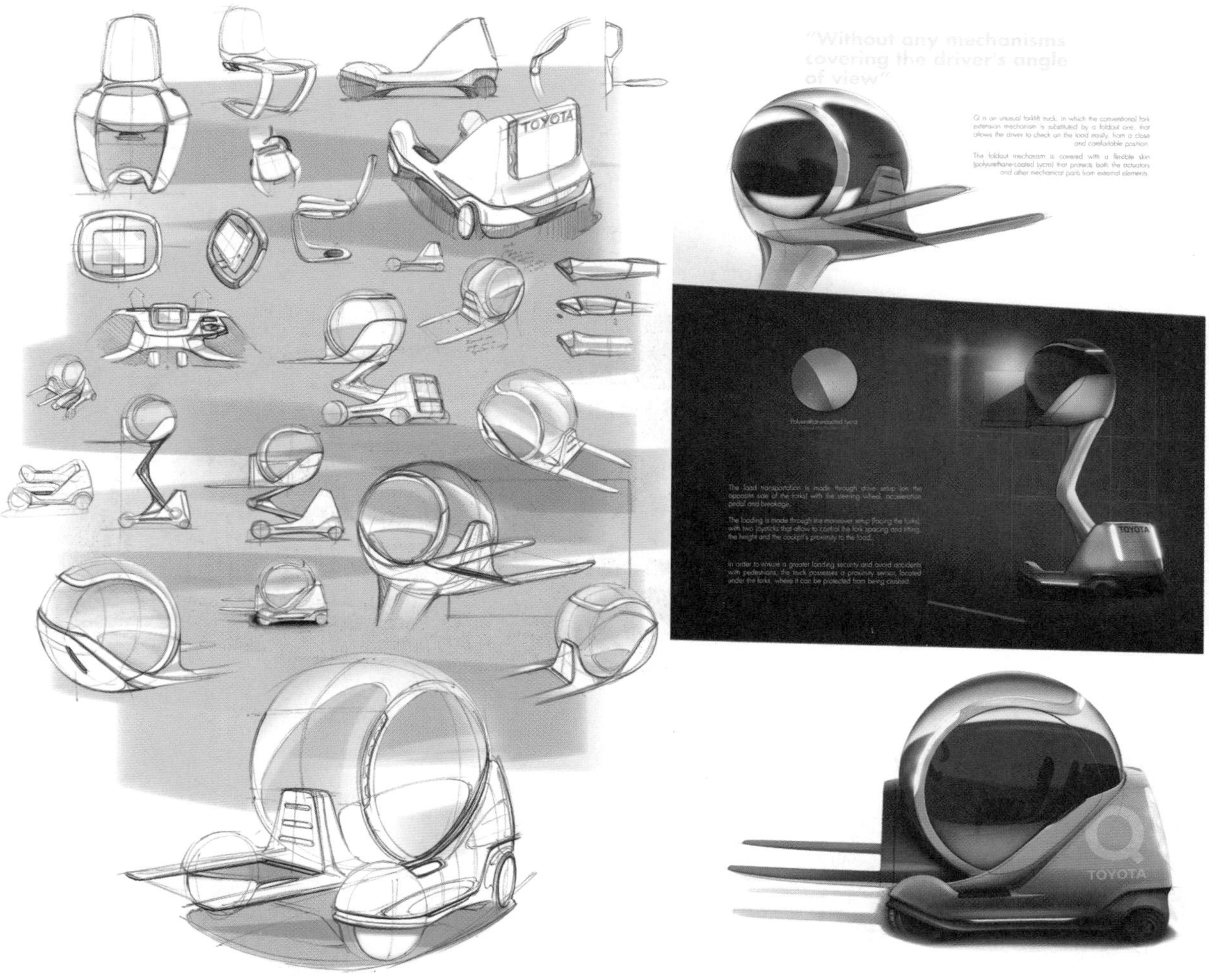
"Without any mechanisms covering the driver's angle of view"
TOYOTA
Q
TOYOTA

图 4.1.4

4.2 快速表现图的作用

快速表现图具有以下作用。

(1) 设计师观察事物、收集材料、方案记录的作用。

(2) 设计师分析比较、推敲设计方案的作用。

(3) 设计师与业内外人士进行方案交流、征询反馈意见、看法、完善方案的作用。

4.3 快速表现图的形式

快速表现图的形式有概略图和方案图。

1. 概略图

概略图是符号化的表现图，这种图形“有助于我们忽略设计的特殊风格，而关注到形体的构图，它也是能暗示设计的更多意义和功能”。在设计的初始阶段，设计师的思维异常活跃，灵感稍纵即逝，这时最需要快速形象化的方式记录下来，此时的图形只是一种感觉，不求十分准确，忽略细节，画幅不宜大，甚至可小到邮票大小，这样设计师可便于加快出方案的速度，控制整体。概略图具有多变的性格，

可在同一张纸上，出现平面、立面、透视、局部、剖面、线条、说明性的文字及符号等。表现工具要选择运笔流畅的铅笔、钢笔、针管笔等，如图 4.3.1 和图 4.3.2 所示。

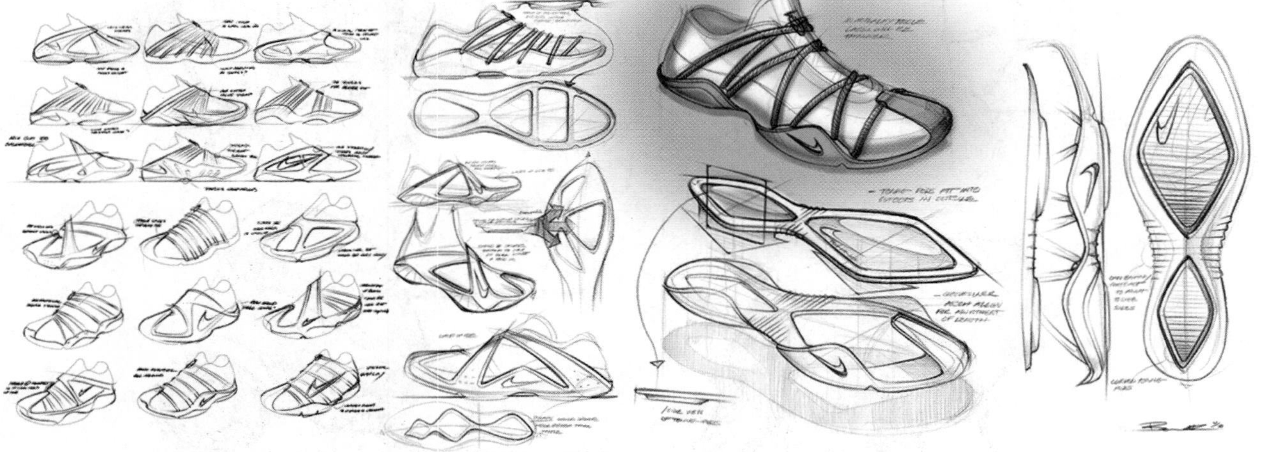

图 4.3.1

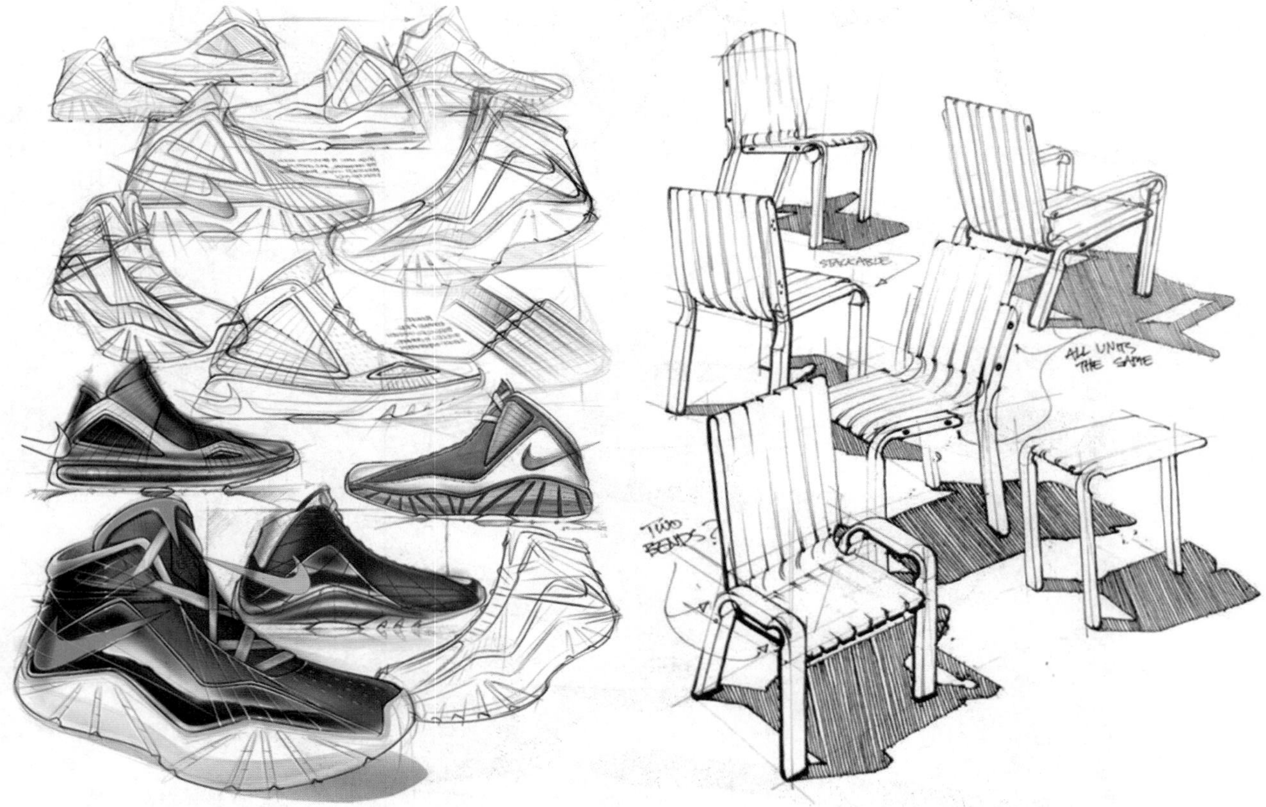
STACKABLE
ALL UNITS THE SAME
TWO BENDS?

图 4.3.2

2. 方案图

常见的方案图分为单色图和彩色图两种。方案图是优化了的概略图，从大量的概略草图中筛选出几个方案，对这些方案进行整理、细化、完善，要求对产品的结构、透视、尺度、比例、色彩等表现更准确些，为方便快捷，方案图主要还是徒手画，也可借助简单的工具，例如尺、圆规等，方案图是最终效果图的基础，如图 4.3.3～图 4.3.7 所示。

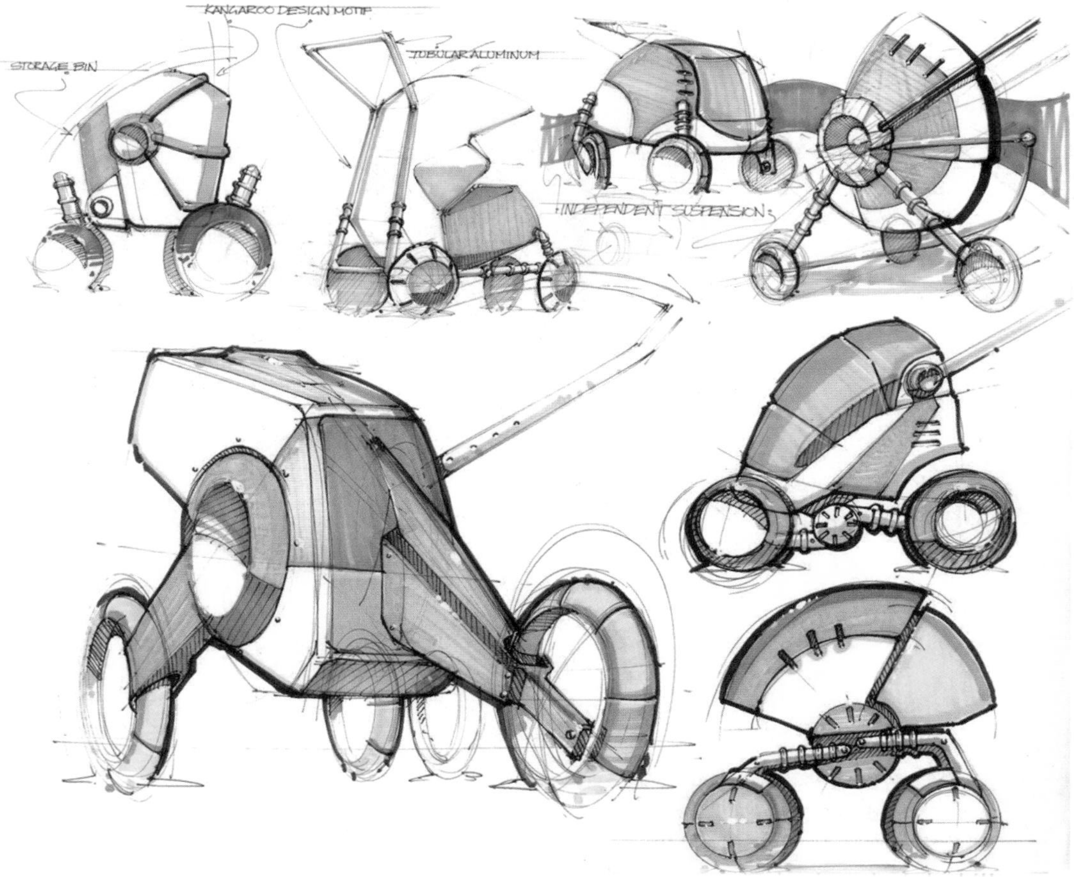
KANGAROO DESIGN MOTIF
STORAGE BIN
TUBULAR ALUMINUM
INDEPENDENT SUSPENSION

图 4.3.3

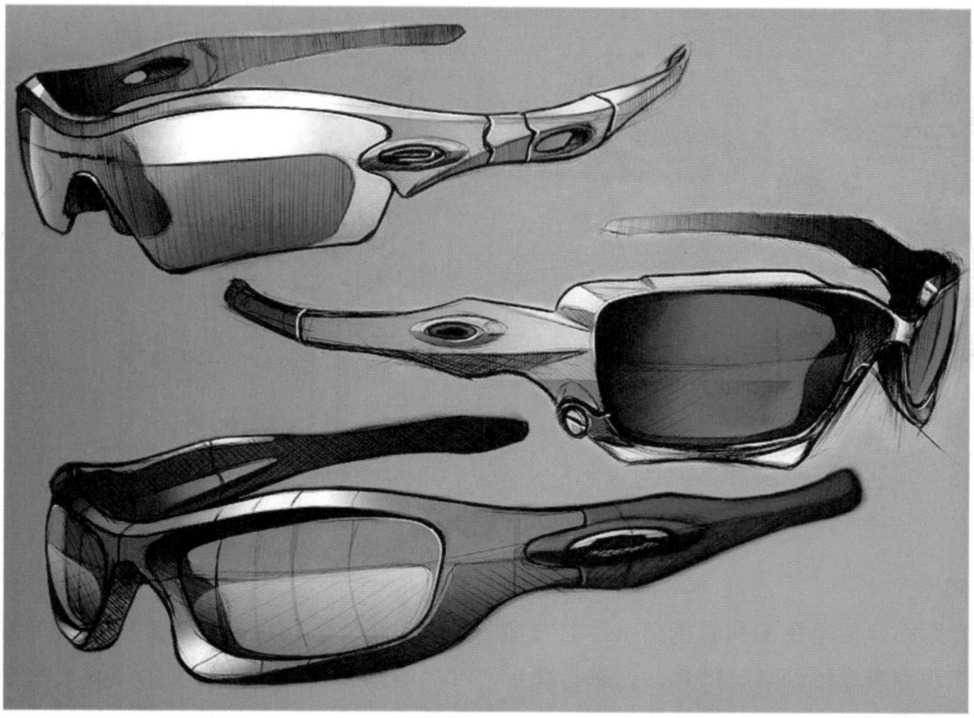

图 4.3.4

Front
Bottom
Back
Outside Flap
Extra Pouch
Camera Bag
incase
Lenses Pouch
Camera Holder

图 4.3.5

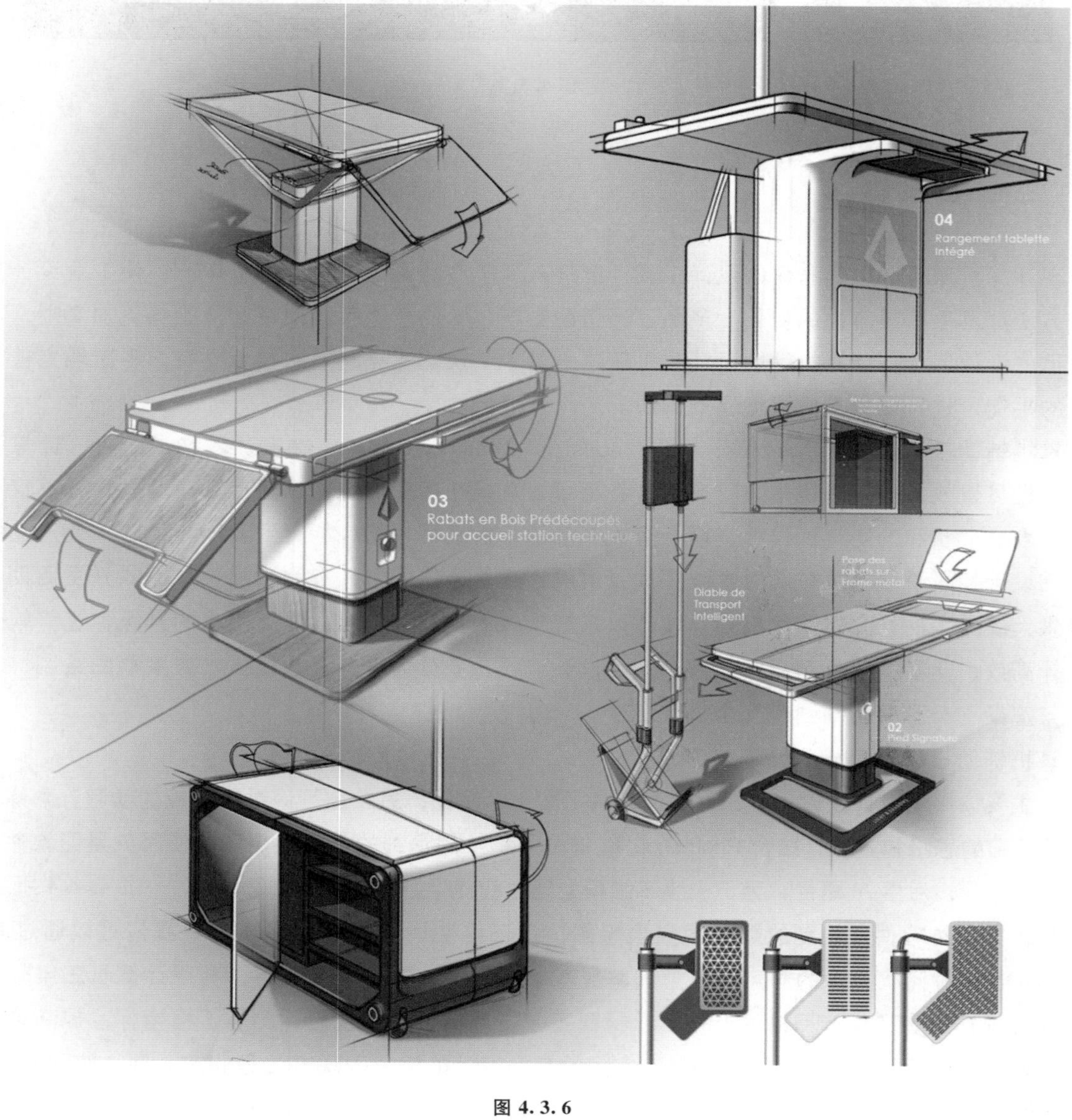
04
Rangement tablette
intégré
03
Rabats en Bois Prédécoupés
pour accueil station technique
Diable de
Transport
Intelligent
02

图 4.3.6

图 4.3.7

4.4 电脑图表达

当下计算机作为一种信息化的设计工具，已进入到了产品设计流程的各个环节，使工业设计研究的理论和方法都发生了颠覆性的变化。产品设计借助数字技术的表达手段使设计师能够更加清晰、准确地表达自己的设计创意。计算机辅助设计就是在这一需求下快速建立起来的技术支持，不断地完善美学与技术间的平衡，进行现实与虚拟世界的沟通。

计算机辅助工业设计（Computer Aided Industrial Design，CAID）。在设计的初期阶段，计算机绘制的最初模型可以放入虚拟环境中进行实验，甚至可以直接在虚拟环境中创建产品模型。这样不仅可以使产品的外表、形状和功能得到模拟，而且有关产品的人机交互性能也能得到测试和检验，使产品的缺陷和问题在设计初级阶段就能被及时发现并加以解决，这些方法的引入有利于缩短产品的开发周期，为设计师提供大展身手的舞台。计算机辅助设计以系统软件的更新为参考，跟随版本的升级，优势软件的替换，选择高效、简易的软件运用。通常，产品设计流程主要分为设计概念提出、方案草图绘制、三维模型建立与渲染、产品演示动画等几个模块。

计算机辅助设计一般分为以下三部分。

（1）主要以平面设计软件为主，通过计算机平面辅助设计，另外还可通过数位板的学习，熟练掌握计算机草图绘图的思路和方法；结合 Photoshop 和 Illustrator 绘制精细的产品预想图；使用矢量图软件绘制产品比例图、排版，活用 AI 路径，为下一步三维模型建立和提供数据参考，如图 4.4.1～图 4.4.4 所示。

（2）依据二维软件所绘制的数据图和预想图，在三维空间里创建数字模型。我们可以通过 NURBS 和 POLYGON 两种建模技术的学习，了解和掌握基于不同设计要求的情况下，利用计算机三维软件快速表达设计意图；逐步了解产品的生产知识、材料工艺、数据公差和检验评测等工程指标，提高产品设计生产的可行性，作为设计师系统地学习一套实用的产品设计的渲染表现方法是非常必要，如图 4.4.5～图 4.4.8 所示。

1
多种颜色款式配比方案
neon
4000 GT
2
镀铬舱门的打开方式

图 4.4.1

图 4.4.2

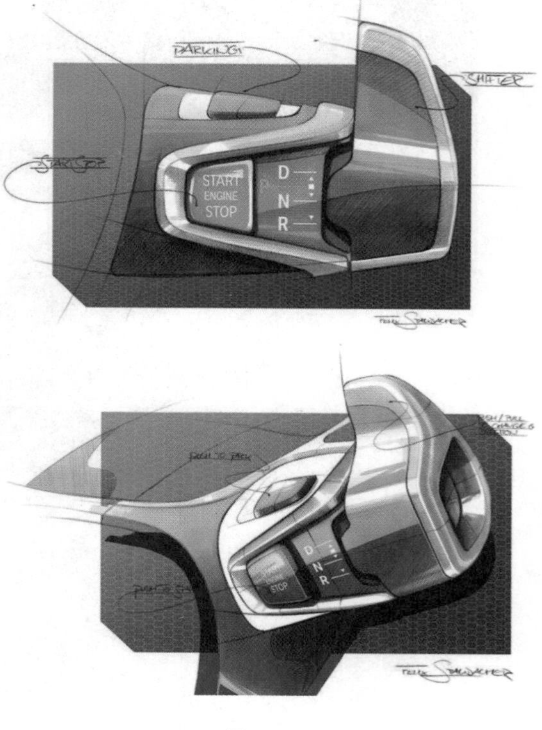
START
ENGINE
STOP
D
N
R

图 4.4.3

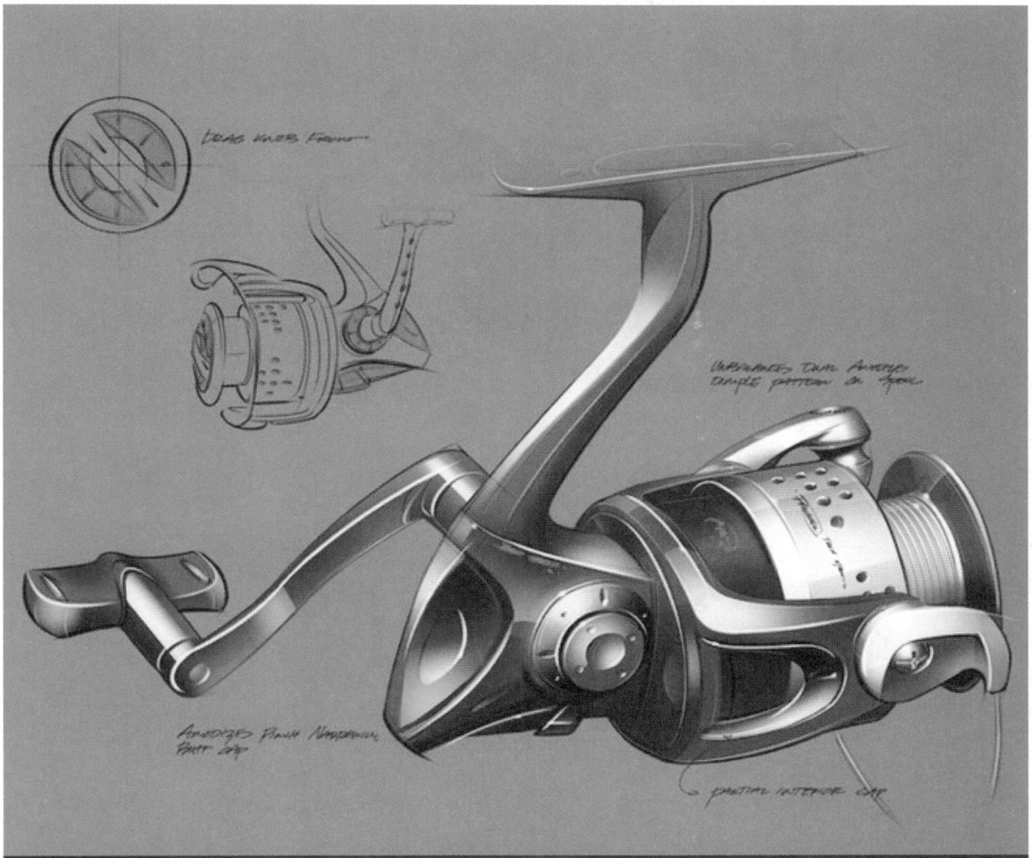

图 4.4.4

图 4.4.1～图 4.4.4 为数位板结合 Photoshop 绘制，数位板又名手绘板，是计算机输入设备的一种，通常是由一块板子和一支压感笔组成，它和手写板等作为非常规的输入产品相类似，都针对一定的使用群体。与手写板不同的是，数位板主要针对设计师设计绘图，数位板的绘图功能强大，尤其是有机形态的表现，数位板能达到的效果是键盘和手写板无法媲美的。

0101
0:1:44

图 4.4.5

图中所展示的音响是用 Rhinoceros 进行参数化建模，并用 KeyShot 进行渲染的电子数据模型，图中所示是最终渲染效果。

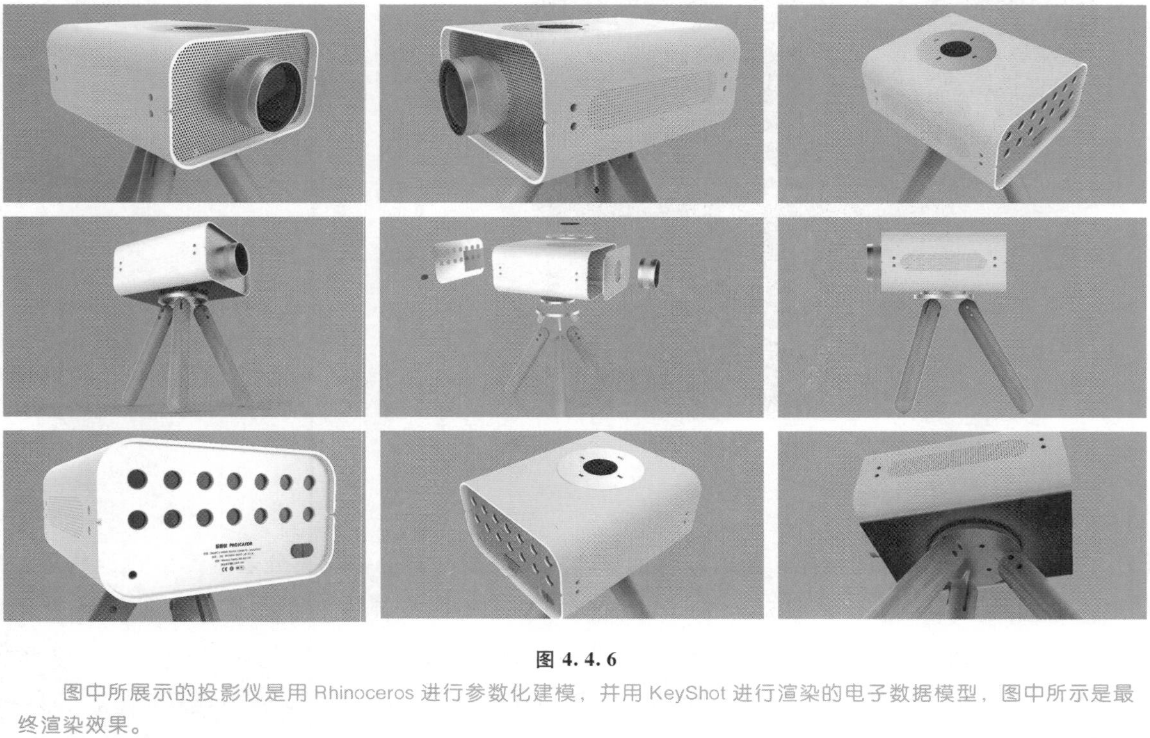

图 4.4.6

图中所展示的投影仪是用 Rhinoceros 进行参数化建模，并用 KeyShot 进行渲染的电子数据模型，图中所示是最终渲染效果。

图 4.4.7

图中所展示的角斗士音响是用 Solidworks 进行参数化建模，并用 V-Ray 渲染器进行渲染的电子数据模型，图中所示是最终渲染效果。

图中所展示的单反相机使用 Rhinoceros 进行参数化建模，并用 V-Ray 渲染器进行渲染的电子数据模型，图中所示是最终渲染效果。

图 4.4.8

(3) 应该了解动画演示的技能，通过软件的综合应用，以动画的手段充分表达产品设计构思，展示产品的形态、结构和功能。让产品动起来，以最少的语言传达设计内涵。计算机辅助设计软件包括 Photoshop CS、Illustrator CS、SketchBook Pro、3ds Max、Rhinoceros、Solidworks、V-Ray for 3ds MAX、V-Ray for Rhino、Cinema 4D、LightWave 3D、Fusion、Premiere Pro 等，其数量多，各具特色，我们只能通过作图应用了解其特色。

4.5 模型表达

模型是产品设计过程中设计构思的立体形象，是表达设计理念和构思的一种设计表现形式，模型塑造是一种最贴近人的三维感觉的设计表现形式，它是一个综合性的创造活动，同时对于设计本身来说，它既是一种思考的过程，又是设计过程中极其重要的环节。

在模型制作的过程中，设计者通过三维实体进行思考和创意，来提升三维空间的构型能力。解析产品形态、功能、结构、色彩、材料、工艺等因素之间的关系，进一步完善设计构思，并深入表达和协调整个设计创意，从视觉上、触觉上充分满足产品的形态表达，反应形态与环境的关系，使人感受到产品的真实性。模型制作以产品的真实形态、尺寸和比例来达到推敲设计和启发构想的目的，它以合理的人机工学参数为基础，探求感官的回馈、反应，进而求取合理化的形态。在设计过程中，设计师在设计的各个阶段，根据不同的设计需要而采取的不同的模型和制作方式来体现设计的构想。按照设计过程的不同阶段和用途，产品模型主要可以分为研究模型、展示模型、功能模型和样机模型四类。

1. 研究模型

研究模型又称草模型、粗胚模型、构思模型，是在设计的初级阶段，设计者根据设计创意，制作能够表达设计产品形态基本体面关系的模型，用以推敲、发展设计构思的手段。研究模型多用来研究产品的基本形态、尺度、结构、比例和体面关系。研究模型注重产品整体的造型，主要考虑立体造型的基本形状，并不过多地追求细部的刻画。研究模型可针对设计构思制作不同的形态模型，以供比较和选择，研究模型一般采用易加工、易修改的材料制作，如黏土、油泥、石膏、泡沫塑料、纸板等，如图 4.5.1 所示。

2. 展示模型

展示模型又称外观模型、仿真模型或方案模型，是设计方案确定阶段的模型表现形式，也是设计方案中应用较多的。通常是在方案确定以后，按其尺寸、形状、色彩、质感等要求制作而成，它在外观上非常接近真实产品。展示模型外观逼真、真实感强，具有较完美的立体形象，是产品设计最终审定和评估时很好的实物依据。展示模型多采用加工性能好的油泥、ABS 工程塑料及金属等材料制作，如图 4.5.2 所示。

3. 功能模型

功能模型主要用于研究和测试产品的构造性能，机械性能及人机关系等，此类模型强调产品机能构造的效用和合理性，各组件的尺寸与机构上的相互配合关系要严格按照设计要求进行制作，并以实验的角度测出必要的数据作为后续设计的技术依据，如图 4.5.3 所示。

4. 样机模型

样机模型又称为表现模型，是充分体现产品外观特征和内部结构的模型，具有实际操作使用的功能。样机模型强调真实感，其外观效果基本接近实际的产品，是模型制作的高级形式。样机模型通常还被用于生产前的数据采集及测试，以确定产品造型、产品结构及产品使用时的操控关系等，为该产品模具设计、制造提供系统的数据，如图 4.5.4 所示。

按照制作材料区分模型，可以将模型分为黏土模型、石膏模型、玻璃钢模型、塑料模型、纸质模型、木质模型、金属模型及快速成型模型等，同时也可以综合几种材料使用在同一模型上，在设计中要根据具体的内容来选择制作材料，如图 4.5.5～图 4.5.12 所示。

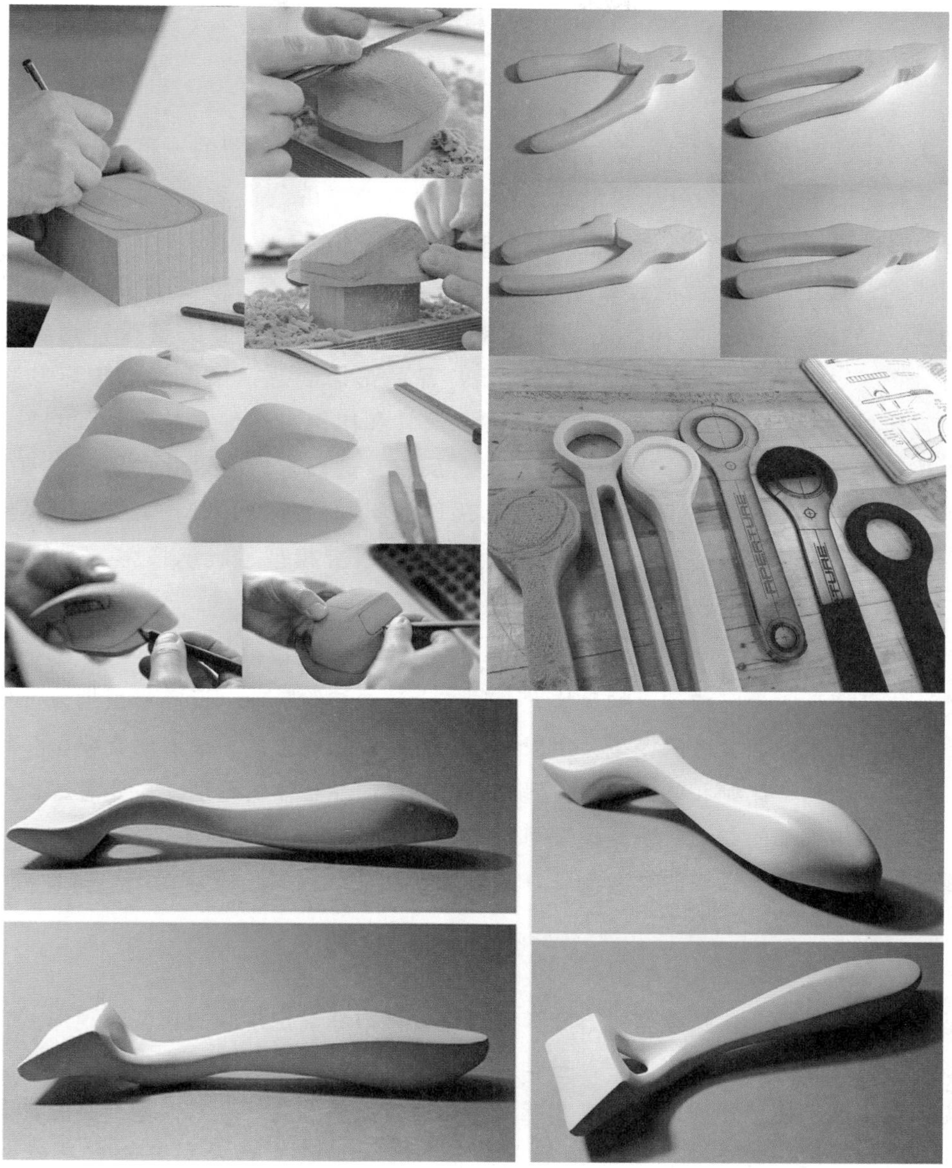
APERTURE

图 4.5.1

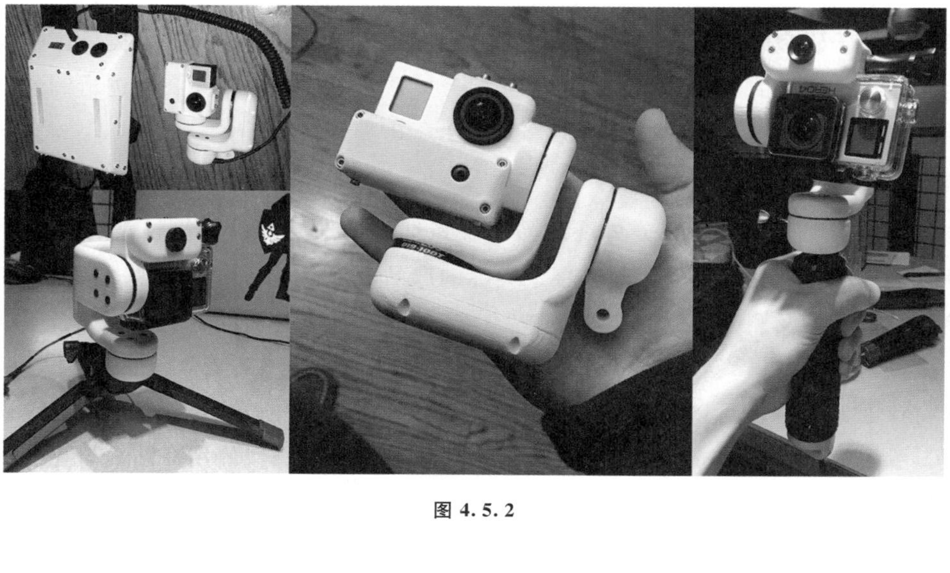

图 4.5.2

MakerBot
Qu'est ce qu'on fait ?
UTILS !
!!
DES GRANDS OBJETS !
J'ai PLEIN D'ENVIES
AH OUAI TOP !
Moi JE VEUX construire UN NID !
ENFIN ! l'impression 3D pas pour les GEEKS
ACCESSIBLE
Chez moi !

图 4.5.3

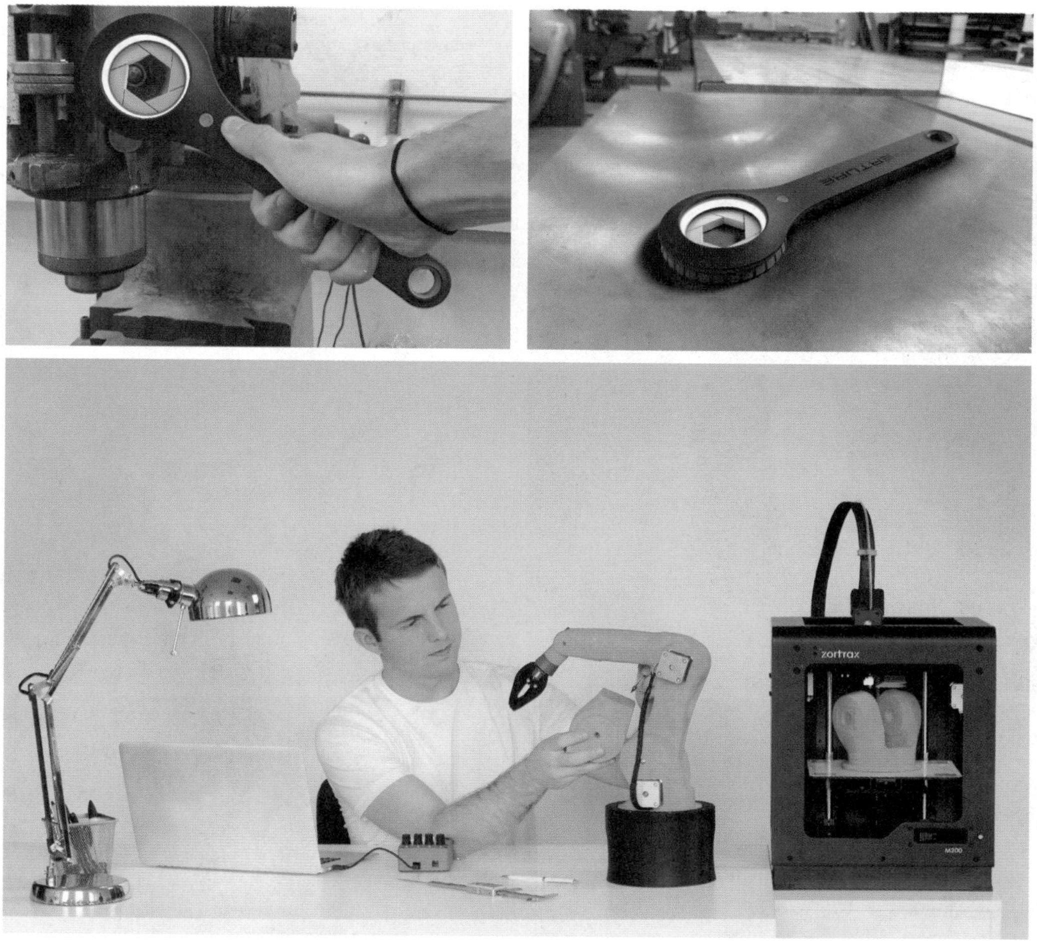
zortrax

图 4.5.4

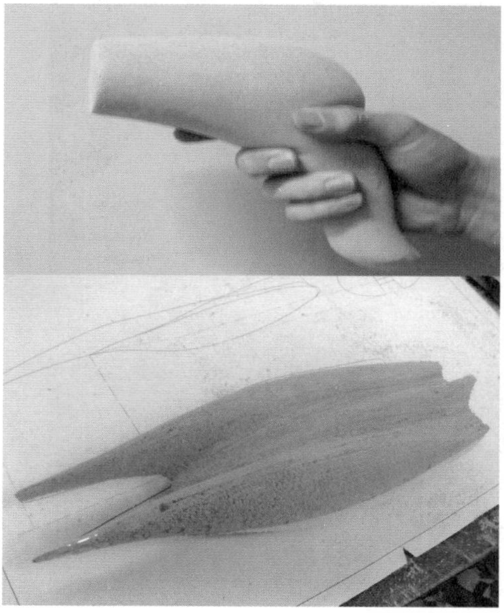

图 4.5.5
苯板草模

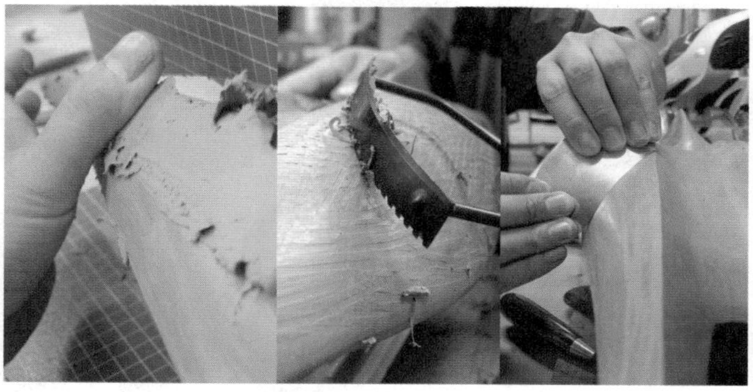

图 4.5.6
油泥模型

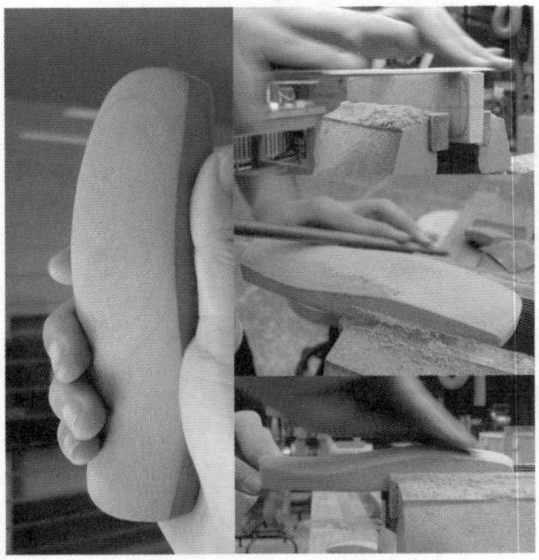

图 4.5.7
密度板模型

图 4.5.8
ABS 模型

参赛-00007

图 4.5.9
玻璃钢模型

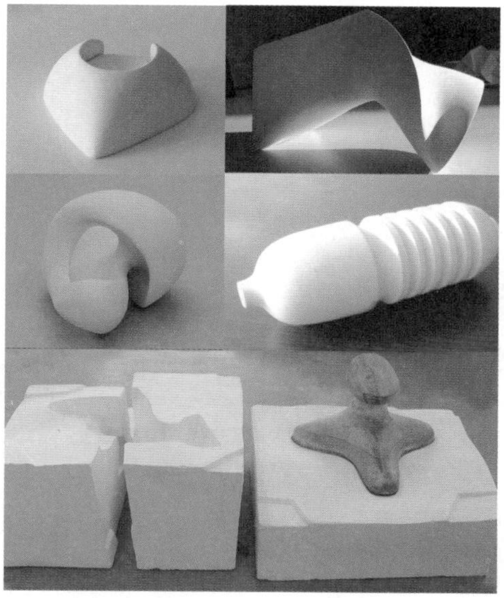

图 4.5.10
石膏模型

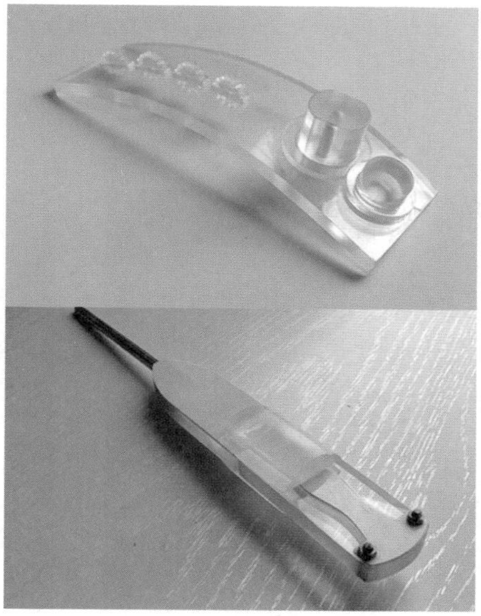

图 4.5.11
亚克力模型

图 4.5.12
木制模型

4.6　产品设计创意的故事板表达

在产品造型设计确定了以后，我们需要对产品进行文字的设计说明，以及用 Photoshop、CorelDRAW、AI 等图片处理软件来进行产品设计创意的故事板表达。故事板表达一般分为以下几个步骤。

（1）绘制草图小稿。在进行设计创意故事板表达之前，需要先进行产品基本功能的分析，一般会通过草图小稿的方式来进行想要表达的图片内容推敲。常见的设计故事板表达需要涵盖产品的基本形态、产品的基本功能、产品的使用说明和产品的使用环境等几个方面，在草图小稿满意后开始着手进行产品设计创意故事板表达。

（2）根据设定的产品创意故事板所需要的图面效果表述需求来进行产品渲染。一般常用的渲染角度有轴测图、三视图、产品使用功能分析图或者产品爆炸图等，为了后期便于进行图片处理，常用的渲染场景为影棚白背景。

（3）寻找故事板表达所需要的素材。这一阶段，往往是耗时最长的阶段，在有些情况下找不到现有的合适素材来配合我们的产品故事板表达。这种时候，往往需要设计师对各种符合自己要求的基础素材通过 Photoshop 软件来进行后期合成。在故事板表达素材中，我们往往需要找一些现实世界中的比例尺度来辅助读者了解产品的实际大小，常以人体自身的比例尺度来当做故事板素材，比如人体站姿、坐姿、手、脚等元素都经常会出现在产品故事板中。

（4）在产品渲染素材和故事板素材都准备完毕后，可以开始着手按照最初设定的版面设计进行排版。在排版的实践过程中可以根据需求继续添加素材或者去掉一些素材，以画面效果最佳为准，如图 4.6.1～图 4.6.6 所展示的都是一些优秀的产品设计故事板案例。

折叠电磁动力自行车
A-SQUID
作者：杜海滨 曹伟智 吕琳
侧下握把的方式，引导着更为合理的骑行方式
折叠后的轻巧便捷，培育着新的出行方式
功能的合理、机构的优化，注入产品更多的情感
视觉、体位、色调、肌理的推进，维系着亲和力的接触
ecco

图 4.6.1

图中展示的是一个折叠电磁动力自行车设计方案，这款自行车的语意来源是墨斗鱼。侧下握把，引导着更为合理的出行方式。自行车设计功能合理，机构优化，折叠后轻巧便携，产品设计富含情感。

2016
GRACE
景观化交通锥
公共设施设计方向
A
B
C
D
E
功能分析 Functional
GRACE
景观化交通锥
提手
灯头
太阳能薄膜和反光板

图 4.6.2

图中展示的是一款交通锥的设计方案，交通锥主要由太阳能供电，使用清洁能源，内置太阳能蓄电池，使其透着温和柔美的红光，在夜间和雨雪天更易被发现。在恶劣天气或夜晚，顶端的竖条孔会根据明暗变化在地面上形成一道红色光线，只需更换不同款式的提手，便可获得多角度的警示光线。当多个交通锥交叉摞叠在一起时，利用底盘上的三角缺口，踩住下一个交通锥的底盘，抓住顶端提手向上提拉便可将最上面的交通锥拿起。

The traditional traffic lights maintenance is time-consuming work ,leading to traffic chaos easily.
LASER-GUIDER
A NEW WAY TO SOLOVE THE TRAFFIC LIGHT PROBLEM
For the complex circuit of the traditional traffic lights ,the crowds may be hurt when it is broken.
The traditional traffic lights maintenance needs to be done in the high place,which may cause safety issue to the workers.
PAGE 1
Laser
Reflection of light
Traffic lights
In view of the security, convenience of the maintenance workers and its effect on traffic while maintaining the traffic signals Laser-Guider uses the laser source and reflection of light to set up a new way to solve the problem
Because the earlier traffic signal's light source is set on top of the pole and the power is lead to the bulbs from ground.The length of wire and durability errors will increase the probability of maintenance . While maintaining, the workers have to take the space of road and work at a high place using the elevator. This is dangerous and will cause traffic tie-up at the same time. Laser-Guider, reflects, using the laxer radiator at the bottom of the traffic light, the laser ray to the light board on the ground to form irregular light net and guide the traffic by analog.
There is no electronic components on the ground of Laser-Guider. It uses optics theory to lead traffic. So it doesn't need maintenance above the ground. They only need to handle the base of light pole therefore the convenience is given and impact on traffic reduced.
PAGE 2
PROCESS 3
Refraction of laser is caused by convex Lens effect in the edge of glass while reflection of laser happens due to reflective surface effect within the edge of glass Laser signal traffic net are formed by two phenomenons
PROCESS 2
Place a plane mirror at the turning point of traffic light,and the reflection of laser light will happen under effect of reflector.
PROCESS 1
Laser traffic signals are emitted by laser transmitter,which is in the bottom part of traffic light.
PAGE 3
The removal of any electrical components at the head of the light serves to expand the life span as well as to facilitate repair work.
The bottom part of the traffic light is devised in modular units.When replacing or repairing individual modules can be directly pulled out and chaotic periods caused by signal disorders are reduced significantly
PAGE 4

图 4.6.3

图中展示的是一款信号灯的概念设计方案，在这个设计方案中，信号灯的信号来源在底部，通过激光反射原理形成顶部的红黄绿灯。将信号来源设置在信号灯的底部更易于市政工作人员进行维修，当然此产品设计功能的合理性尚待探讨。

Function 2
Function 5
Function 1
Function 3
Function 4
Rain Water
PROVIDE DISASTER RELIEF
CONVENIENT
RELIEF
TENT
RAIN WATER COLLECTION COLLAPSIBLE
CONVENIENT RELIEF TENT
State 1
State 2
State 3
ONE
完全折叠闭合状态
TWO
第一步打开状态
THREE
各面吸附搭建完成状态
FOUR
雨水收集装置充气后打开状态
FIVE
救灾完成折叠回原状态
FOLD PACKAGING
CONVENIENT RLIEF TENT

图 4.6.4

图中展示的是一个可以折叠的救生帐篷的设计方案，这款救生帐篷的顶部带有雨水收集器，通过对雨水的收集和过滤可以形成生活用水。

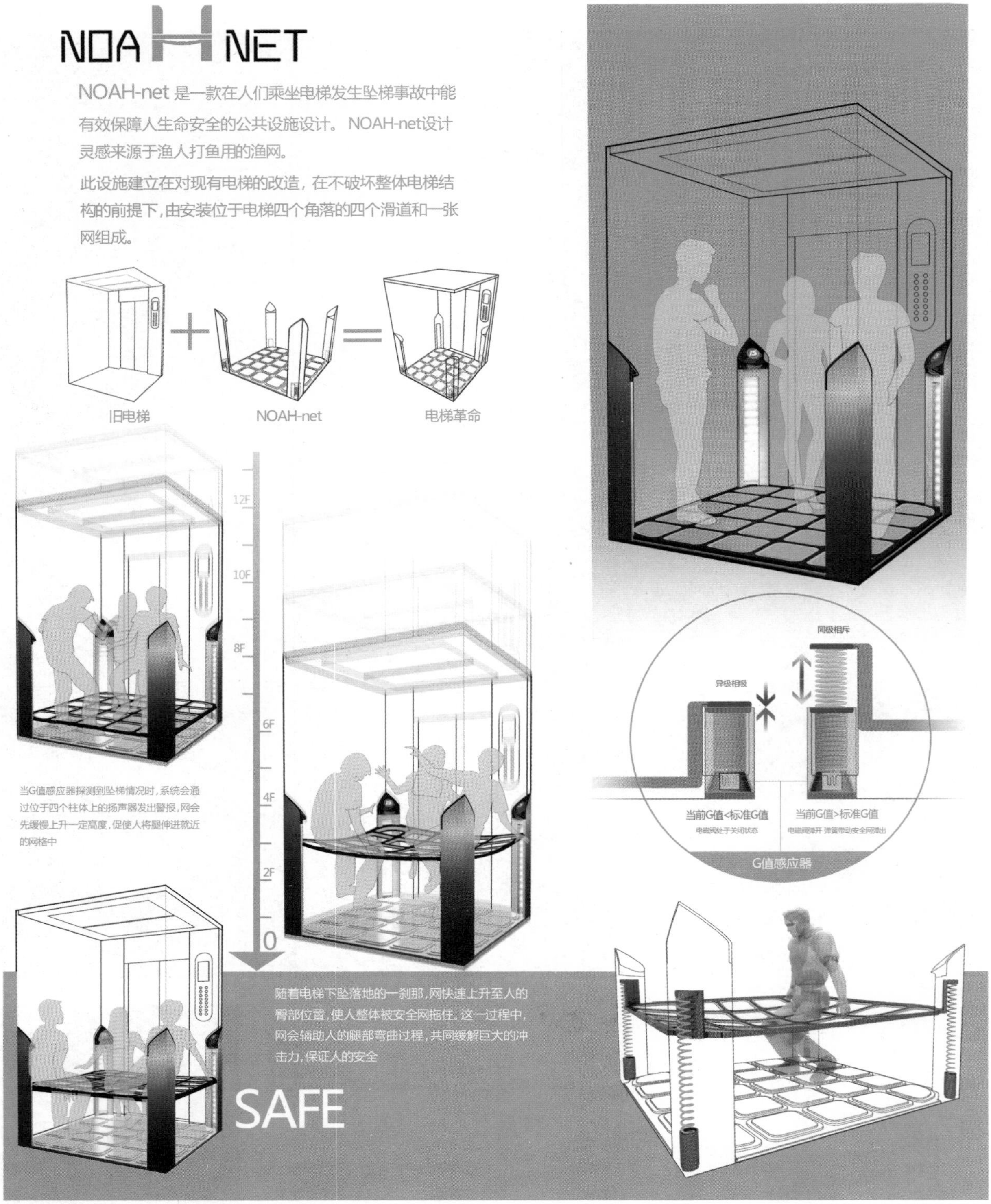
NOAH NET
NOAH-net 是一款在人们乘坐电梯发生坠梯事故中能有效保障人生命安全的公共设施设计。NOAH-net设计灵感来源于渔人打鱼用的渔网。
此设施建立在对现有电梯的改造，在不破坏整体电梯结构的前提下，由安装位于电梯四个角落的四个滑道和一张网组成。
旧电梯
NOAH-net
电梯革命
12F
10F
8F
6F
4F
2F
0
当G值感应器探测到坠梯情况时，系统会通过位于四个柱体上的扬声器发出警报，网会先缓慢上升一定高度，促使人将腿伸进就近的网格中
随着电梯下坠落地的一刹那，网快速上升至人的臀部位置，使人整体被安全网拖住。这一过程中，网会辅助人的腿部弯曲过程，共同缓解巨大的冲击力，保证人的安全
SAFE
同极相斥
异极相吸
当前G值<标准G值
电磁阀处于关闭状态
当前G值>标准G值
电磁阀弹开 弹簧带动安全网弹出
G值感应器

图 4.6.5

人们在乘坐电梯时，时有坠梯事故发生。能有效保障人们生命安全是此设计所希望达到的目的。此方案设计是基于对现有电梯安全隐患的改造再设计。在不破坏常规电梯整体结构的前提下，在电梯四个角边安装四个强力弹簧和一张可随弹簧升起的网，类似于汽车的安全气囊，当出现电梯坠落事故时，智能控制器启动，安全网弹起，以此保护乘梯人的安全，降低乘梯人的损伤。

图 4.6.6

图中展示的是一个逃生窗的设计方案。这个方案通过对窗框的再设计，可以解决火灾现场安全通道受阻时屋内人员无法逃生的问题。在日常生活中，可以像普通窗户一样使用；发生火灾时将窗户向外推开，窗框自带的内部结构展开后可以和建筑自身的防火外墙形成一个小空间，逃生人员可以躲进这个半封闭的小空间等待救援。

复习思考题

1. 举例说明产品设计表达有哪些种类？说出其在产品设计中的作用。
2. 产品设计表达的模型有哪几种？各有什么功能？
3. 产品设计创意的故事板如何表达？优选一个产品设计方案进行故事板表达。

第 5 章　产品设计创意分析与应用

5.1　产品设计创意课题训练

产品设计内容庞大、种类繁多，因此应建立科学、系统、全面的思考方式来处理产品设计过程中出现的问题。建立产品设计系统化的思考方式，可以为设计师形成科学严谨的设计思维奠定基础。在课堂上引入带有典型性、易表现的设计课题，能够使学生在课题的训练中掌握设计的方法和原理。

在训练中也可开展头脑风暴式的设计讨论、设计练习，加深学生对产品设计创意方法的理解；增加课堂讨论的时间，开展互动式教学，主动培养学生的参与性，通过交流，全面了解学生对产品设计创意的理解。用科学的设计观、设计思想指导产品设计，掌握产品设计的规律，结合产品设计实例让学生了解产品设计的第一步“设计目标的选择”和第二步“方案确定”的基本内容，初步建立起产品系统化设计的概念，明确产品设计的基本脉络，养成用科学的方法来指导设计实践，在课程的讲述与学习过程中慢慢培养出科学严谨的态度，用实际数字、实际事例、实际观察提出真正有价值的能满足需要的设计目标，避免盲目主观的感性因素的影响，如图 5. 1. 1～图 5. 1. 3 所示。

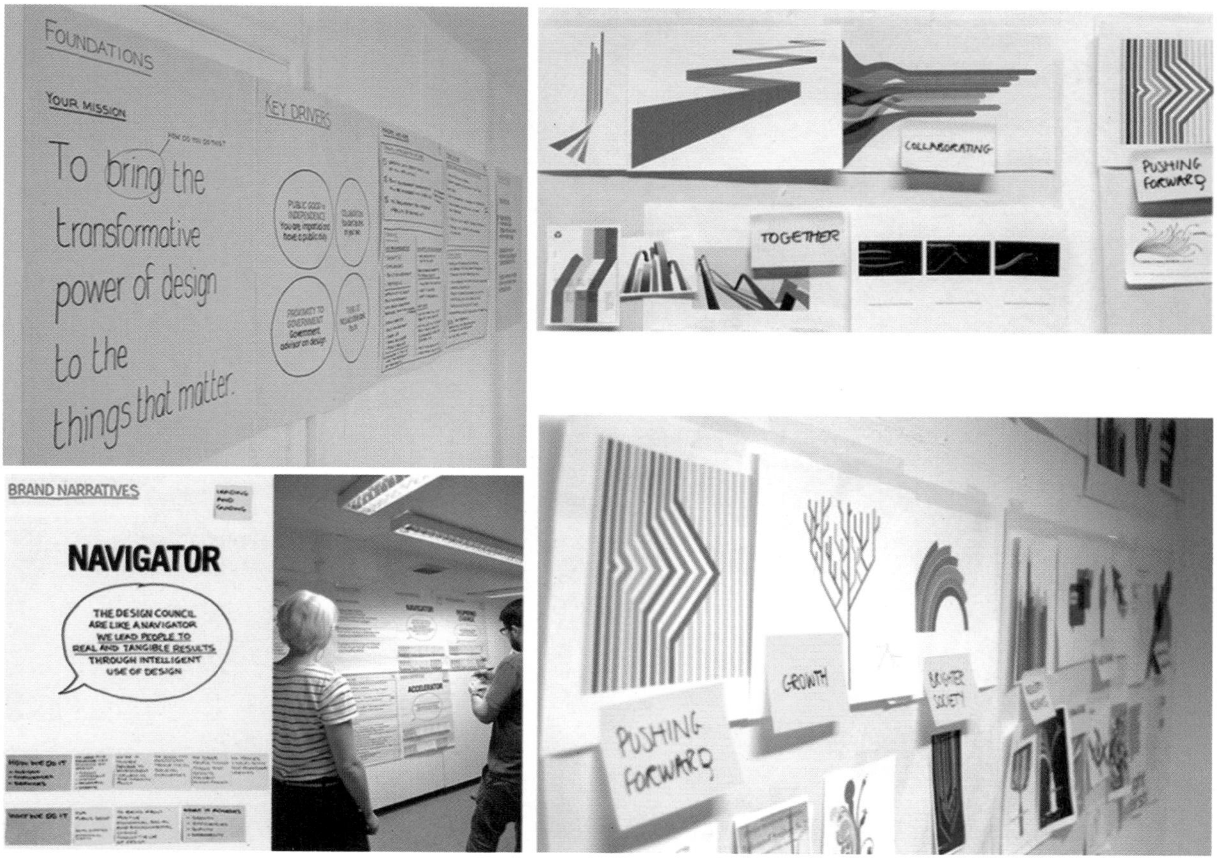
FOUNDATIONS
YOUR MISSION
To bring the transformative power of design to the things that matter.
KEY DRIVERS
COLLABORATING
PUSHING FORWARD
TOGETHER
BRAND NARRATIVES
NAVIGATOR
THE DESIGN COUNCIL ARE LIKE A NAVIGATOR WE LEAD PEOPLE TO REAL AND TANGIBLE RESULTS THROUGH INTELLIGENT USE OF DESIGN
GROWTH
PUSHING FORWARD

图 5. 1. 1

头脑风暴的整体流程

设计点的思考——提出的问题——想法的分类——最终的选择

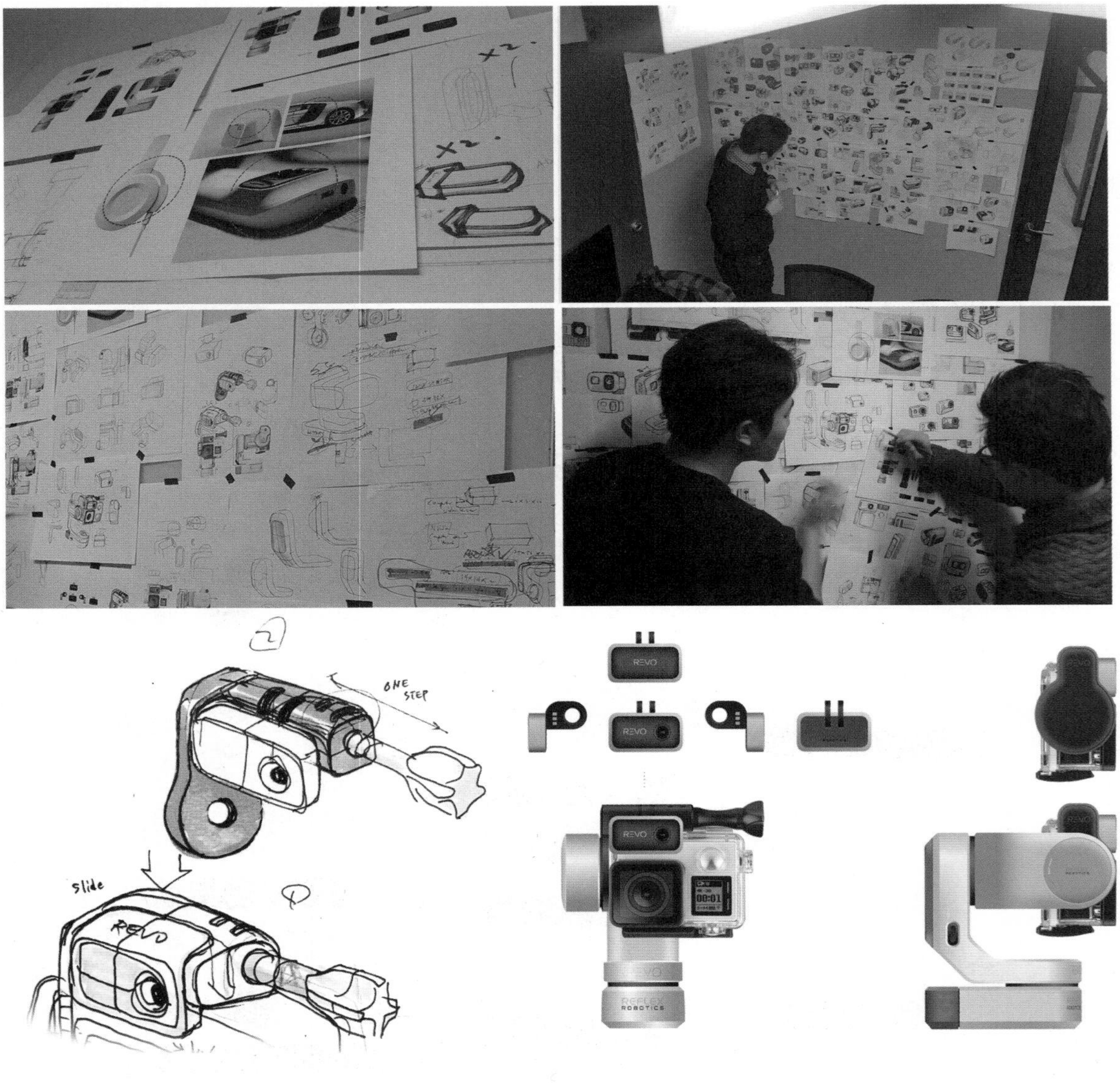
ONE
STEP
slide
REVO
REFLEX
ROBOTICS

图 5.1.2

5.1.1　教学目标和要求

了解产品设计创意过程、培养学生综合运用产品设计的理论并依据产品设计的原则去进行设计使学生系统地掌握产品设计的方法，达到对设计对象的有效认识；充分发挥设计要素的关系，在实践中解决产品设计问题。

5.1.2　教学重点与难点

结合课题，灵活运用产品设计的相关基础知识，提出创新构思方法、通过电脑绘图、模型来深化设计方案。产品设计创意的方式方法是多样的，创作设计出好的产品非常不易，这也是教学的难点，因此一定要多动脑、多实践，来提高我们的设计水平。

5.1.3　作业要求

选择一种产品为拟定课题，进行调查分析和初步方案设计，并按照设计程序与方法的要求编制报告书（报告书内容要求详见 5.2.5）。

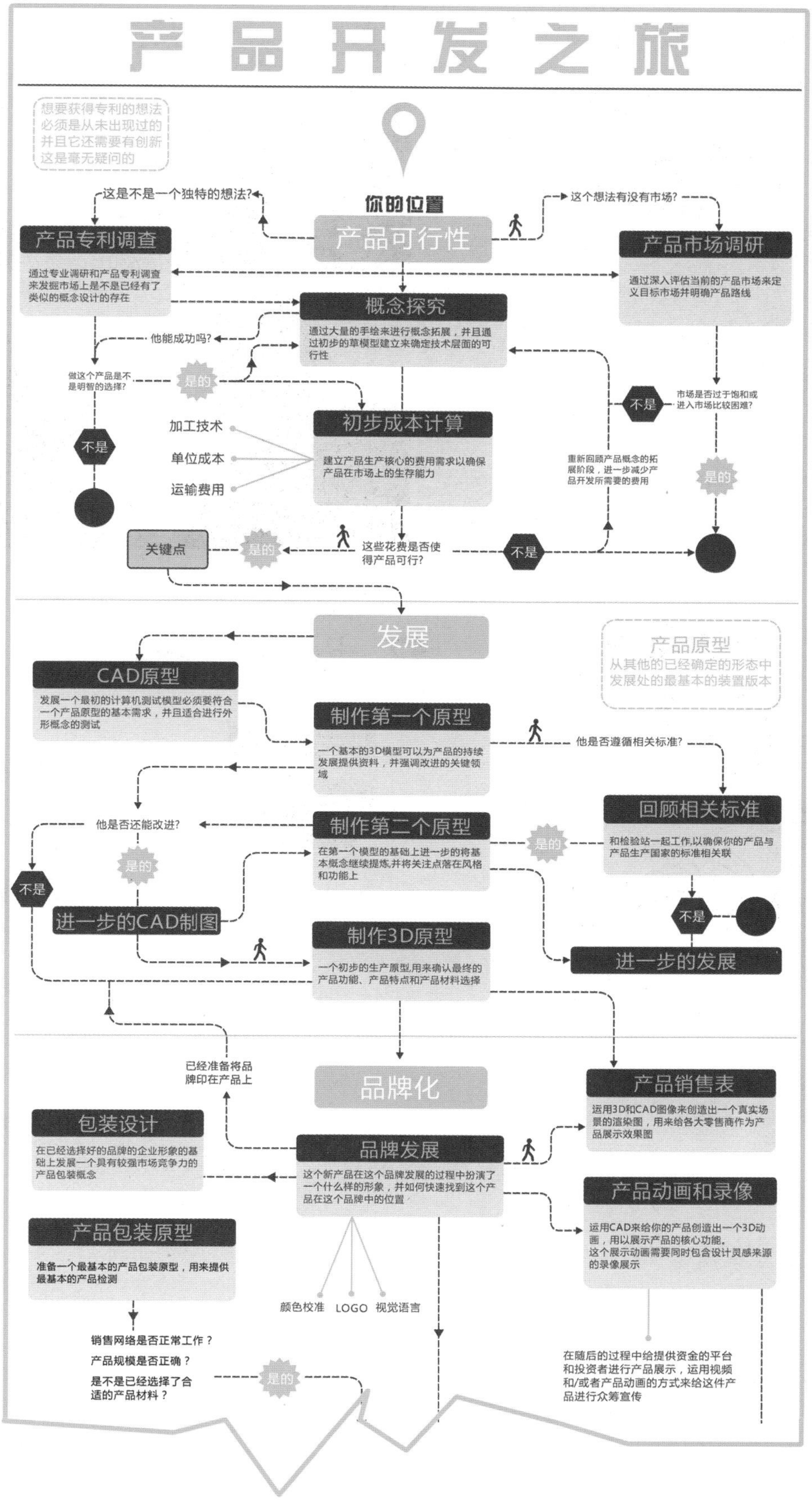

产品开发之旅
想要获得专利的想法必须是从未出现过的并且它还需要有创新这是毫无疑问的
你的位置
产品可行性
这是不是一个独特的想法?
这个想法有没有市场?
产品专利调查
通过专业调研和产品专利调查来发掘市场上是不是已经有了类似的概念设计的存在
产品市场调研
通过深入评估当前的产品市场来定义目标市场并明确产品路线
概念探究
通过大量的手绘来进行概念拓展，并且通过初步的草模型建立来确定技术层面的可行性
他能成功吗?
做这个产品是不是明智的选择?
是的
不是
市场是否过于饱和或进入市场比较困难?
不是
是的
初步成本计算
建立产品生产核心的费用需求以确保产品在市场上的生存能力
加工技术
单位成本
运输费用
重新回顾产品概念的拓展阶段，进一步减少产品开发所需要的费用
关键点
是的
这些花费是否使得产品可行?
不是
发展
产品原型
从其他的已经确定的形态中发展处的最基本的装置版本
CAD原型
发展一个最初的计算机测试模型必须要符合一个产品原型的基本需求，并且适合进行外形概念的测试
制作第一个原型
一个基本的3D模型可以为产品的持续发展提供资料，并强调改进的关键领域
他是否遵循相关标准?
回顾相关标准
和检验站一起工作,以确保你的产品与产品生产国家的标准相关联
是的
不是
制作第二个原型
在第一个模型的基础上进一步的将基本概念继续提炼,并将关注点落在风格和功能上
他是否还能改进?
是的
不是
进一步的CAD制图
制作3D原型
一个初步的生产原型,用来确认最终的产品功能、产品特点和产品材料选择
进一步的发展
已经准备将品牌印在产品上
品牌化
产品销售表
运用3D和CAD图像来创造出一个真实场景的渲染图，用来给各大零售商作为产品展示效果图
包装设计
在已经选择好的品牌的企业形象的基础上发展一个具有较强市场竞争力的产品包装概念
品牌发展
这个新产品在这个品牌发展的过程中扮演了一个什么样的形象，并如何快速找到这个产品在这个品牌中的位置
产品动画和录像
运用CAD来给你的产品创造出一个3D动画，用以展示产品的核心功能。
这个展示动画需要同时包含设计灵感来源的录像展示
产品包装原型
准备一个最基本的产品包装原型，用来提供最基本的产品检测
颜色校准
LOGO
视觉语言
销售网络是否正常工作？
产品规模是否正确？
是不是已经选择了合适的产品材料？
是的
在随后的过程中给提供资金的平台和投资者进行产品展示，运用视频和/或者产品动画的方式来给这件产品进行众筹宣传

图 5.1.3（一）

产品设计研发流程图

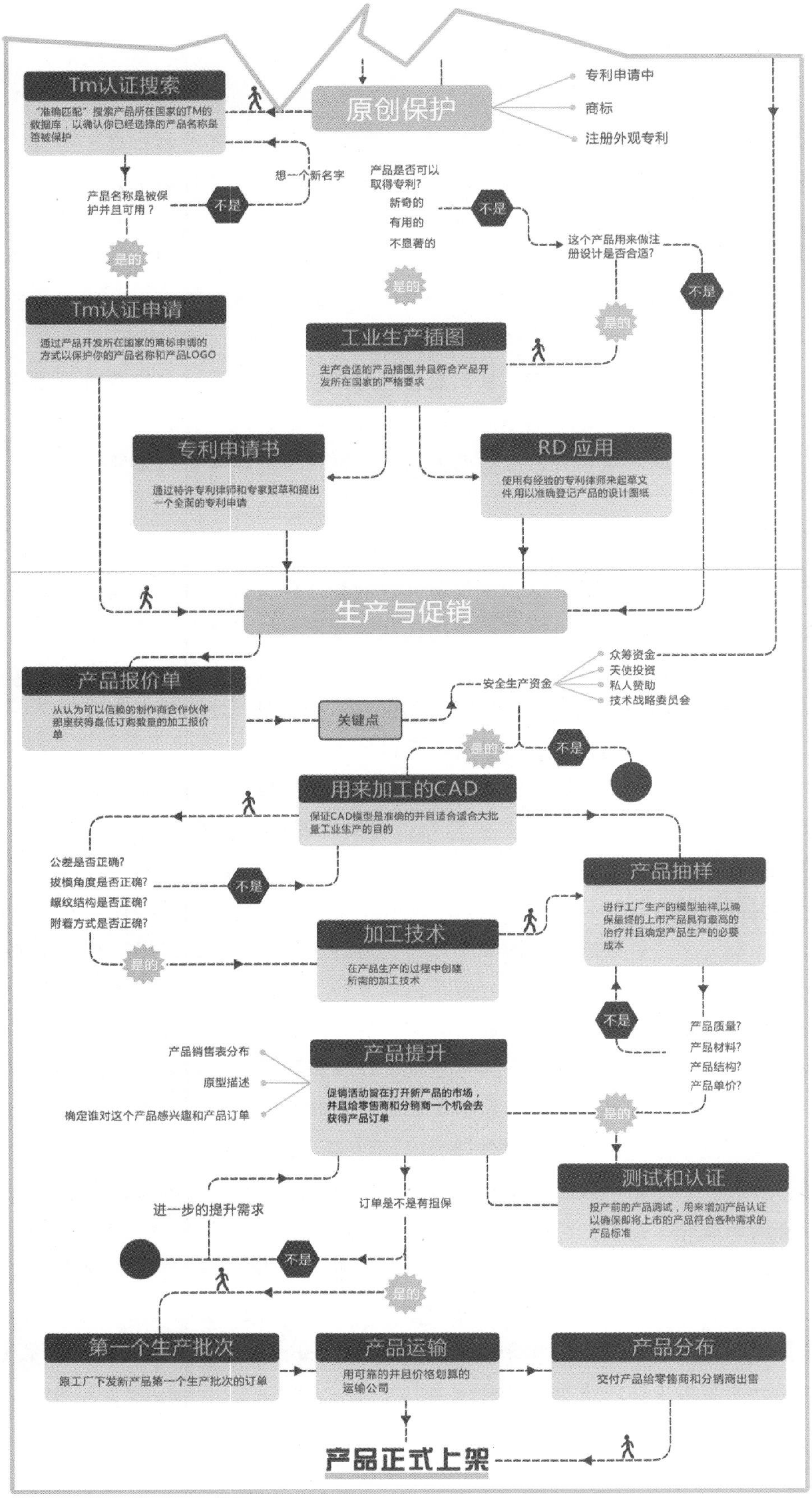
原创保护
专利申请中
商标
注册外观专利
Tm认证搜索
"准确匹配"搜索产品所在国家的TM的数据库，以确认你已经选择的产品名称是否被保护
想一个新名字
产品名称是被保护并且可用？
不是
是的
产品是否可以取得专利？
新奇的
有用的
不显著的
不是
这个产品用来做注册设计是否合适？
是的
不是
Tm认证申请
通过产品开发所在国家的商标申请的方式以保护你的产品名称和产品LOGO
工业生产插图
生产合适的产品插图，并且符合产品开发所在国家的严格要求
专利申请书
通过特许专利律师和专家起草和提出一个全面的专利申请
RD 应用
使用有经验的专利律师来起草文件，用以准确登记产品的设计图纸
生产与促销
产品报价单
从认为可以信赖的制作商合作伙伴那里获得最低订购数量的加工报价单
关键点
安全生产资金
众筹资金
天使投资
私人赞助
技术战略委员会
是的
不是
用来加工的CAD
保证CAD模型是准确的并且适合适合大批量工业生产的目的
公差是否正确？
拔模角度是否正确？
螺纹结构是否正确？
附着方式是否正确？
不是
是的
产品抽样
进行工厂生产的模型抽样，以确保最终的上市产品具有最高的治疗并且确定产品生产的必要成本
加工技术
在产品生产的过程中创建所需的加工技术
不是
产品质量？
产品材料？
产品结构？
产品单价？
产品销售表分布
原型描述
确定谁对这个产品感兴趣和产品订单
产品提升
促销活动旨在打开新产品的市场，并且给零售商和分销商一个机会去获得产品订单
是的
测试和认证
投产前的产品测试，用来增加产品认证以确保即将上市的产品符合各种需求的产品标准
进一步的提升需求
订单是不是有担保
不是
是的
第一个生产批次
跟工厂下发新产品第一个生产批次的订单
产品运输
用可靠的并且价格划算的运输公司
产品分布
交付产品给零售商和分销商出售
产品正式上架

图 5.1.3（二）

产品设计研发流程图

5.2 产品创意设计程序与方法

产品设计是创造过程，也是一种解决问题的过程。因此人与设计物的紧密联系占据了设计的主导地位，产品设计并不是单纯地解决功能与技术上的实现问题，还应该系统地解决产品与人、社会等诸多问题。社会的发展，技术的进步加快了人们对新的生活方式的追求，而设计就是本着以人为本的理念，通过各种途径来满足人的要求，从而创造出最完美的、最适合的新产品。在学习设计时，要针对课题的每一个环节进行充分的调研分析，投入更多的精力研究设计对象的需求动机，使设计者和使用者在生理或是心理上都能取得更多的默契，从而达到产品设计的目的。

产品设计创意课题训练就是给设计者扩展出更多的思维空间，让设计者始终对产品的设计有个认知的过程，这种过程是完成产品设计创意的保障。设计要从课题研究入手，进行市场调研、设计展开，直至设计评估。这种相对全面的系统设计与分析的方法，对提高设计品质极为重要。

5.2.1 课题的确立

在给定的产品范围内，选定产品设计，通过综合性调查与分析，在多种可延续性的类似产品中进行拟定，然后以这几种产品的不同元素进行思考排序，从中选择定位，如图 5.2.1 所示。

以旅游用品设计为例，旅游的需求不断升级，消费者日益成熟，好多传统的旅游产品不适应越来越大的挑战，新时代的旅游产品需要注入现代元素，不仅对消费者要有足够的吸引力，又要满足消费者和经营者的需求。通过对不同产品的分析进行最后产品设计的确立。

在课题定位的同时，要就产品的综合特性，以图片、文字的形式进行概括性分析，从而寻找出该产品的共有特征及产品间的差异，以对该产品的熟知过程来发现过程，并以此为突破口为后续的调查分析、设计展开形成铺垫，如图 5.2.2 和图 5.2.3 所示。

根据课程总的时间要求，设计者在拟订课题的内容中，制订一个时间进程计划表，展示整个设计过程。时间进行计划中需要包含计划表、追溯分析、时代演进、创意未来、市场问卷、功能分析、形态分析、结构分析、人机分析、材料分析、种类分析、色彩分析、心理分析、市场定位、设计草图、深入设计、电脑效果图、样机实拍、设计总结等课程内容需要的时间。时间进程计划一般以绘制图表的形式来展现，也可以用其他的方式来表现，具体方式可根据设计课题和个人思路来确定，并没有固定的模式和要求，常用的有扇形表、表格等展现形式，如图 5.2.4 和图 5.2.5 所示。

课题计划表的绘制主要是针对课题安排合理的时间计划，以统筹时间来对此次课程进行相对限定，为完成课题设计打好基础。课题计划表主要的 3 个方式内容包括时间、内容和计划。

时间就是课程的总体时间范围，可按月、日的时间来规划，也可以按周时数来划分。内容就是课题的总体内容选项，可根据所选定课题具体制定，内容要求上不需要限定，可灵活对待。主项的思路一定要完整、不要漏项，分项的内容可自由调节。设计的内容在顺序上一定要详细、周密、严谨、思路清晰。计划就是依据时间和内容合理、科学地制订和划分整个设计过程，制订时间要把设计阶段作为时间、内容、计划部分的表格中颜色要对应统一。

5.2.2 调查分析

通过对产品的调查分析，能够及时掌握来自各方面的第一手资料，使产品的设计定位更加准确，使产品在后续的生产或使用中发挥最大效率。这就要求我们在产品设计之前，对课题作充分的调查与分

析，通过文字、图片、图表等形式研究课题的优点与不足。调查分析的重点任务是发现问题、寻找原因，并围绕具体问题，作出分析与评价。让设计者达成设计方向的共识，最大限度地满足消费者的需求，从而达到优化产品设计的目的，如图 5.2.6 所示。

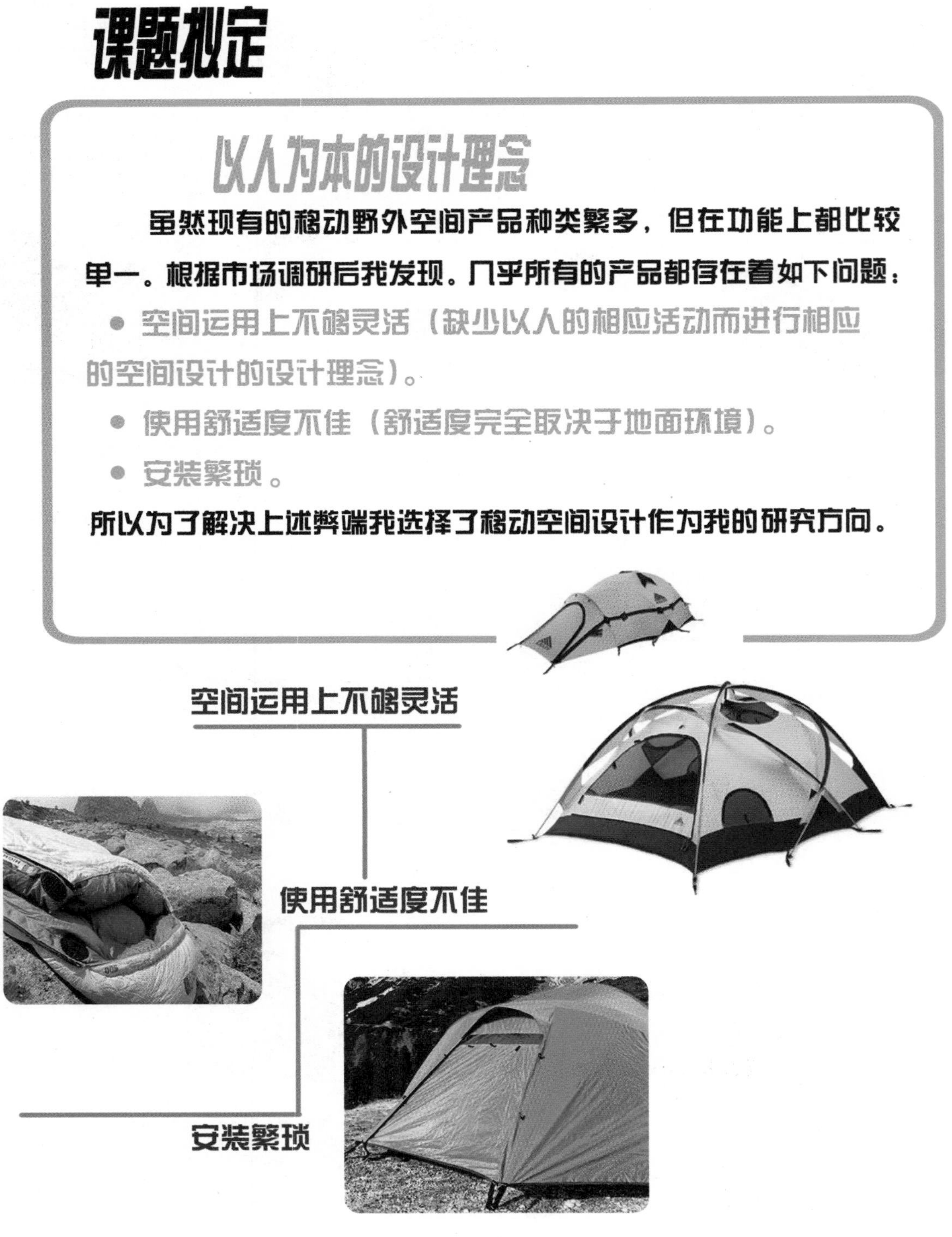

课题拟定
以人为本的设计理念
虽然现有的移动野外空间产品种类繁多，但在功能上都比较单一。根据市场调研后我发现。几乎所有的产品都存在着如下问题：
● 空间运用上不够灵活（缺少以人的相应活动而进行相应的空间设计的设计理念）。
● 使用舒适度不佳（舒适度完全取决于地面环境）。
● 安装繁琐。
所以为了解决上述弊端我选择了移动空间设计作为我的研究方向。
空间运用上不够灵活
使用舒适度不佳
安装繁琐

图 5.2.1

移动野外空间课题确立

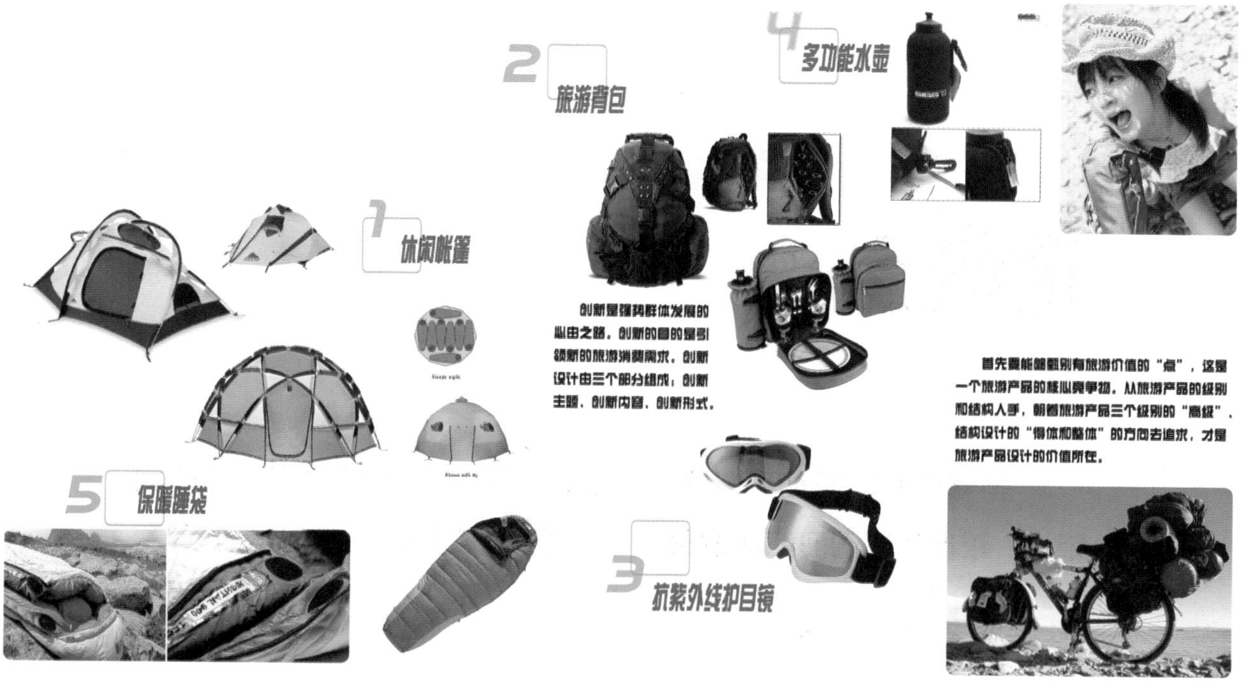
1 休闲帐篷
2 旅游背包
4 多功能水壶
3 抗紫外线护目镜
5 保暖睡袋
创新是强势群体发展的必由之路。创新的目的是引领新的旅游消费需求。创新设计由三个部分组成：创新主题、创新内容、创新形式。
首先要能甄别有旅游价值的“点”，这是一个旅游产品的核心竞争物。从旅游产品的级别和结构入手，朝着旅游产品三个级别的“高级”、结构设计的“得体和整体”的方向去追求，才是旅游产品设计的价值所在。

图 5.2.2

移动野外空间课题分析

Sleeps two.
Shown with fly.
Sleeps two
Shown with fly.
Sleeps three.
Shown with fly.
Sleeps eight.
Shown with fly.

图 5.2.3

移动野外空间课题调研

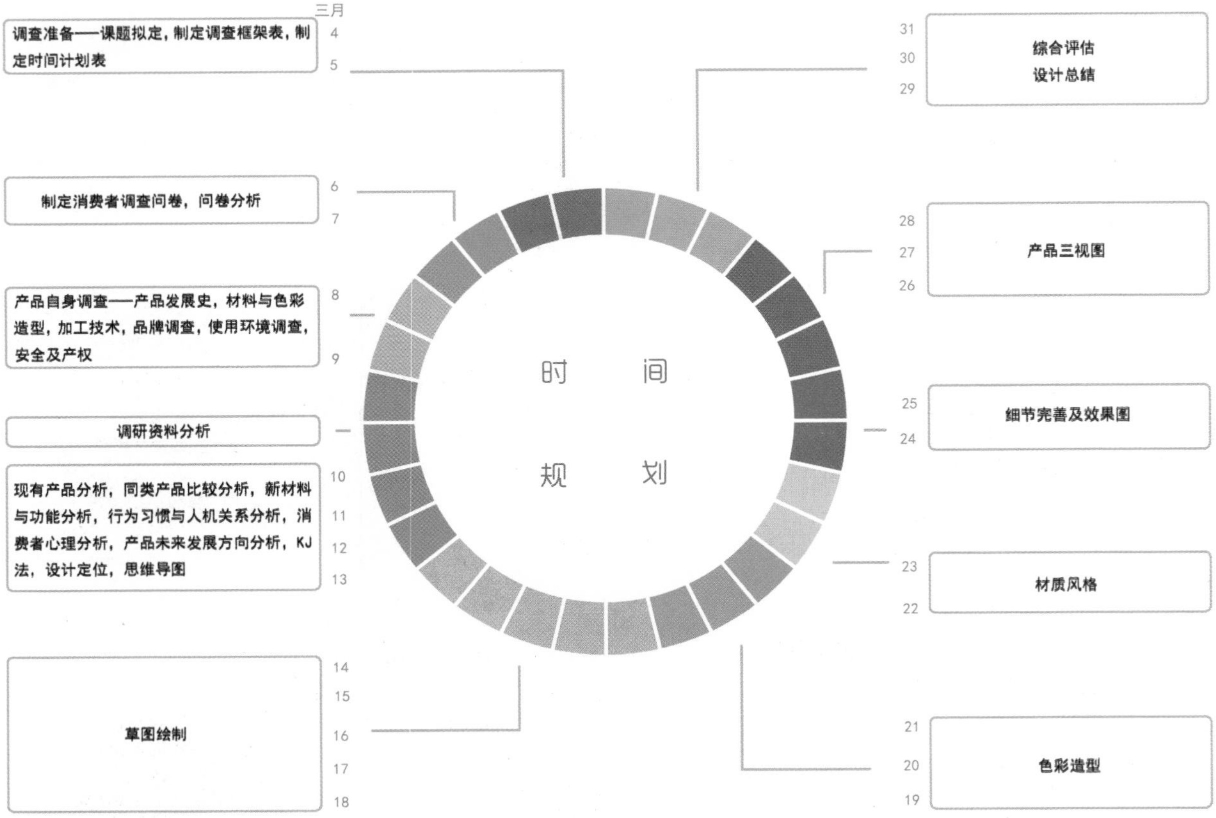
三月
调查准备——课题拟定，制定调查框架表，制定时间计划表
4
5
制定消费者调查问卷，问卷分析
6
7
产品自身调查——产品发展史，材料与色彩造型，加工技术，品牌调查，使用环境调查，安全及产权
8
9
调研资料分析
现有产品分析，同类产品比较分析，新材料与功能分析，行为习惯与人机关系分析，消费者心理分析，产品未来发展方向分析，KJ法，设计定位，思维导图
10
11
12
13
草图绘制
14
15
16
17
18
时间
规划
综合评估
设计总结
31
30
29
产品三视图
28
27
26
细节完善及效果图
25
24
材质风格
23
22
色彩造型
21
20
19

图 5.2.4

课题计划时间扇形表

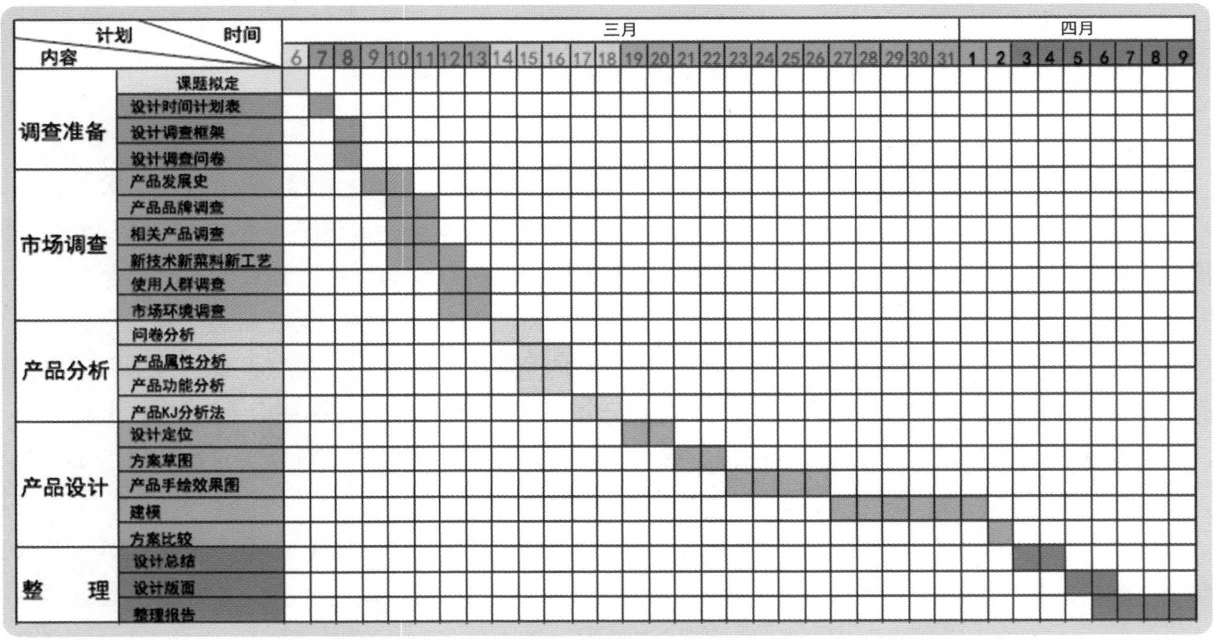
计划
时间
内容
三月
四月
6 7 8 9 10 11 12 13 14 15 16 17 18 19 20 21 22 23 24 25 26 27 28 29 30 31
1 2 3 4 5 6 7 8 9
调查准备
课题拟定
设计时间计划表
设计调查框架
设计调查问卷
市场调查
产品发展史
产品品牌调查
相关产品调查
新技术新菜料新工艺
使用人群调查
市场环境调查
产品分析
问卷分析
产品属性分析
产品功能分析
产品KJ分析法
产品设计
设计定位
方案草图
产品手绘效果图
建模
方案比较
整　理
设计总结
设计版面
整理报告

图 5.2.5

课题计划时间表格

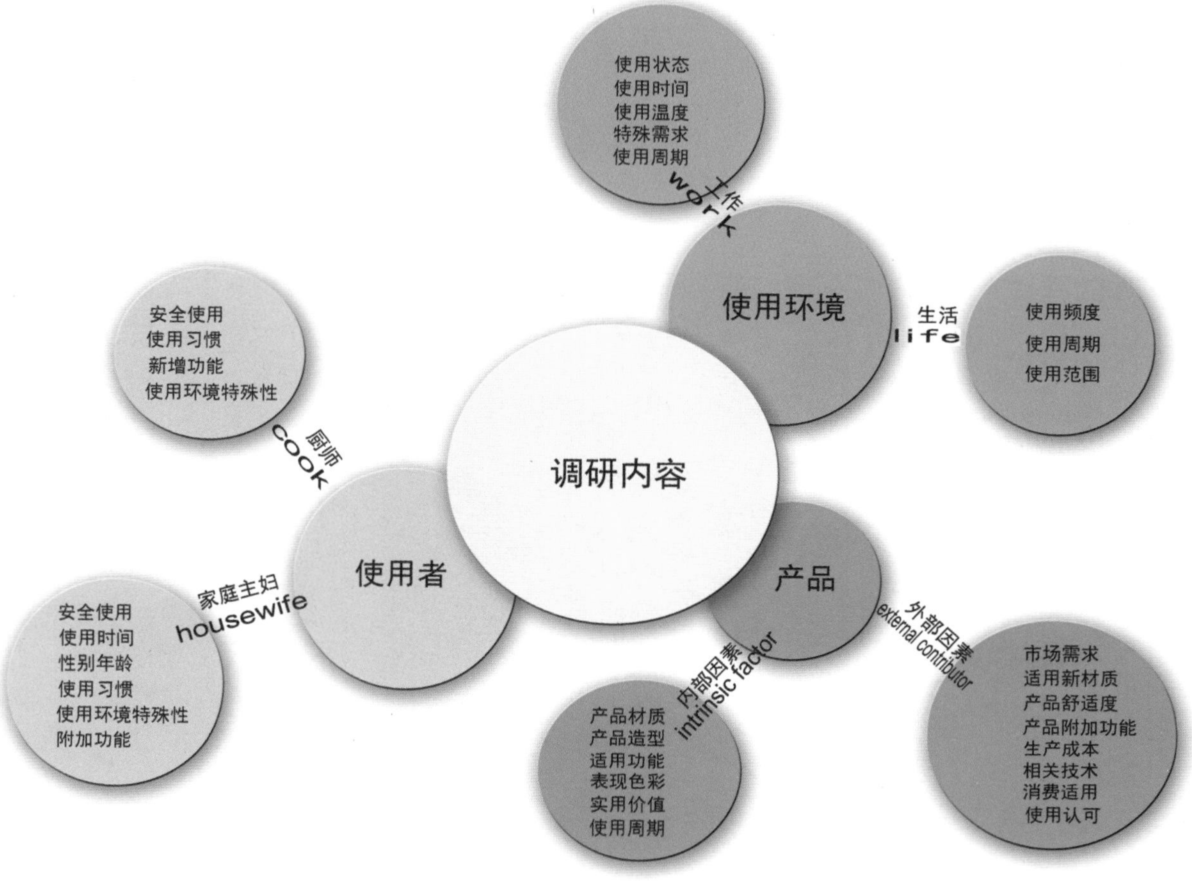
使用状态
使用时间
使用温度
特殊需求
使用周期
工作
work
使用环境
生活
life
使用频度
使用周期
使用范围
安全使用
使用习惯
新增功能
使用环境特殊性
厨师
COOK
调研内容
使用者
家庭主妇
housewife
安全使用
使用时间
性别年龄
使用习惯
使用环境特殊性
附加功能
产品
外部因素
external contributor
市场需求
适用新材质
产品舒适度
产品附加功能
生产成本
相关技术
消费适用
使用认可
内部因素
intrinsic factor
产品材质
产品造型
适用功能
表现色彩
实用价值
使用周期

图 5.2.6

餐具设计调研内容分析

课题研究中有很多方法供我们参考，对后续的设计起到重要的启示作用。常用的产品设计创意法有：KJ 法（提出问题）、头脑风暴法。所谓头脑风暴（Brain - storming）最早是精神病理学上的用语，指精神病患者的精神错乱状态而言的，如今转而为无限制的自由联想和讨论，其目的在于产生新观念或激发创新设想。在群体决策中，由于群体成员心理相互作用的影响，易屈于权威或大多数人意见，形成所谓的“群体思维”。群体思维削弱了群体的批判精神和创造力，损害了决策的质量。为了保证群体决策的创造性，提高决策质量，管理上发展了一系列改善群体决策的方法，头脑风暴法是较为典型的一个，还有哥顿法、缺点列举法、特性列举法、综合法、仿生学法、类比法、组合法、检查提问法、复合法、逆向思维法、否定法、联想法、设问法等，其中运用最多的就是 KJ 法。

调查的方法，KJ 法适用于解决那种非解决不可，且又允许用一定时间去解决的问题。对于要求迅速解决“急于求成”的问题，不宜用 KJ 法。可根据课题的情况采用不同的方式，最常见、最直接的方式是通过市场、网络等调查，研究前要制订好调研计划、确定调研对象和调研范围，在调研时尽可能地做到方便、快捷、简短、明了。

调查分析的过程，可根据产品的类别灵活展开，一般情况下多把产品的历史脉络作为切入点，对现有产品及未来走向进行分析，之后再以产品的属性分析，消费者心理分析及常用的 KJ 法等进行分析，

也可根据实际需要采用其他的分析方法。调查分析是课题训练中最重要的环节之一，通过全面系统的分析与比较，为课题的设计定位打好基础。

产品的属性分析是调查分析过程中的重要环节，产品属性可分为功能属性、形态属性、结构属性、种类属性等几种。产品的属性分析可根据课题的侧重点进行具体分析，亦可进行选择性的分析和综合性分析，如图 5.2.7～图 5.2.11 所示。

同时在调查分析中要选择主要的属性部分，予以相对全面的现象分析，通过文字与图片的比较，最好形成图表的形式，从中排列出优点与不足，尤其是寻找同类产品相对缺憾的地方，提出问题所在，进而为课题研究整合思路。

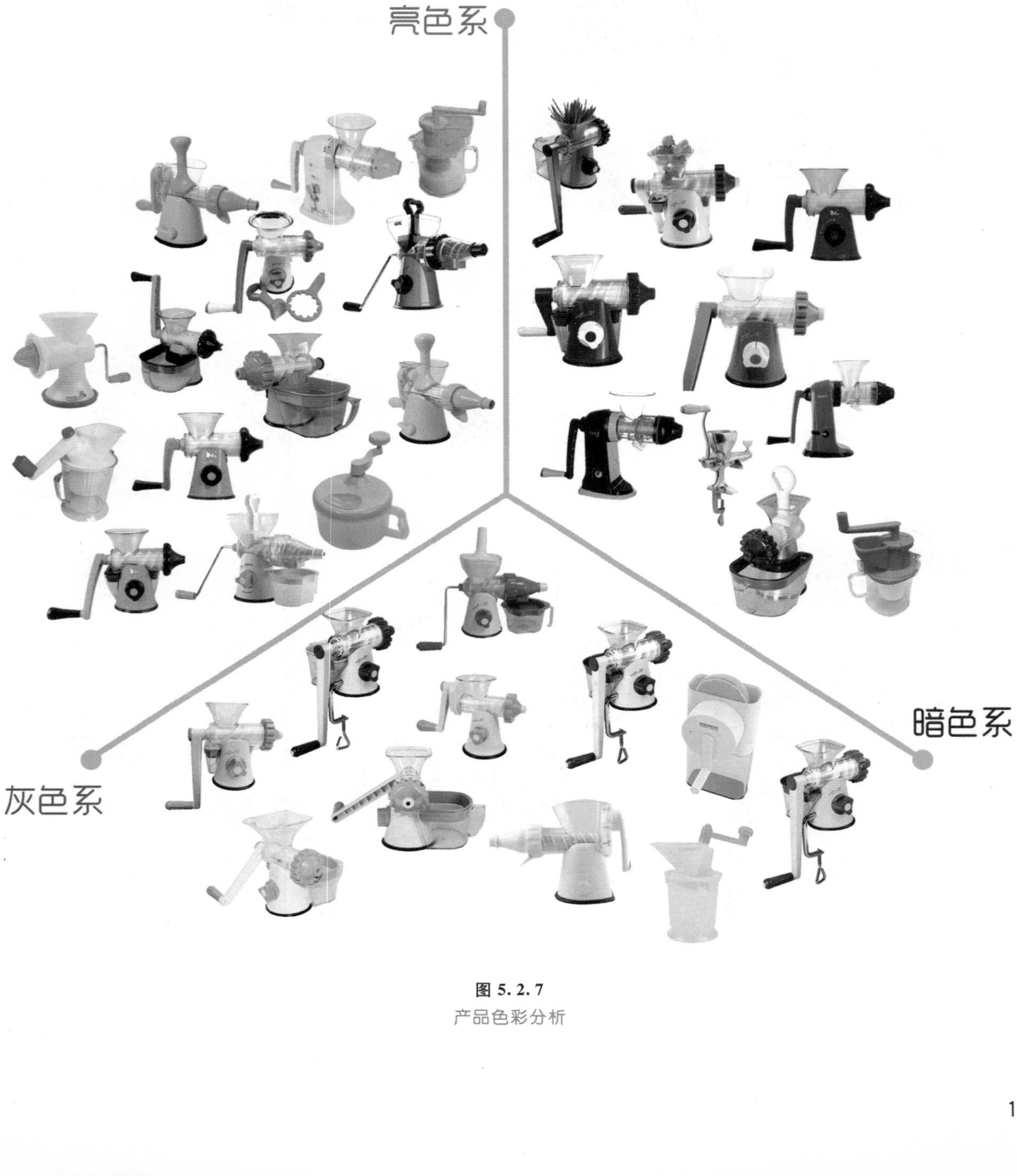
亮色系
暗色系
灰色系

图 5.2.7
产品色彩分析

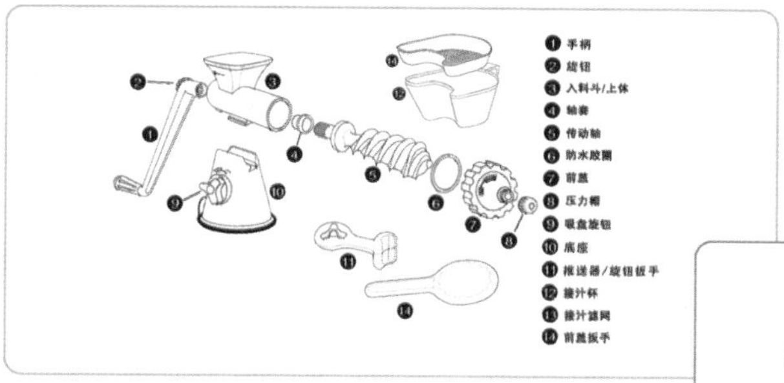
1 手柄
2 旋钮
3 入料斗/上体
4 轴套
5 传动轴
6 防水胶圈
7 前盖
8 压力帽
9 吸盘旋钮
10 底座
11 推送器/旋钮扳手
12 接汁杯
13 接汁滤网
14 前盖扳手

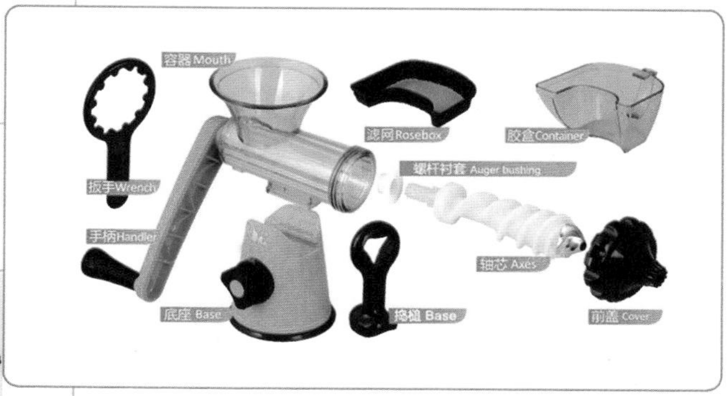
容器 Mouth
滤网 Rosebox
胶盒 Container
螺杆衬套 Auger bushing
扳手 Wrench
手柄 Handler
轴芯 Axes
底座 Base
捣棍 Base
前盖 Cover

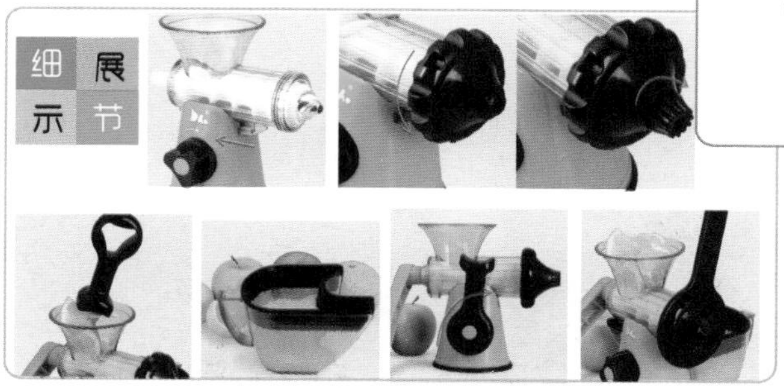
细节
展示

手动式榨汁机的基本结构包括，底座，其前端有控制底部与整个机身紧密结合的旋钮。榨汁部分包括，旋转手柄，装水果的容器，以及榨汁的传动轴，前盖。另加有推送器（旋钮扳手）。盛果汁的胶盒，以及过滤渣子的滤网。

图 5.2.8
产品结构分析

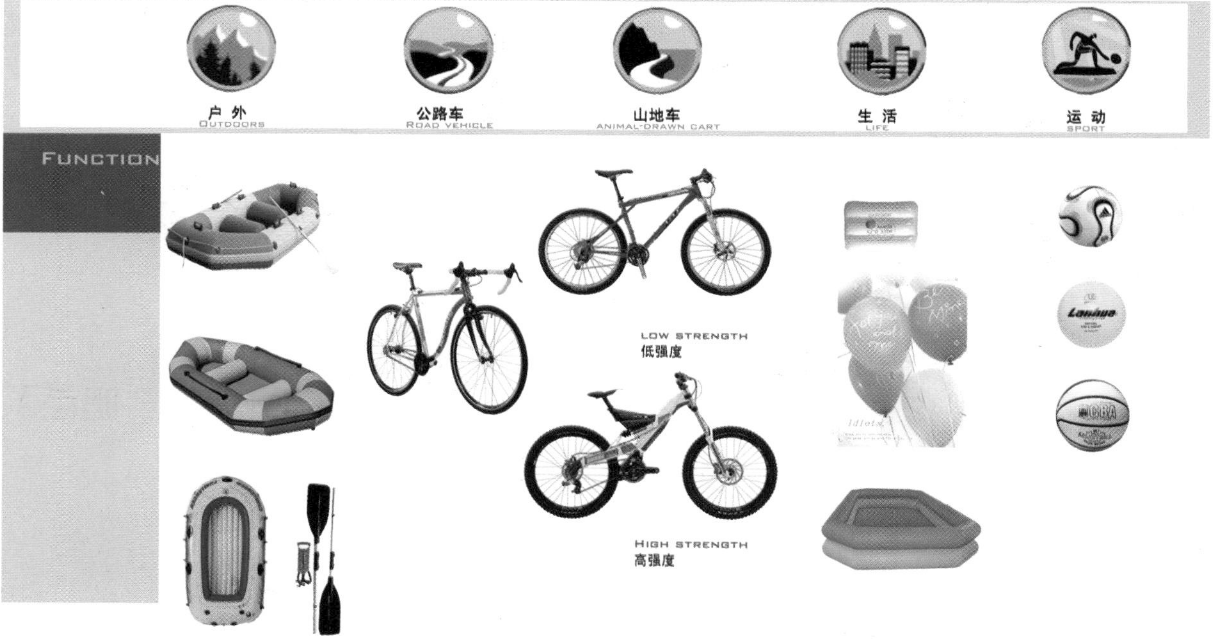
户外
OUTDOORS
公路车
ROAD VEHICLE
山地车
ANIMAL-DRAWN CART
生活
LIFE
运动
SPORT
FUNCTION
LOW STRENGTH
低强度
HIGH STRENGTH
高强度

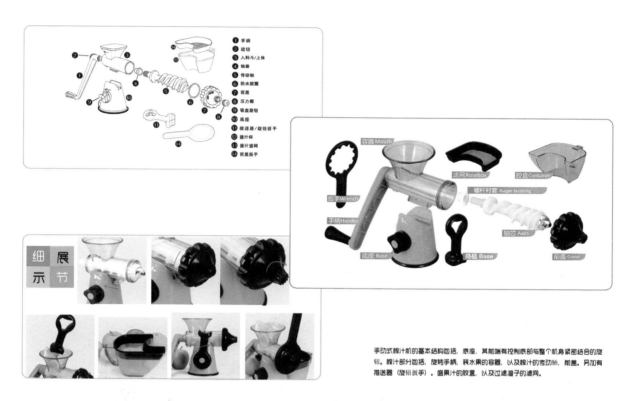

图 5.2.9
产品功能分析

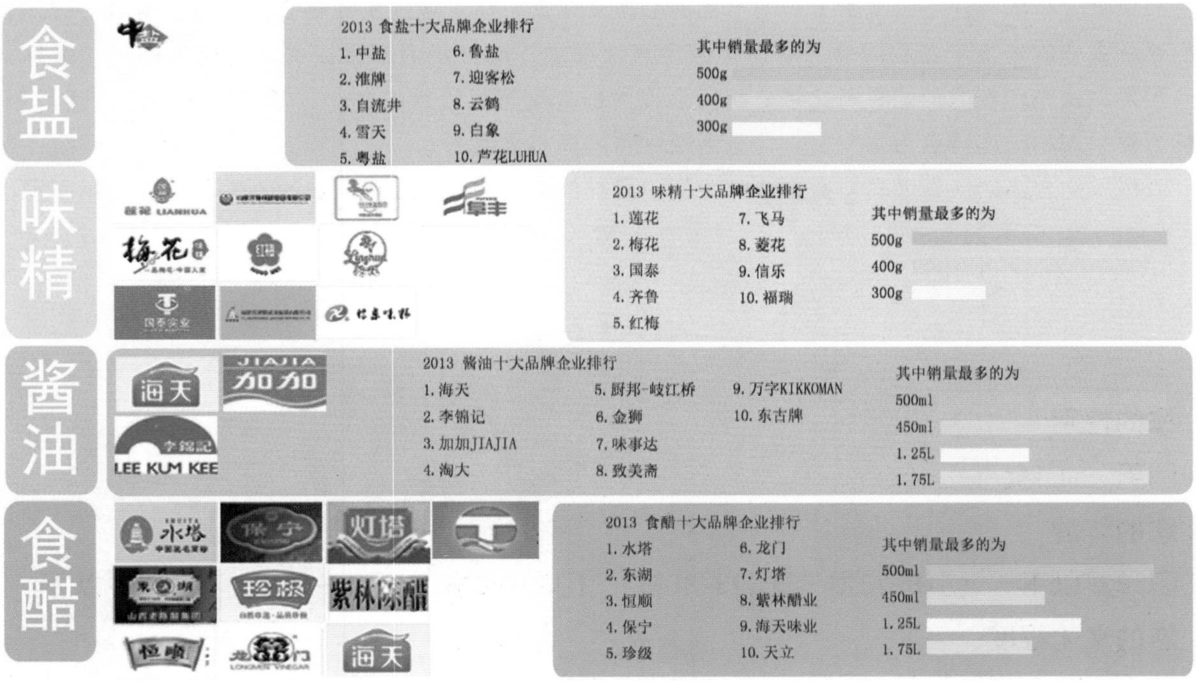
食盐
2013 食盐十大品牌企业排行
1. 中盐
2. 淮牌
3. 自流井
4. 雪天
5. 粤盐
6. 鲁盐
7. 迎客松
8. 云鹤
9. 白象
10. 芦花LUHUA
其中销量最多的为
500g
400g
300g
味精
2013 味精十大品牌企业排行
1. 莲花
2. 梅花
3. 国泰
4. 齐鲁
5. 红梅
7. 飞马
8. 菱花
9. 信乐
10. 福瑞
其中销量最多的为
500g
400g
300g
酱油
海天
JIAJIA
加加
李錦記
LEE KUM KEE
2013 酱油十大品牌企业排行
1. 海天
2. 李锦记
3. 加加JIAJIA
4. 淘大
5. 厨邦-岐江桥
6. 金狮
7. 味事达
8. 致美斋
9. 万字KIKKOMAN
10. 东古牌
其中销量最多的为
500ml
450ml
1.25L
1.75L
食醋
灯塔
紫林陈醋
海天
2013 食醋十大品牌企业排行
1. 水塔
2. 东湖
3. 恒顺
4. 保宁
5. 珍级
6. 龙门
7. 灯塔
8. 紫林醋业
9. 海天味业
10. 天立
其中销量最多的为
500ml
450ml
1.25L
1.75L

图 5.2.10

产品品牌分析

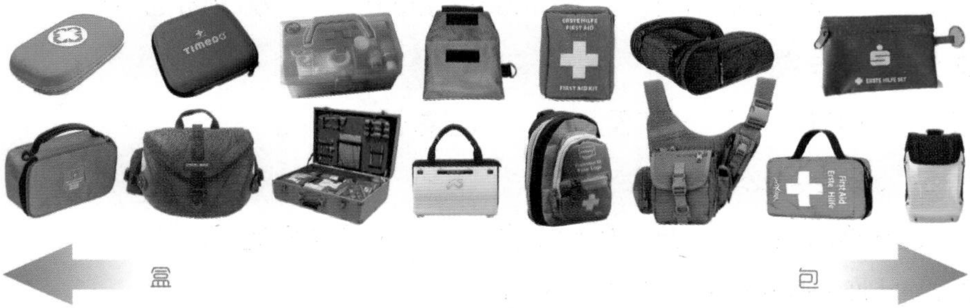
盒
包

简约
时尚
传统
趣味

图 5.2.11

产品形态分析

在调查分析的程序中，消费者针对产品的心理要求是付诸实现的重要环节。通过消费者心理测试分析能够从更多的角度来发现问题，从而更好地解决问题，此分析内容在以文字说明的同时，最好以图表、图片、调查问卷的形式进行比较分析。表现的形式可根据设计者的个人思路，多角度灵活地制定。分析时要以人的心理特点为首要要素，以新颖独特的内容来展示。

以旅游纪念品的问卷调查与数据分析为例，同样的调查目的，因为人群的不同，也会得出不同的答案，如图 5. 2. 12 和图 5. 2. 13 所示。

1. 您的性别

□男 □女

2. 您的年龄

□18岁以下 □18-23岁 □23-30岁 □30-40岁 □40-60岁 □60岁以上

3. 您的文化程度

□小学及小学以下 □初中-高中 □大学

4. 您的月收入

□3000元以下 □3000-5000元 □5000-6000元 □6000元以上

5. 您平均多久会旅游一次

□一个季度 □半年 □一年及以上 □看情况

6. 您认为去旅游买纪念品必要吗

□很必要 □一般会买 □一般不会买 □看情况而定

7. 您购买纪念品时都会考虑哪些因素【多选】

□价格 □功能 □文化意义 □存在形式（书籍、图片、实物） □趣味性

8. 您购买旅游纪念品的目的一般是

□留作纪念 □赠送给亲朋好友 □个人爱好及收藏 □其他

9. 您每次出游过程中购买旅游纪念品的花费为

□50元以下 □50-100元 □100元以上 □依纪念品而定

10. 您觉得现在市面上存在的旅游纪念品的主要问题是【多选】

□价格过高 □样式落后 □没有特色 □材质低劣

□携带不便 □实用性不高 □其他

11. 您最喜欢的旅游纪念品的类型有哪些【多选】

□民间手工艺 □文化纺织品 □与建筑有关的 □能代表民情风俗的特定纪念品

图 5. 2. 12

调查问卷

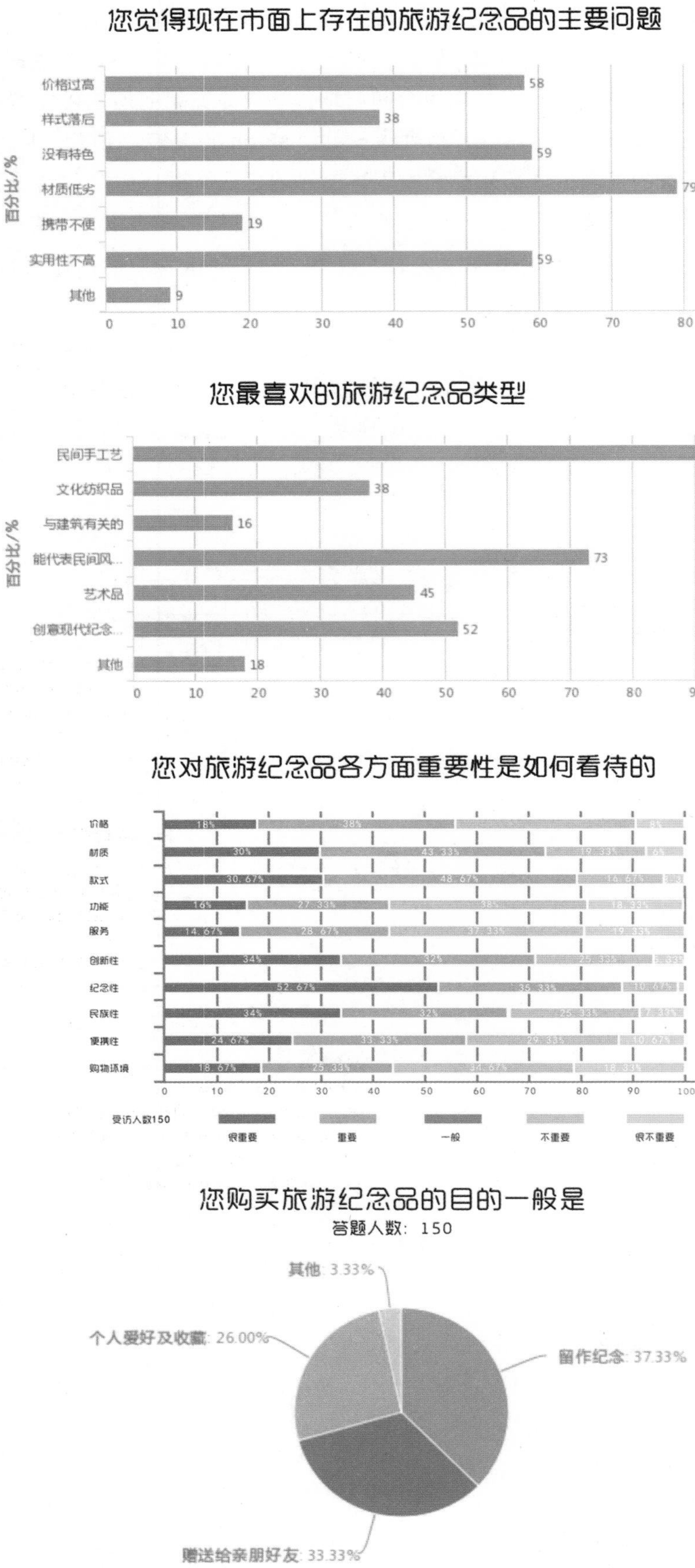
您觉得现在市面上存在的旅游纪念品的主要问题
百分比/%
价格过高
58
样式落后
38
没有特色
59
材质低劣
79
携带不便
19
实用性不高
59
其他
9
0 10 20 30 40 50 60 70 80 90
您最喜欢的旅游纪念品类型
百分比/%
民间手工艺
94
文化纺织品
38
与建筑有关的
16
能代表民间风...
73
艺术品
45
创意现代纪念...
52
其他
18
0 10 20 30 40 50 60 70 80 90 100
您对旅游纪念品各方面重要性是如何看待的
价格
材质
款式
功能
服务
创新性
纪念性
民族性
便携性
购物环境
0 10 20 30 40 50 60 70 80 90 100%
受访人数150
很重要
重要
一般
不重要
很不重要
您购买旅游纪念品的目的一般是
答题人数：150
其他：3.33%
个人爱好及收藏：26.00%
留作纪念：37.33%
赠送给亲朋好友：33.33%

图 5.2.13

调查问卷数据分析

KJ 法是产品设计课题训练中必不可少的一个内容。它是产品设计调查分析中一种重要的分析归类的方法。KJ 法的创始人是东京工业大学教授、人文学家川喜田二郎，KJ 是他的姓名的英文 Jiro Kawakita 的缩写，通过对具体事实进行有机地组合和归纳，寻找并发现问题，建立假说或创立新学说。他把这种方式方法与头脑风暴法结合使用（头脑风暴 Brain－storming 是产品创意常见的方法，指设计群体圆桌会议似的，抛开思维的禁忌，进行开放式的表述自己的想法、进行研讨和讨论），其目的在于产生新观念或激发创新设想，进而集中意见，提高创意质量。KJ 法包括提出设想和整理设想两种功能的方法。KJ 法最终会把设计调查中的问题写在诸多的卡片上，然后将卡片中的问题进行比较与归类，在此基础上进行综合创新。

KJ 法的主要特点是针对产品设计调查中要解决的问题或未知的问题，搜索与之相关的想法、意见等语言文字资料和图片，并根据其内在的相互关系作为归类合并图，从中寻找出应解决的问题的一种创造性方法。用于认识事实、归纳思想、打破现状、筹划组织、贯彻方针等方面，如图 5. 2. 14 所示。

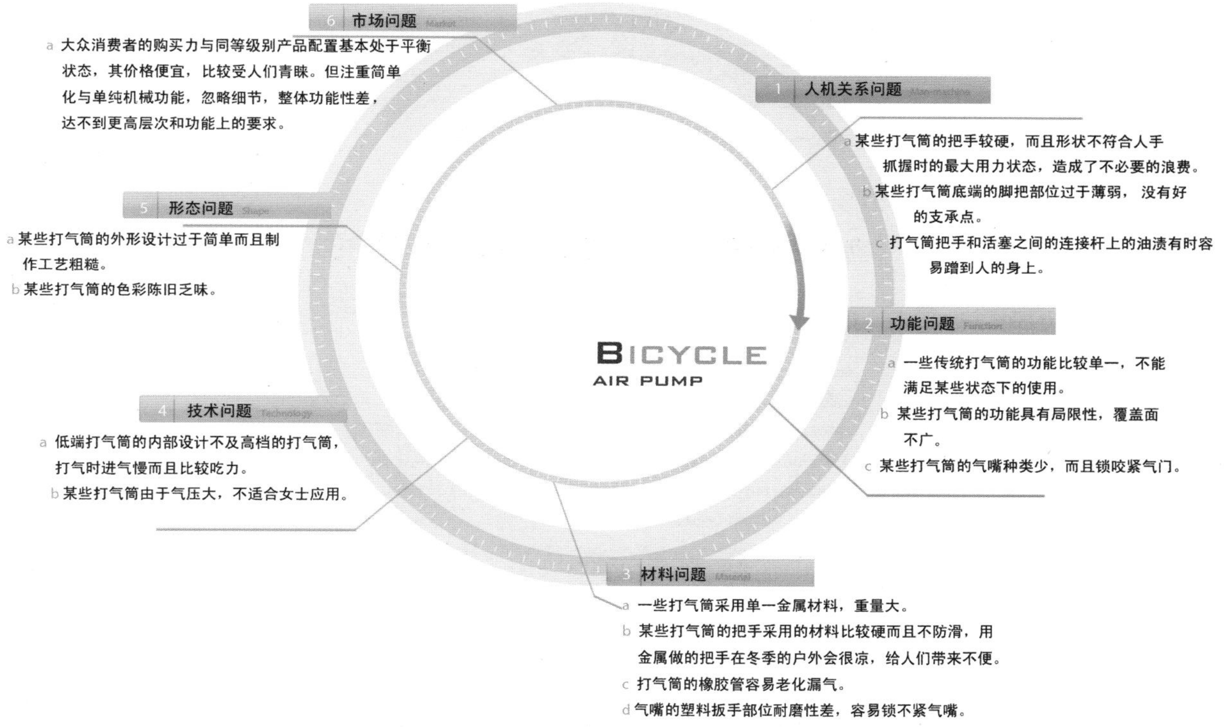
6 市场问题
a 大众消费者的购买力与同等级别产品配置基本处于平衡状态，其价格便宜，比较受人们青睐。但注重简单化与单纯机械功能，忽略细节，整体功能性差，达不到更高层次和功能上的要求。
1 人机关系问题
a 某些打气筒的把手较硬，而且形状不符合人手抓握时的最大用力状态，造成了不必要的浪费。
b 某些打气筒底端的脚把部位过于薄弱，没有好的支承点。
c 打气筒把手和活塞之间的连接杆上的油渍有时容易蹭到人的身上。
5 形态问题
a 某些打气筒的外形设计过于简单而且制作工艺粗糙。
b 某些打气筒的色彩陈旧乏味。
2 功能问题
a 一些传统打气筒的功能比较单一，不能满足某些状态下的使用。
b 某些打气筒的功能具有局限性，覆盖面不广。
c 某些打气筒的气嘴种类少，而且锁咬紧气门。
BICYCLE
AIR PUMP
4 技术问题
a 低端打气筒的内部设计不及高档的打气筒，打气时进气慢而且比较吃力。
b 某些打气筒由于气压大，不适合女士应用。
3 材料问题
a 一些打气筒采用单一金属材料，重量大。
b 某些打气筒的把手采用的材料比较硬而且不防滑，用金属做的把手在冬季的户外会很凉，给人们带来不便。
c 打气筒的橡胶管容易老化漏气。
d 气嘴的塑料扳手部位耐磨性差，容易锁不紧气嘴。

图 5. 2. 14

KJ 法问题归类

5. 2. 3 KJ 法的设计应用步骤

（1）确定设计对象。

（2）收集语言文字及图片资料。

（3）把全部资料写成卡片。

（4）卡片分类并写出分类标题卡或图表。

（5）分析各类资料卡片之间的关系，形成图解，整理出思路，形成综合报告。

通过全面系统的调查分析后，充分发挥设计者感悟特点，挖掘问题所在，找到解决问题的最佳、

最直接的方法，通过发现问题与思考问题，追溯其创意源泉，提出新的设计构想，并在这一设计构想的基础上进行思路理顺，最后形成此次课题的最终定位。设计追溯是至关重要的，它是灵感的根源，世界万物皆是设计创作的原动力，这就看我们怎样去探询和挖掘，如图 5.2.15 和图 5.2.16 所示。

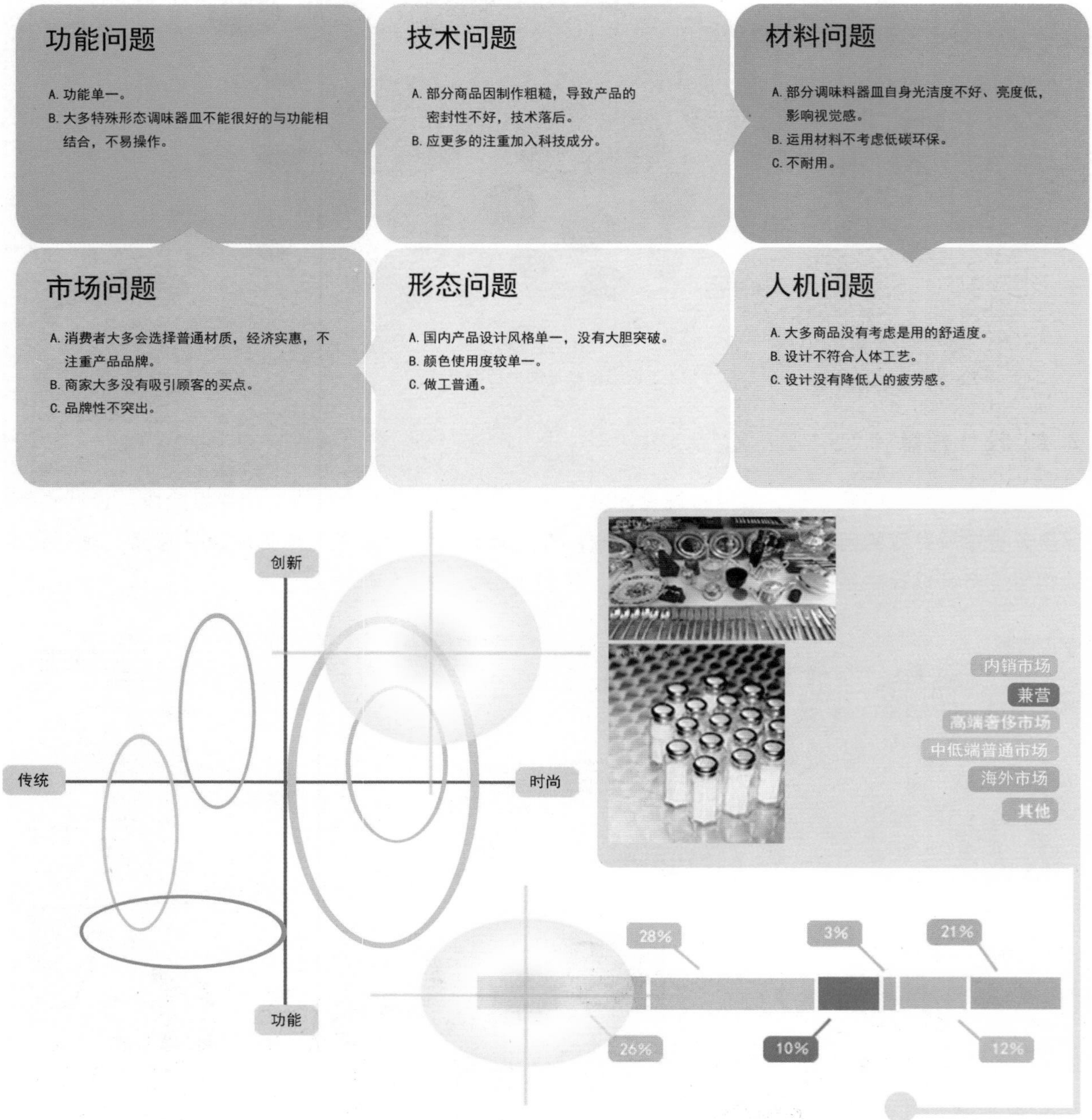

功能问题
A. 功能单一。
B. 大多特殊形态调味器皿不能很好的与功能相结合，不易操作。
技术问题
A. 部分商品因制作粗糙，导致产品的密封性不好，技术落后。
B. 应更多的注重加入科技成分。
材料问题
A. 部分调味料器皿自身光洁度不好、亮度低，影响视觉感。
B. 运用材料不考虑低碳环保。
C. 不耐用。
市场问题
A. 消费者大多会选择普通材质，经济实惠，不注重产品品牌。
B. 商家大多没有吸引顾客的买点。
C. 品牌性不突出。
形态问题
A. 国内产品设计风格单一，没有大胆突破。
B. 颜色使用度较单一。
C. 做工普通。
人机问题
A. 大多商品没有考虑是用的舒适度。
B. 设计不符合人体工艺。
C. 设计没有降低人的疲劳感。
创新
传统
时尚
功能
内销市场
兼营
高端奢侈市场
中低端普通市场
海外市场
其他
28%
3%
21%
26%
10%
12%

图 5.2.15

KJ 法使用步骤

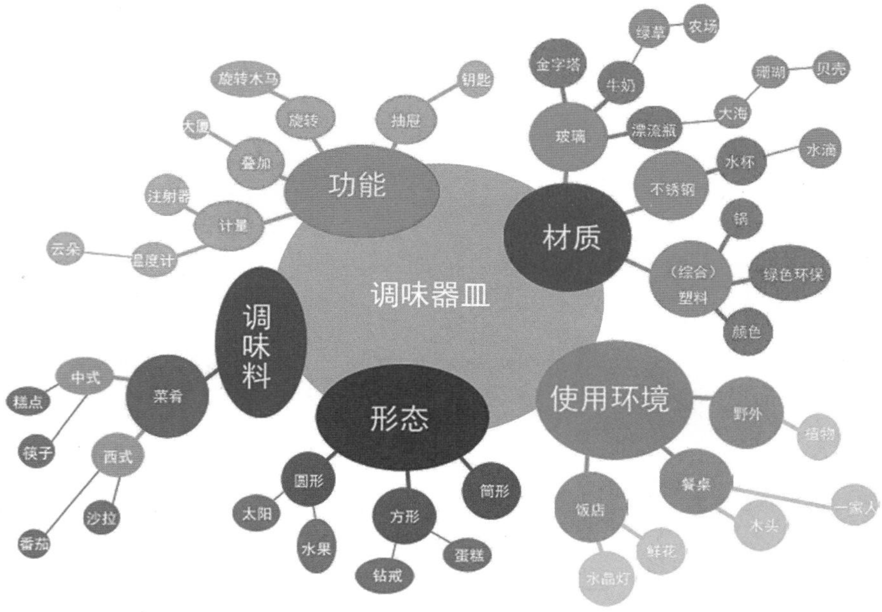
调味器皿
功能
材质
调味料
形态
使用环境
旋转木马
旋转
钥匙
抽屉
大厦
叠加
注射器
计量
云朵
量度计
金字塔
绿草
农场
牛奶
玻璃
漂流瓶
珊瑚
贝壳
大海
水杯
水滴
不锈钢
锅
（综合）
塑料
绿色环保
颜色
中式
糕点
菜肴
筷子
西式
沙拉
番茄
圆形
太阳
水果
方形
钻戒
蛋糕
筒形
野外
植物
餐桌
一家人
木头
饭店
鲜花
水晶灯

图 5.2.16

KJ法运用思维导图进行概念挖掘

5.2.4 设计构想

通过调查研究、问题分析，按照课题设计定位的要求，进入课题的整体设计构思阶段。设计构想是对课题分析中所存在的问题予以解决的思考过程。在设计构思中要尽可能地扩展设计思路、进行记录，设计构想是产品设计中至关重要的环节，如图 5.2.17 所示。

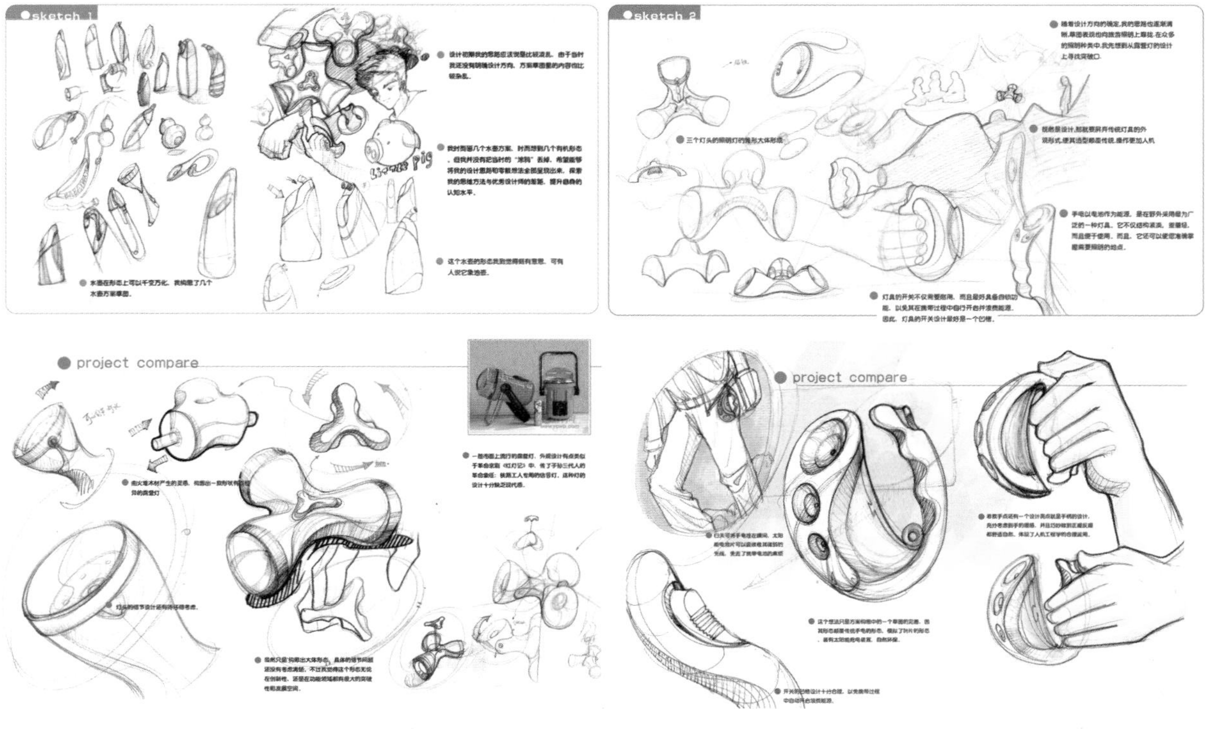
sketch 1
sketch 2
project compare
project compare

图 5.2.17

便携式旅行灯的设计构想方案草图

当一个新的“形象”在意识中出现，就要迅速地用草图把它记录下来，虽然这种形象并不太完整也不具体，但这是思路进一步深化的原因。这就是在构思过程中把一些比较模糊的，尚不具体的设计思维加以明确和具体化的进程。构思草图是一种广泛寻求设计方案可行性的有效方法，也是在产品设计中的思维过程的再现。构思草图偏重于思考的过程，利用形态的过渡进行系列的推敲，这一思考过程的构思往往是比较活跃的思维展现。它还可以帮助设计师迅速地捕捉头脑中的设计灵感和思维路径，并把它转化成形态符号记录下来。

这一阶段在大量收集资料和分析问题的基础上，按照设计定位的要求，解决一些在设计初期必须解决的问题，如图 5. 2. 18 所示。

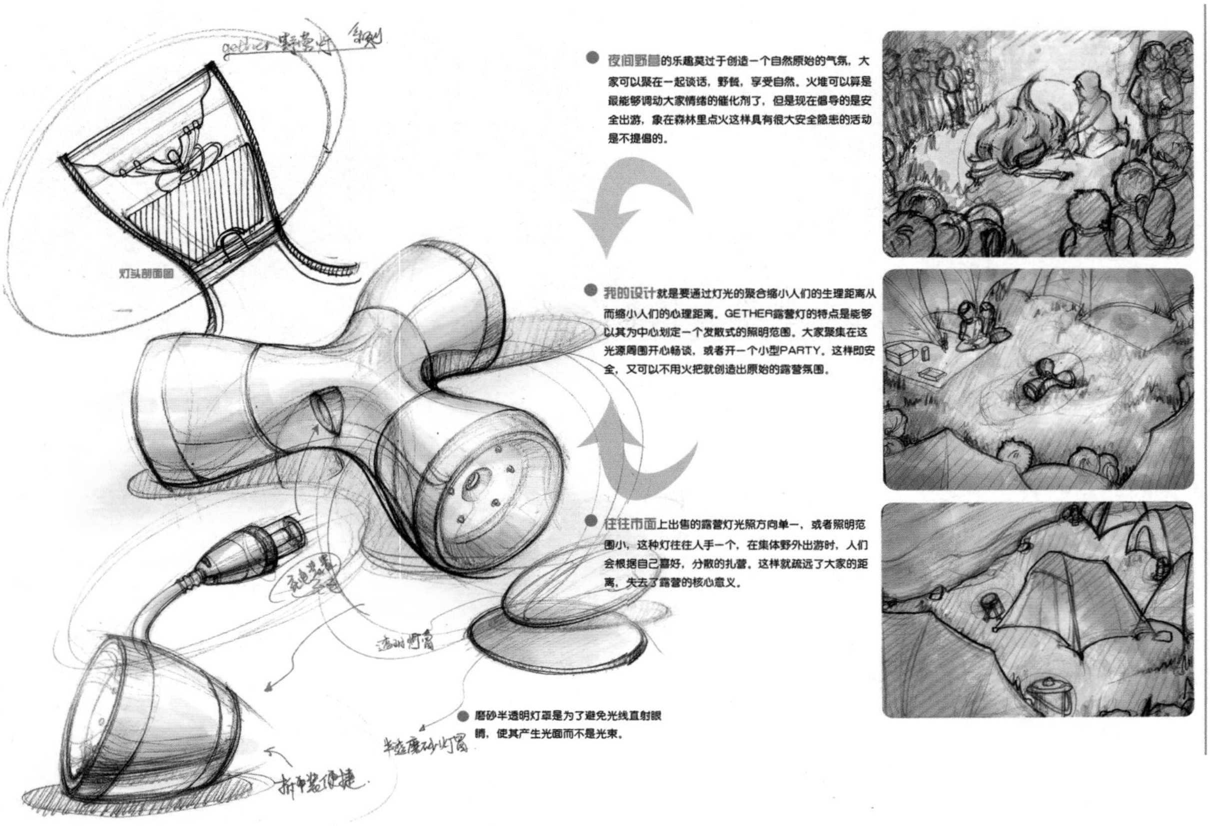
灯头剖面图
夜间野营的乐趣莫过于创造一个自然原始的气氛，大家可以聚在一起谈话，野餐，享受自然。火堆可以算是最能够调动大家情绪的催化剂了，但是现在倡导的是安全出游，象在森林里点火这样具有很大安全隐患的活动是不提倡的。
我的设计就是要通过灯光的聚合缩小人们的生理距离从而缩小人们的心理距离。GETHER露营灯的特点是能够以其为中心划定一个发散式的照明范围。大家聚集在这光源周围开心畅谈，或者开一个小型PARTY。这样即安全，又可以不用火把就创造出原始的露营氛围。
往往市面上出售的露营灯光照方向单一，或者照明范围小，这种灯往往人手一个，在集体野外出游时，人们会根据自己喜好，分散的扎营。这样就疏远了大家的距离，失去了露营的核心意义。
磨砂半透明灯罩是为了避免光线直射眼睛，使其产生光面而不是光束。

图 5. 2. 18

便携式旅行灯的设计方案细化图

构思过程中需要手、脑并用，同时融合所有的情感因素，进行思维扩展，挖掘创造性的设计思维。对产品设计提出新的要求与设想。在设计构思中以动作思维、形象思维、抽象思维、直觉思维、灵感思维、逆向思维等思维方式获取新的意象。在此过程中，产品特征将在意象内容和思维意义之间不断地选择、放大、验证、排除，这些被建构出来的模糊意义中的若干分支将会聚集到一个有效、紧凑的范围，进而实现新的有创见性的设计方案，如图 5. 2. 19 所示。

在构思草图的基础上，进行形态和结构的反复推敲和思考，进行设计思维的整合。设计草图阶段更偏重于思考与分析的过程。通过本阶段的深入分析，清晰全面地表达自己的设计思路，明确设计思维与设计理念。设计草图的绘制并没有太多的限制，但要清楚表达自己的设计思路，力求绘制清晰、结构严谨，要做到整体与局部的详细分析，便于与他人的沟通，在设计构思的思考上不要单一，尽量以多种设计思路和角度来展现，同时围绕设计主体进行简明扼要地撰写说明。

设计构思阶段中，构思草图与设计草图是设计思维的直接表露，也是帮助思考的一种方法。它是概

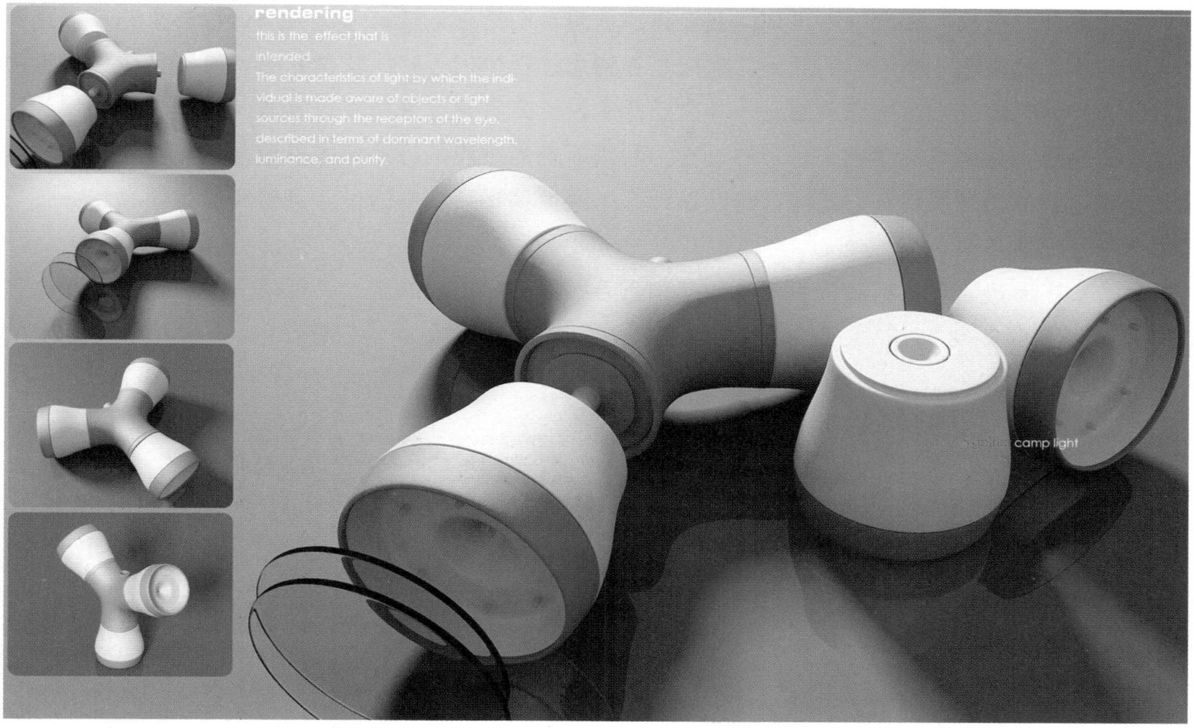
rendering
this is the effect that is
intended
The characteristics of light by which the indi-
vidual is made aware of objects or light
sources through the receptors of the eye,
described in terms of dominant wavelength,
luminance, and purity.
camp light

图 5.2.19

便携式旅行灯的设计方案电脑预想图

念表述的初始阶段，它要求在意象的角度进行综合性的解析，为全面的设计展开、深入作铺垫。此阶段应该解决的问题如下：

(1) 确定产品的整体功能布局、框架结构和使用方法。

(2) 初步考虑产品造型在美学与人机工程学方面的可行性。

(3) 探讨材料的特征、成本和产品的生产方式。

5.2.5 设计展开

设计构思的完成，就意味着产品设计的展开阶段。在若干个设计草图中，要进行不同设计方案的比较、分析及优化，从中进行多方面多角度的筛选、提炼、调整，把认为可行的设计方案提取出来。

设计展开是将初步的设计构思中可行性的方案进行转换，使其变为具体、直观的形象。所选定的设计草图要保证有两个以上的设计方案，便于深入地比较、分析、论证。此阶段主要是深入设计方案，要从设计的功能、形态、色彩、材料、人机使用性等多种角度予以全面的分析，同时在选定的设计方案中附以设计视图，具体用设计效果图表达。

产品设计效果图的表达方式可以是手绘，也可以是单纯的电脑绘制，电脑效果图由于相对直观真实、是现代设计表现中应用最广最为普遍的方式。一些专门的设计软件如 Solidworks、Alias、Pro/E 等建立的数码三维文件，不仅可以作为效果图来进行设计的表达。还可以把它们用于结构设计，并可以与计算机辅助制造系统的数据相衔接，直接用于模具的制造。在课题设计方案确定后，要进行初步的尺寸分析、设定，为后续设计中仿真模型的制作提供尺寸依据。同时也对外形的控制有了限定，这就要求以尽量准确的设计制图的形式来表现，由于选定的方案在一些细节部分及布局处理上还有待进一步优化，因此并不能最终确定详细尺寸。由此可进行外形尺寸图的简单标注。一般情况下，只需按正投影法绘制出产品的主视图、俯视图和左侧视图（或右侧视图）即可，也可根据课题设计的实际情况

及设计效果能否便于观察与参照，作出相应的视图调整（增加视图）。为了便于观察产品外形的局部与转折关系，建议采用电脑效果图的视图或电脑直接捕捉（抓屏）视图的方式，如图 5.2.20～图 5.2.22 所示。

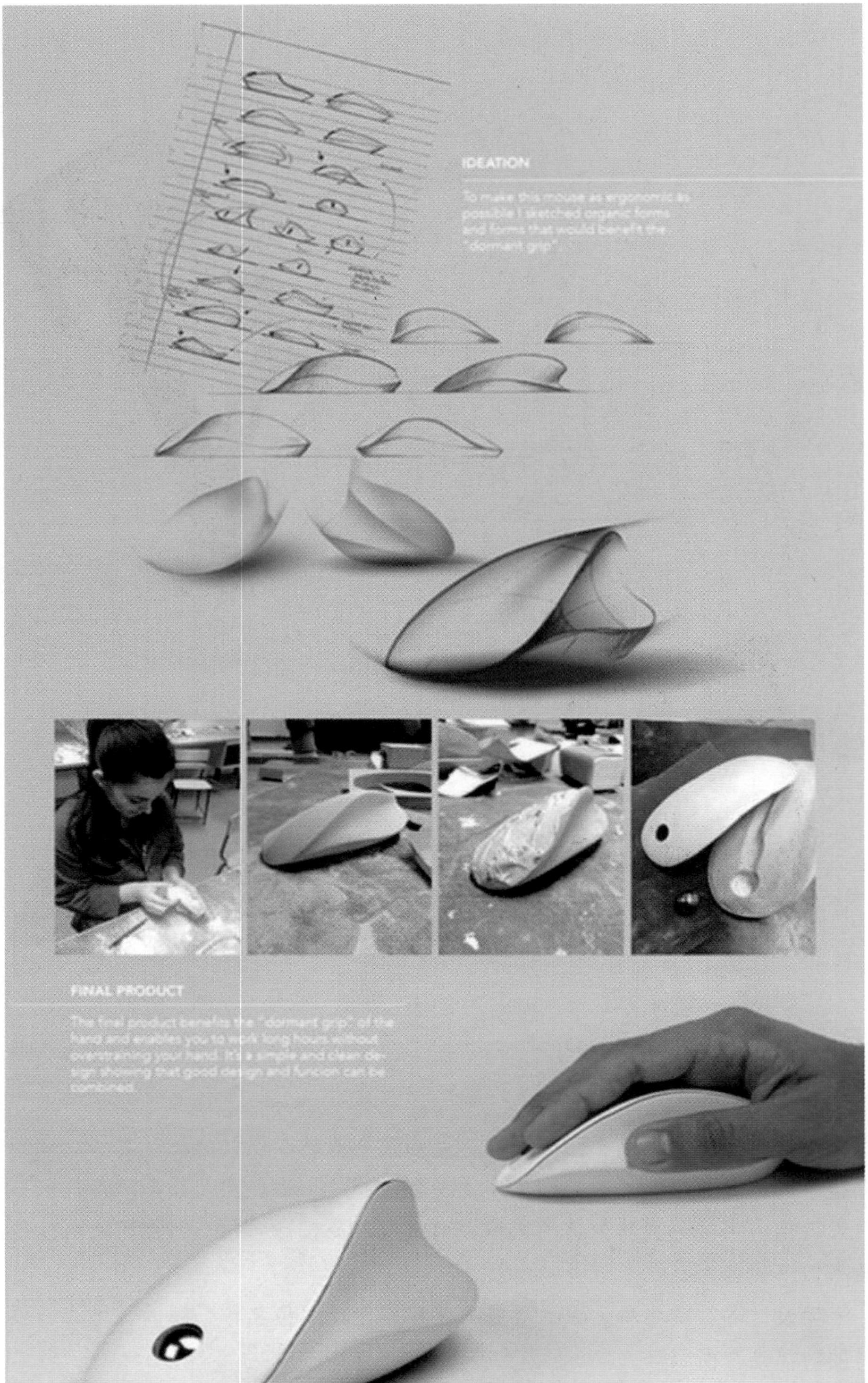

IDEATION
FINAL PRODUCT

图 5.2.20

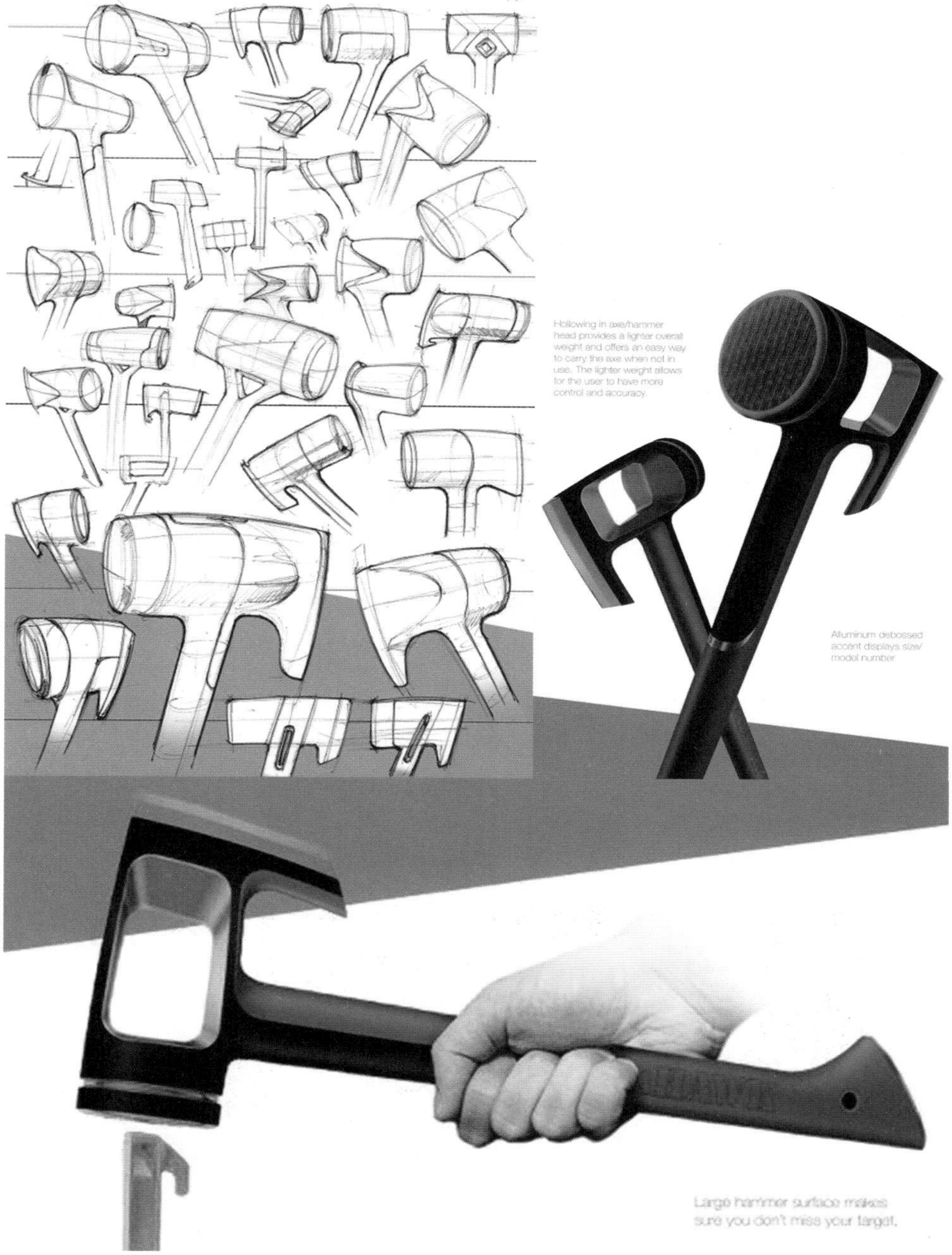
Hollowing in axe/hammer head provides a lighter overall weight and offers an easy way to carry the axe when not in use. The lighter weight allows for the user to have more control and accuracy.
Aluminum debossed accent displays size/ model number
Large hammer surface makes sure you don't miss your target.

图 5.2.21

设计报告书的制作要全面、简洁、突出重点，要清楚地表达出设计意图。为了给决策者一个直观的感觉，要有一个精心的编制排版，一般是以文字、图表、照片、表现图及模型照片的形式组成设计过程的综合性报告，设计报告书的形式与内容的组织，可根据产品设计方向与特点有针对性的进行调整。

报告书主要有以下内容。

（1）封面。表明设计项目的名称、设计委托方名称、设计单位名称、时间、地点、要求直观地体现出设计的风格，同时简洁、醒目。

（2）目录。按照设计的流程性制定排列并标明页码。

（3）设计计划进度表。表格设计要简练易读、不同阶段的内容最好用不同的色彩来表现。

（4）市场调查。围绕市场的同类产品以及消费需求等相关因素，用文字、图表、照片结合的形式进行调查和资料收集整理。

heat seeker
geo pistol
HVLP floor base
ID concept
DM
Sprayer docking cup
non-directional handle
On/off switch
105mm X 35mm hand clearance
Air intake hump
Filter door
Clamshell design
dm
BLACK& DECKER
LITHIUM
18V
MATRIX
BLACK& DECKER

图 5.2.22

(5) 分析研究。针对调研的资料进行市场分析、材料分析、功能分析、结构分析、人机分析、使用分析等，从中找出产品设计的突破口，从而提出设计概念，确定设计方向。

(6) 设计构思。设计构思可以用多种形式来传达：文字、设计草图、设计草模、计算机辅助设计等，以对设计的思路进行初步探讨。

(7) 设计展开。主要以图示和文字结合的形式来表现，主要以设计构思的展开与比较、设计效果图的直观分析、人机工程学、色彩定位、二维制图、模型制作等展开。

(8) 方案确定。从产品设计的综合评估确定最终设计方案，从而进行详细的视图、结构图、分解图、部件图精致模型的表现及说明。

(9) 综合评价。展示精致的模型照片或效果图，并以简洁、生动的语言说明该设计方案的优点和特色。

5.2.6 方案评估

设计完成，就要做出综合、系统的评估，以此来检验设计成果，评估的标准各有不同，存在着多种差别。总体上讲，设计的综合评估方式离不开以下两大原则。

(1) 该设计对使用者、特定的人群及社会有何意义?

(2) 该设计对企业在市场上的销售有何意义?

这两个共用原则，也就是设计师的设计意义及设计价值所在，锁定设计的方向才不至于脱离轨道。

不同的产品有不同的设计准则，要把握其特点，提出有创新性的要点，来充实设计的论证。

具体的设计评估主要有以下内容。

(1) 看设计是否具备独创性，这是设计评估的首要标准。

(2) 设计的实用价值，能否具备使用的舒适性与完美的机能性。

(3) 是否符合使用的人机性，与人产生共鸣，及产品操作的简洁性、识别性及安全性。

(4) 使用材料的节能性、环保性、耐久性及投入重复使用的性能。

(5) 产品的经济价值，生产的低成本与生产的适宜性，以及产品的市场周期。

(6) 新产品的试投产的市场反馈，如图 5.2.23 所示。

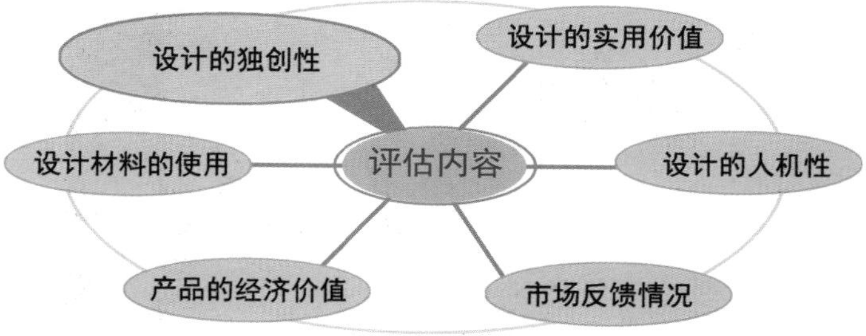
评估内容
设计的独创性
设计的实用价值
设计材料的使用
设计的人机性
产品的经济价值
市场反馈情况

图 5.2.23

5.2.7 产品设计程序与方法案例

以便携式医疗急救包报告书为例来展现整体设计流程。

便携式医疗包在国内早期仅在专业救护人、医院、红十字组织使用，随着大众对医疗紧急服务需求和野外旅游人的不断增长，医疗卫生领域改革进一步的深化，急救包的产品标准不断提升。此产品设计来源于中国传统的纸灯笼，色彩采用了醒目的具有中国特色的红色，结构采用了伸缩设计方式。内部分为 3 个部分，根据不同需求灵活使用；外部有金属支架及防水布料包裹，坚固耐用功能强大，具有明显的中国风。此设计即是具有功能性的产品，同时也可以作为纪念品，如图 5.2.24～图 5.2.39 所示。

设计程序与方法 DESIGN PROGRAM AND METHODS

目录 前言

第一部分 旅游纪念品的分析与调查

第二部分 我的设计方案

第三部分 总结

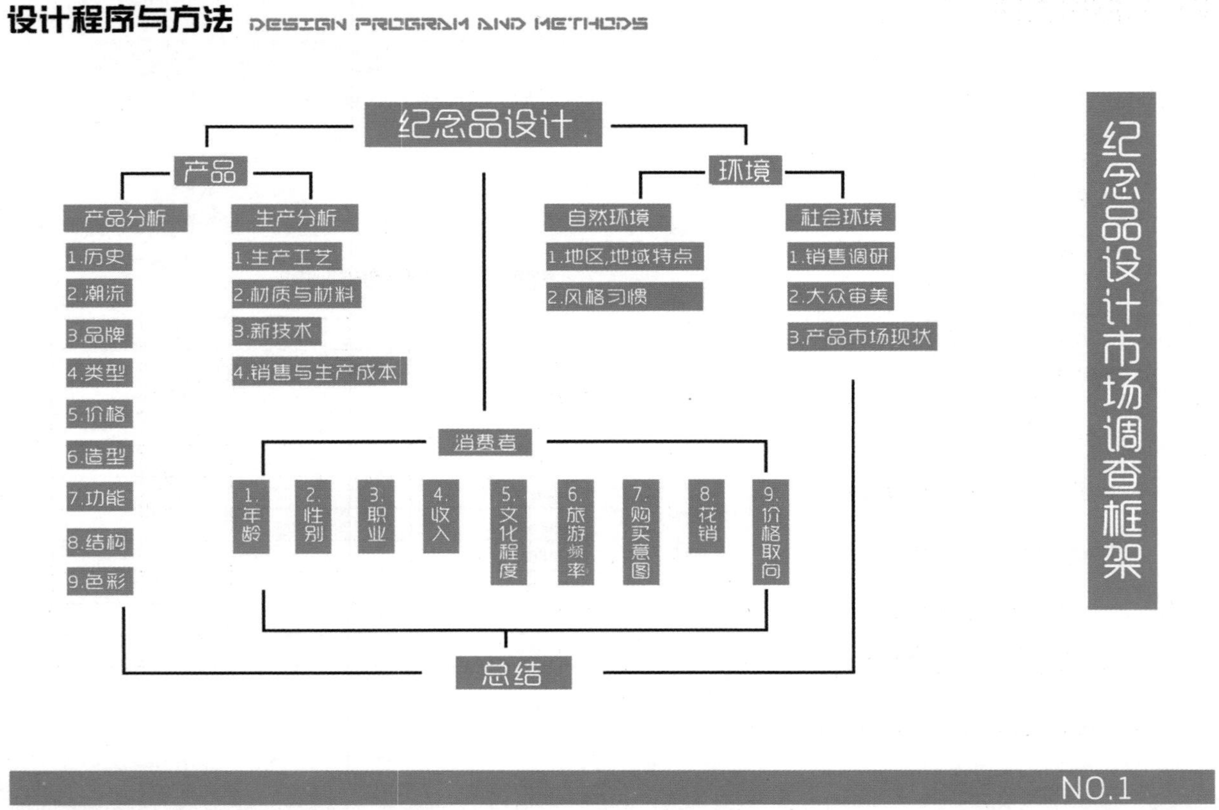

设计程序与方法 DESIGN PROGRAM AND METHODS
纪念品设计
产品
产品分析
1.历史
2.潮流
3.品牌
4.类型
5.价格
6.造型
7.功能
8.结构
9.色彩
生产分析
1.生产工艺
2.材质与材料
3.新技术
4.销售与生产成本
环境
自然环境
1.地区,地域特点
2.风格习惯
社会环境
1.销售调研
2.大众审美
3.产品市场现状
消费者
1.年龄
2.性别
3.职业
4.收入
5.文化程度
6.旅游频率
7.购买意图
8.花销
9.价格取向
总结
纪念品设计市场调查框架
NO.1

图 5.2.24

设计程序与方法 DESIGN PROGRAM AND METHODS

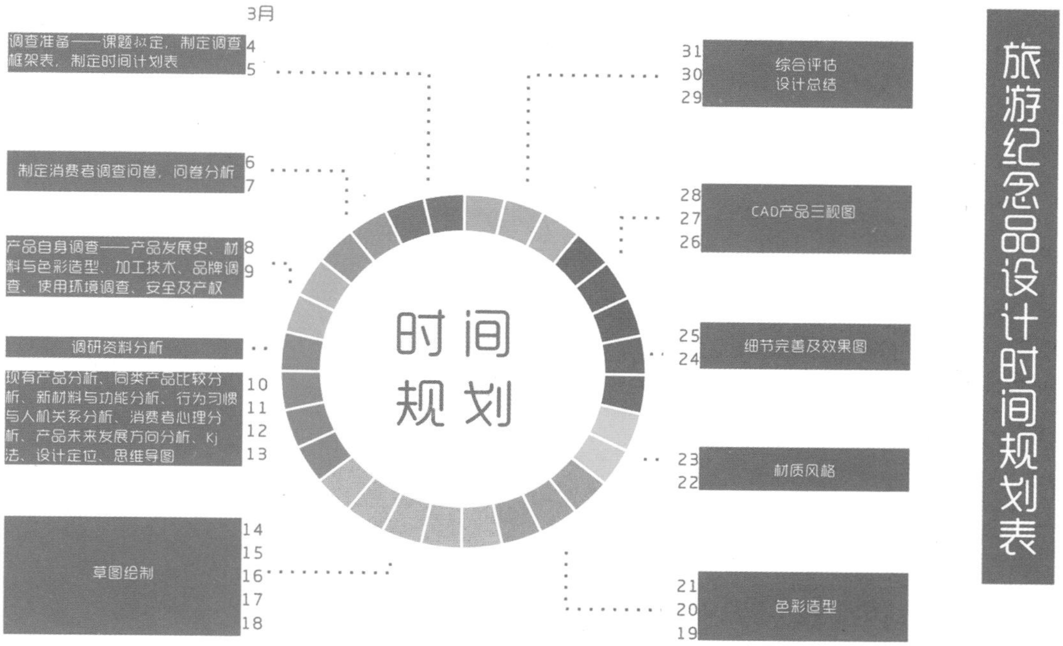

3月
调查准备——课题拟定，制定调查框架表，制定时间计划表
4
5
制定消费者调查问卷，问卷分析
6
7
产品自身调查——产品发展史、材料与色彩造型、加工技术、品牌调查、使用环境调查、安全及产权
8
9
调研资料分析
现有产品分析、同类产品比较分析、新材料与功能分析、行为习惯与人机关系分析、消费者心理分析、产品未来发展方向分析、Kj法、设计定位、思维导图
10
11
12
13
草图绘制
14
15
16
17
18
时间
规划
31
30
29
综合评估
设计总结
28
27
26
CAD产品三视图
25
24
细节完善及效果图
23
22
材质风格
21
20
19
色彩造型
旅游纪念品设计时间规划表

NO.2

设计程序与方法 DESIGN PROGRAM AND METHODS

鲁迅美术学院2012级工业设计系旅游纪念品调查问卷

1.您的性别
□男 □女

2.您的年龄
□18岁以下 □18-23岁 □23-30岁 □30-40岁 □40-60岁 □60岁以上

3.您的文化程度
□小学及小学以下 □初中-高中 □大学

4.您的月收入
□3000元以下 □3000-5000元 □5000-6000元 □6000元以上

5.您平均多久会旅游一次
□一个季度 □半年 □一年及以上 □看情况

6.您认为去旅游买纪念品必要吗
□很必要 □一般会买 □一般不会买 □看情况而定

7.您购买纪念品时都会考虑哪些因素【多选】
□价格 □功能 □文化意义 □存在形式（书籍、图片、实物） □趣味性

8.您购买旅游纪念品的目的一般是
□留作纪念 □赠送给亲朋好友 □个人爱好及收藏 □其他

9.您每次出游过程中购买旅游纪念品的花费为
□50元以下 □50-100元 □100元以上 □依纪念品而定

10.您觉得现在市面上存在的旅游纪念品的主要问题是【多选】
□价格过高 □样式落后 □没有特色 □材质低劣 □携带不便 □实用性不高 □其他

11.您最喜欢的旅游纪念品的类型有哪些【多选】
□民间手工艺 □文化纺织品 □与建筑有关的 □能代表民情风俗的特定纪念品 □创意现代纪念品 □艺术品 □其他

12.您对旅游纪念品的各方面重要性是如何看待

	很重要	重要	一般	不重要	很不重要
价格					
材质					
款式					
功能					
服务					
创新性					
民族性					
纪念性					
便携性					
购物环境					

NO.3

图 5.2.25

设计程序与方法 DESIGN PROGRAM AND METHODS

您觉得现在市面上存在的旅游纪念品的主要问题是

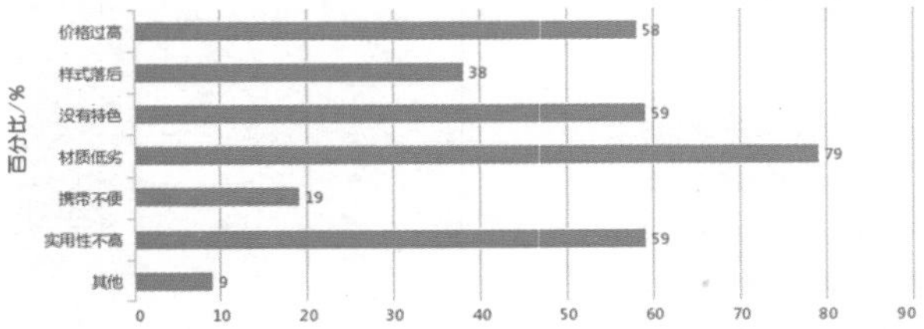
百分比/%
价格过高 58
样式落后 38
没有特色 59
材质低劣 79
携带不便 19
实用性不高 59
其他 9
0 10 20 30 40 50 60 70 80 90

大多数人认为纪念品的主要问题在于材质低劣,说明部分纪念品容易损坏,不易长时间存放。
多数人认为纪念品的主要问题在于没有特色,实用度不高和价格过高,说明部分纪念品需要加入更多的地方特色元素增强实用性减低材质过高问题。
较多数人认为样式落后,携带不便是纪念品的主要问题,说明部分纪念品应随着潮流的发展而变化,应向"微"趋势发展。

您最喜欢的旅游纪念品类型有哪些?

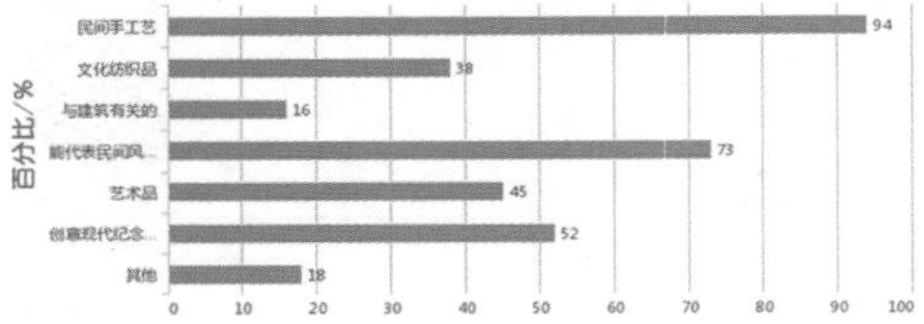
百分比/%
民间手工艺 94
文化纺织品 38
与建筑有关的 16
能代表民间风... 73
艺术品 45
创意现代纪念... 52
其他 18
0 10 20 30 40 50 60 70 80 90 100

大多数人选择民间手工艺品和能代表民间风俗的特定纪念品,说明地方文化特色是吸引旅游者眼球的亮点之一,也是最具有代表性的旅游品特征之一,因为区域文化的不同而使纪念品也各有千秋吸引人心。
多数人选择创意现代纪念品,艺术品和文化纺织品,说明具有一定收藏价值的纪念品也非常的吸引旅游者的目光,在纪念品中加入现代创意,或做成具有一定艺术目的的艺术品和具有地方特色的纺织品是纪念品的一种趋势。
较多数人选择与建筑有关的纪念品,说明这种纪念品用当地的建筑作为地方特色。

NO.4

设计程序与方法 DESIGN PROGRAM AND METHODS

您购买纪念品时会考虑哪些因素?

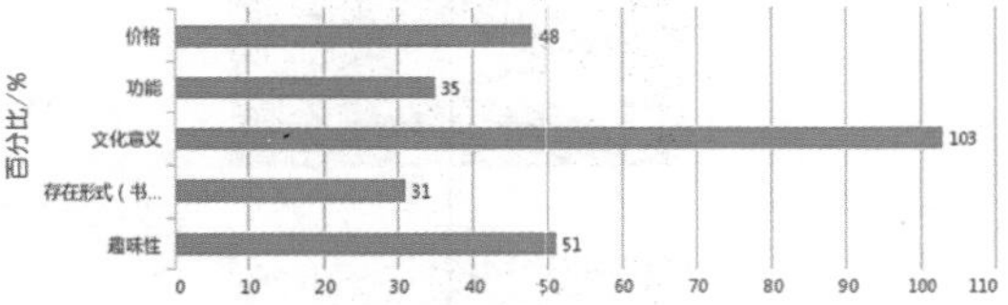
百分比/%
价格 48
功能 35
文化意义 103
存在形式(书... 31
趣味性 51
0 10 20 30 40 50 60 70 80 90 100 110

在购买纪念品时,大多数人群注重文化意义的不同而购买纪念品,因为文化性质的差异所以纪念品变得多种多样玲琅满目,举例云南的扎染,藏族的藏银镯子等等。
多数人注重是趣味性,大多数人群都喜欢新奇好玩的又带有地方特色的纪念品,一是好看有趣,二是可以观赏把玩。
较多数人注重的是价格,普通大众倾向于便宜又实惠的纪念品,所以在纪念品的材质上又有很多要求。
少数人注重的是功能的体现,现在是工业化的时代,人们对纪念品这种小玩意也注重功能价值的体现,如钥匙扣,项链等等。
较少数人注重存在形式,纪念品的存在形式有很多,人群分类不同喜欢的形式相应也是不同的。

您购买旅游纪念品的目的一般是

答题人数: 150

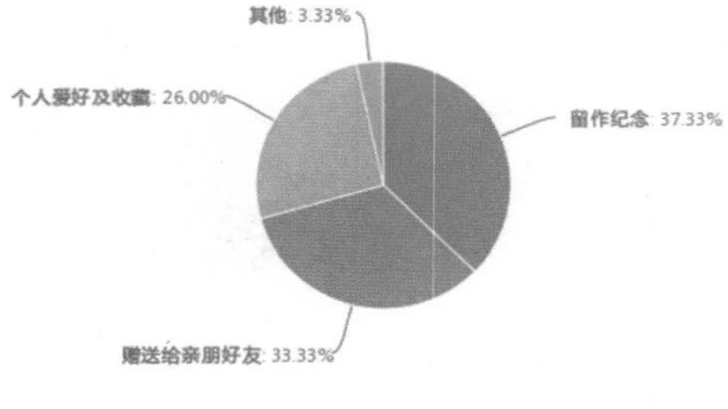
其他: 3.33%
个人爱好及收藏: 26.00%
留作纪念: 37.33%
赠送给亲朋好友: 33.33%

旅行时购买纪念品后较多数选择自己留念,可以摆在家里做装饰品,也可以在聚会party时让朋友观看达到观赏价值,自己保留可以用于回忆旅游时优美的风景、人文。
多数人群选择赠送给亲朋好友,自己既阅历了美丽风光又为家人带来的漂亮的纪念品,让没有去过或已经去过的再次感受所到之处的美好。
少部分人群选择个人收藏,在纪念品中也包括有丰富价值的物件,如纪念金币,纪念玉雕等等,都是收藏玩家的心爱首选。
个别人群选择其他类别,说明纪念品的应用范围非常的广,应用形式也多种多样。

NO.5

图 5.2.26

设计程序与方法 DESIGN PROGRAM AND METHODS

旅游纪念品各方面的重要性

您对旅游纪念品各方面重要性是如何看待的？

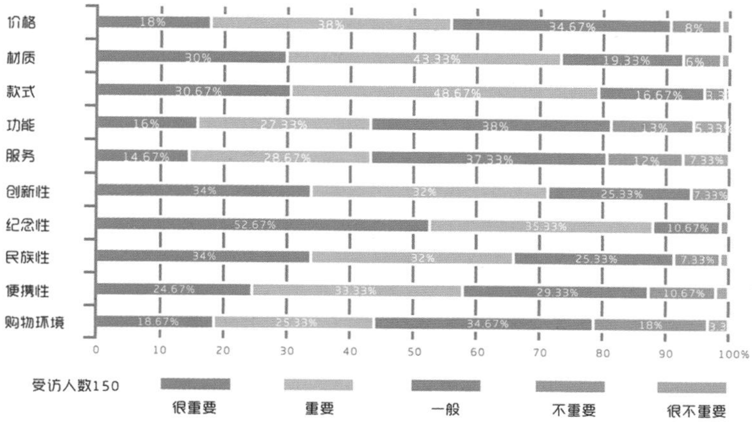
价格
材质
款式
功能
服务
创新性
纪念性
民族性
便携性
购物环境
18%
38%
34.67%
8%
30%
43.33%
19.33%
6%
30.67%
48.67%
16.67%
16%
27.33%
38%
13%
14.67%
28.67%
37.33%
12%
7.33%
34%
32%
25.33%
7.33%
52.67%
35.33%
10.67%
34%
32%
25.33%
7.33%
24.67%
33.33%
29.33%
10.67%
18.67%
25.33%
34.67%
18%
0
10
20
30
40
50
60
70
80
90
100%
受访人数150
很重要
重要
一般
不重要
很不重要

从图表上来看，人们对材质、款式、创新性、纪念性及民族性要求较高，其中以纪念性为最，所以我们对纪念品的设计应该以表现当地特色，完整表现纪念性为基础，力求做到"睹物思景"的效果。同时，应该对产品的创新性进行一个深刻的思考，做到"人无我有，人有我新，人新我精"，在材质和款式方面下功夫，并完美结合当地特色、融入民族元素。由俗到雅，以大众喜好为基础，创造出雅俗共赏、实用性强、品质合格、材质新颖、夺人眼球的旅游纪念品。

NO.6

设计程序与方法 DESIGN PROGRAM AND METHODS

旅游纪念品

旅游纪念品，顾名思义即是游客在旅游过程中购买的精巧便携，富有地域特色和民族特色的并让人铭记于心的纪念性产品。

概念

旅游纪念品在学术界暂无明确定义，但从归属上来说属于旅游商品，而旅游商品有着较为明确的定义。即供给者为满足旅游者需求以出卖交换为目的而提供的具有使用价值和价值的有形和无形商品的综合。所以旅游纪念品即在旅游地区中能够吸引旅游者进行购买的，且可以通过该产品回忆起该旅游地区的产品。

种类

传统旅游纪念品：即已经形成的深入人心的旅游纪念品，此类产品与旅游地区的名片无异。如北京烤鸭，西安兵马俑。

已产业化旅游纪念品：即已经生产的具有当地特色，有独特纪念意义，并多在本地销售的产品。

未产业化旅游纪念品：即全新的旅游纪念品，此种商品种类繁多形态各异，设计新颖，但多为小规模生产，缺乏完整产业链。

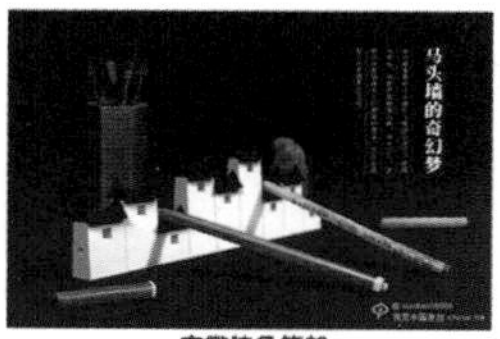

安徽特色笔架

杭州织锦

石湾陶塑

NO.7

图 5.2.27

设计程序与方法 DESIGN PROGRAM AND METHODS

旅游纪念品的功能

宣传功能

旅游纪念品是旅游地区最直观的广泛的宣传，为该旅游地招徕游客。

亚特兰大奥运会纪念品

西安兵马俑纪念品

收藏功能

一些旅游纪念品本身为艺术品，具有收藏价值和鉴赏价值。

中国剪纸艺术

九寨沟刺绣

投资增加功能

『今日的精品，明天的文物』

老北京折扇

西藏转经轮

实际用途即使用价值

此为旅游纪念品中最受欢迎的一类。

古城壁钩

古城壁钩

文化笔筒

现如今的旅游纪念品功能较为单一，具有复合功能并实用的纪念品较少，当下开发旅游纪念品的新功能十分重要，小到钥匙扣大到服装箱包，能满足以上全部功能，实用性突出的产品才能够吸引消费者。

NO.8

设计程序与方法 DESIGN PROGRAM AND METHODS

旅游纪念品的发展历史及现状

历史

我国古代的纪念品体现在了字画上面，也有一些诗词歌赋赠予友人欢迎来我国地区游玩，有许多古代诗人到处旅游作诗作词。还有各国的的张印也代表着你到过这个国家。从古至今旅游纪念品的种类一直在变化，但是名人字画依然对现今有着深远的影响。

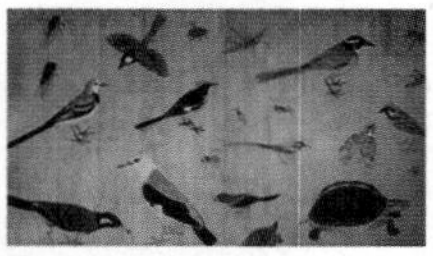

发展现状

1.品种单一、雷同，多年不变，缺乏特色，缺乏创新，对旅游者的吸引力下降。
我国一些地区依赖传统的纪念品，多年如一，随着商品经济的发展，这些纪念品可以在很多地方买到，对游客的吸引力逐步减小。

2.质量参差不齐，高低档与中档商品成两头大、中间小的哑铃状。
在我国的旅游纪念品中，档次分明，质量上乘并价格较高的产品，装饰精美，深得高端游客的欣赏和喜欢。而低端产品质量较差，产品整体品质不平衡。

3.旅游纪念品市场混乱。
我国当前的旅游购物市场可以说是散、小、乱、差，而且缺乏良好的研、产、供、销机制。

4.服务意识淡薄。
我们在谈到旅游购物消费时，往往容易忽略服务这个问题。旅游属于异地消费，厂家、商家及消费者的服务意识淡薄。如果我们的经营单位可以为旅游者解决这一问题，相信我们的旅游购物事业是可以得到很大的改善的。

NO.9

图 5.2.28

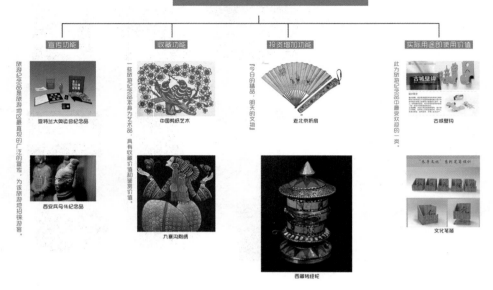

设计程序与方法 DESIGN PROGRAM AND METHODS

旅游纪念品的环境

旅游纪念品的销售环境

多为旅游景点附近的小店，以摊贩为主，没有很大规模。飞机场、火车站、长途汽车站等商店规模较大。

一般实用性纪念品使用环境

多为在生活中常见并广泛使用的小型产品，如钥匙扣等挂件，灯具，衣帽等物品，使用环境针对性较强，有些为随身携带。

装饰性纪念品使用环境

多置放于室内，作为艺术品或收藏品欣赏品鉴。

纪念品的设计一定要确定产品所迎合的人群及使用环境，对产品的使用环境进行充分的了解与调查，这样才能更充分地满足产品在设计阶段预期的功能，也有利于更准确地定位产品设计。

NO.10

设计程序与方法 DESIGN PROGRAM AND METHODS

市场环境调查

基于市场营销观念的旅游纪念品开发构架图

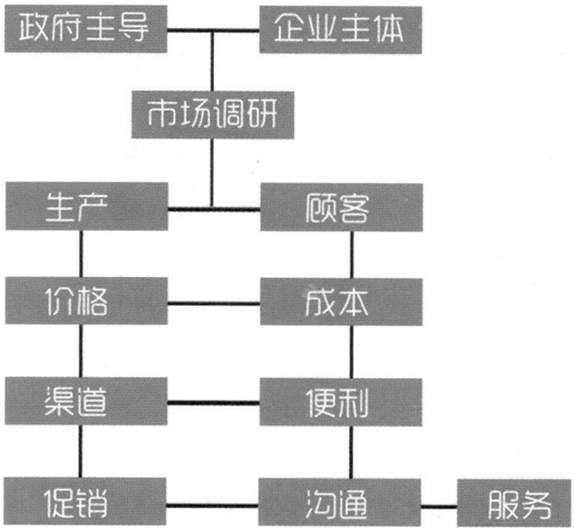
政府主导
企业主体
市场调研
生产
顾客
价格
成本
渠道
便利
促销
沟通
服务

国家政策

自从1978年中国对外开放，发展旅游业以来一直坚持政府主导型的旅游发展政策，这与我国的国情是相适应的。开放之初大力发展入境旅游事业极大地提高了我国在国际上的形象，也为国家创汇工作作出了极大的贡献。经过近30年的发展，中国旅游事业在得到极大进步的同时，随着改革开放的深入也暴露出来不少的问题。国家在积极推进社会主义市场经济建设，力求以市场经济的思想取代过去僵硬的计划经济体制，此外，中国加入WTO，世界经济全球化趋势加深，都给我国的旅游事业提出了挑战，也带来了相应的机遇。市场经济需要推行，市场经济的思想需要深入，这都必须靠政府部门来推动。政府放开束缚，开放市场，然而，加强政府规制和管理服务，是解决市场失灵的重要手段。而且，对旅游业来讲，又比较特殊。旅游业的资源大都属于公共物品性质，且在所有权问题上也相应复杂化，很多事情比如有目的地形象宣传、促销等仅靠市场上的旅游企业是很难做到的，只有政府来做才能集中资源、集中力量把他做好。

专利保护

专利保护是指在专利权被授予后，未经专利权人的同意，不得对发明进行商业性制造、使用、许诺销售、销售或者进口，在专利权受到侵害后，专利权人通过协商、请求专利行政部门干预或诉讼的方法保护专利权的行为。

NO.11

图 5.2.29

设计程序与方法 DESIGN PROGRAM AND METHODS

户外便携式急救包

PART4 产品概念及形态

简介

户外急救包主要是为了旅行者在遇到受伤、生病等一些意外情况下，用于第一时间救援治疗。当意外来临的时候，往往第一时间的治疗非常关键，甚至关乎生命。因此户外急救包应该是每人每次户外出行都应该充分准备周全的一件关键装备，有可能这个小包放在背包里一年两年都没有用。但是一旦出现意外，它将发挥巨大的作用。

SOS

形态

多为可开合的、方形的盒或包

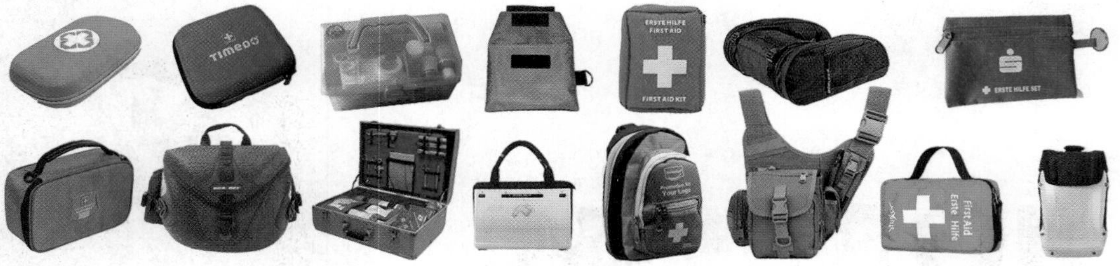

TIMEDO
FIRST AID KIT
First Aid
Erste Hilfe

盒 包

NO.12

设计程序与方法 DESIGN PROGRAM AND METHODS

户外便携式急救包

PART4 产品色彩调查

绿色代表健康自然、生机与活力，很适合该产品使用

调研发现：红、绿、蓝三种颜色为此类产品中所常用。

红色纯度极高，十分醒目，具有警示性。适合该类产品使用

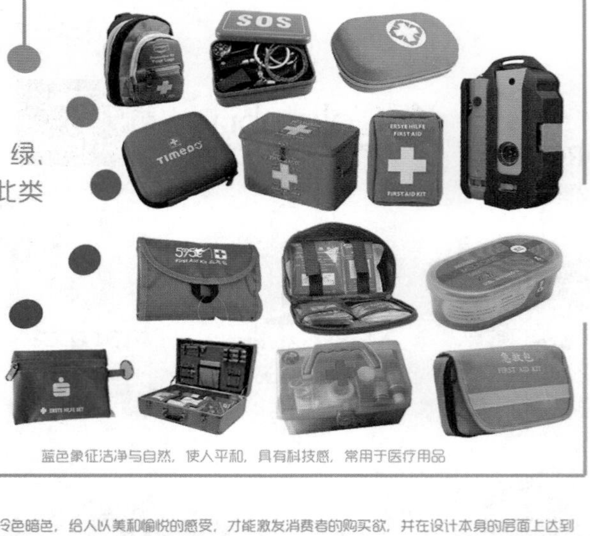

SOS
TIMEDO
FIRST AID KIT

蓝色象征洁净与自然，使人平和，具有科技感，常用于医疗用品

色彩分析

所设计的纪念品色彩必须符合时下人们的色彩审美倾向，多用暖色亮色、慎用冷色暗色，给人以美和愉悦的感受，才能激发消费者的购买欲，并在设计本身的层面上达到较高的水准。另一方面，设计纪念品时，旅游纪念品的色彩也必须贴合当地的人文、自然、风俗习惯，例如北京的纪念品应采用传统的中国红作为产品的颜色、西藏地区的则应采用藏蓝、藏青色等。这样的产品体现出一定的民族性和地域地区性的特点，才能成为吸引消费者的旅游纪念品。

NO.13

图 5.2.30

设计程序与方法 DESIGN PROGRAM AND METHODS

户外便携式急救包

PART4 产品材质与工艺

产品的材质

由于使用环境的限制，该产品的材质主要是不吸水的尼龙和发泡材料，也有厂家以金属及硬质塑料生产材料。

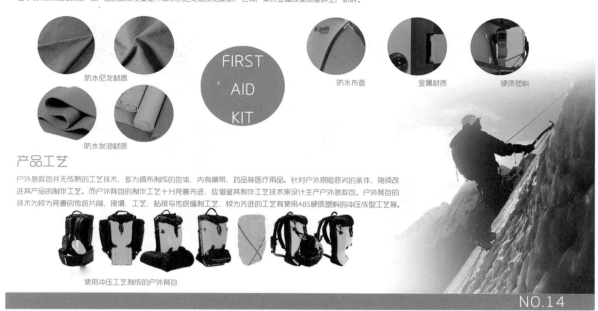

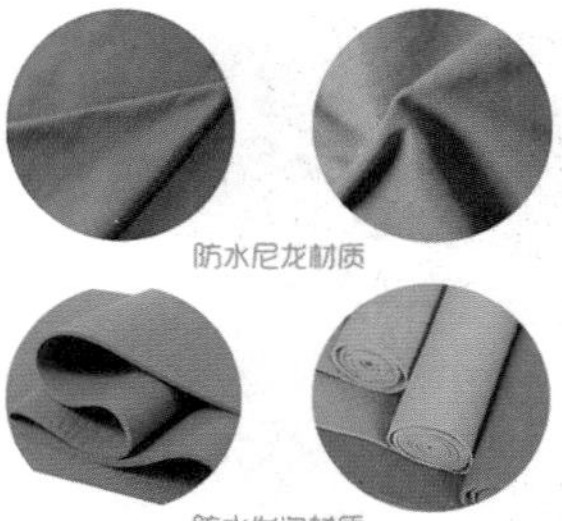

防水尼龙材质

防水发泡材质

FIRST AID KIT

防水布面　金属材质　硬质塑料

产品工艺

户外急救包并无成熟的工艺技术，多为绸布制成的包体，内有绷带、药品等医疗用品。针对户外艰险恶劣的条件，则须改进其产品的制作工艺。而户外背包的制作工艺十分完善先进，应借鉴其制作工艺技术来设计生产户外急救包。户外背包的技术为较为完善的传统片削、接壤、工艺，粘接与传统缝制工艺，较为先进的工艺有使用ABS硬质塑料的冲压成型工艺等。

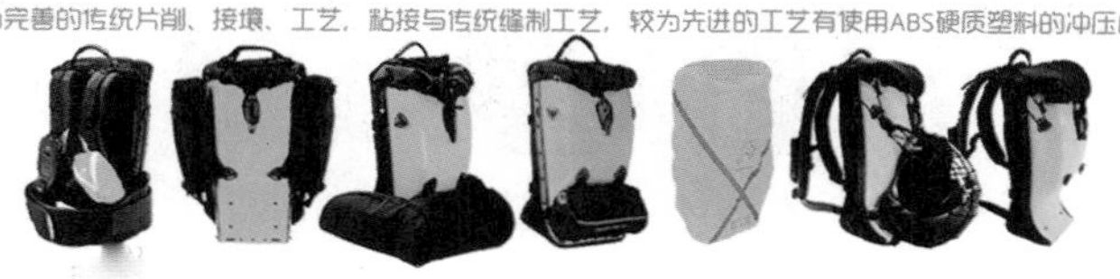

使用冲压工艺制成的户外背包

NO.14

设计程序与方法 DESIGN PROGRAM AND METHODS

户外便携式急救包

PART4 品牌调查

品牌

以下为户外用品世界十大知名品牌

ARC'TERYX

始祖鸟1989年创立于加拿大，北美乃至全球领导型的户外品牌

Columbia Sportswear Company

哥伦比亚COLUMBIA创立于1938年，户外服装品牌先驱地位，世界著名的户外运动产品设计生产商

TOREAD

探路者TOREAD中国驰名商标，北京高新技术企业，北京奥运特许生产商

THE NORTH FACE

乐斯菲斯TNF于1966年创立于美国，中国市场上影响面最广的国际高端品牌之一，世界著名户外品牌

KAILAS

凯乐石KAILAS户外知名品牌，它的产品以性价比而著称

OZARK GEAR

奥索卡OZARK瑞士户外爱好者HANS SHALLENBERGER在1996年建立，专业户外运动品牌

Mobí Garden

牧高笛MOBI GARDEN中国汽车露营协会唯一指定用品，国产帐篷著名品牌

Marmot

土拨鼠MARMOT始于1971年，美国最著名的户外品牌之一，世界顶级户外品牌

SnowWolf

雪狼SNOWWOLF专业设计/生产户外功能性服装/帐篷等旅游产品的企业，十大户外配饰品牌

NIKKO

日高NIKKO于1981年创立于香港，致力于户外运动用品及器材设计制造的企业，港商独资企业

NO.15

图 5.2.31

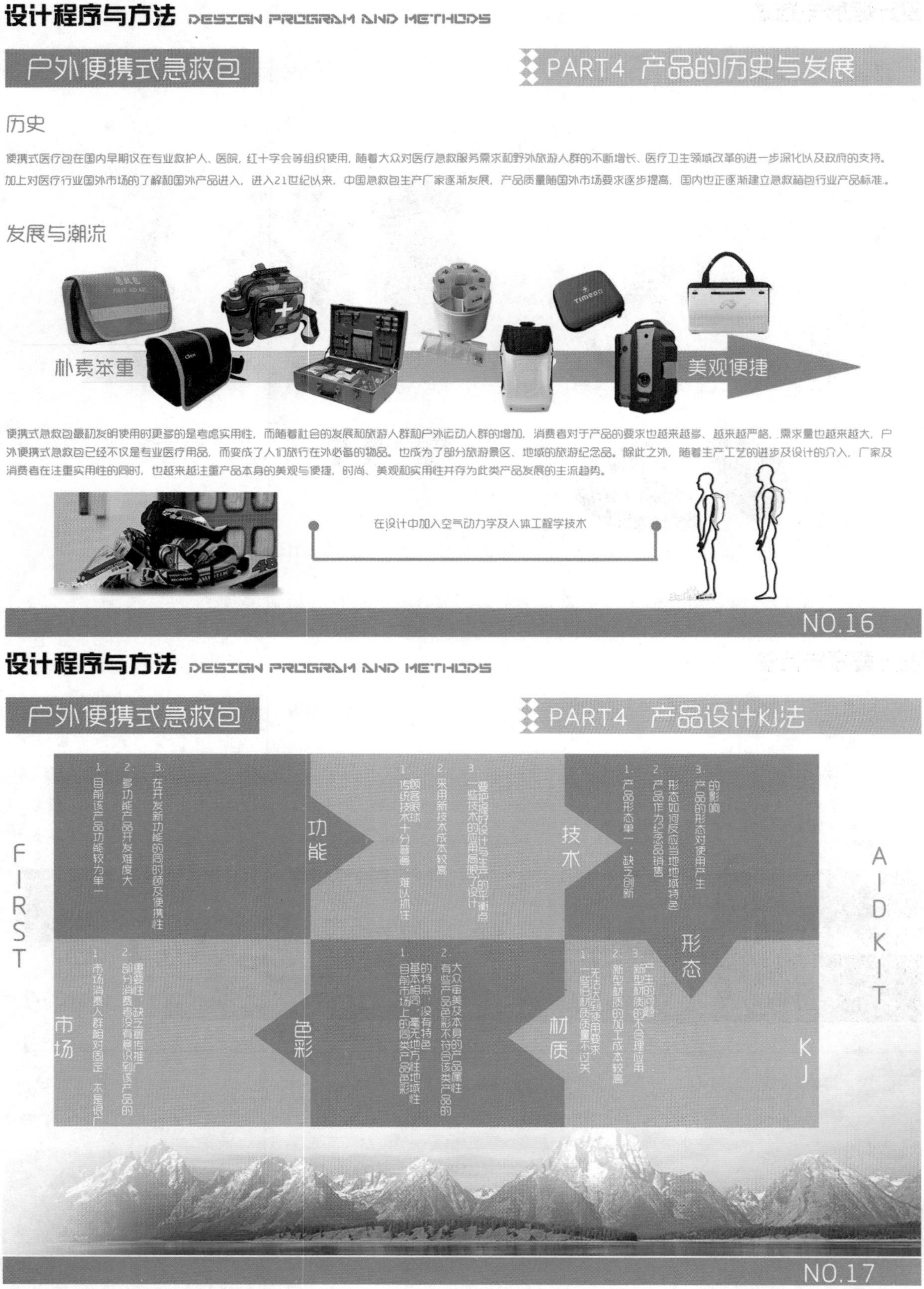

设计程序与方法 DESIGN PROGRAM AND METHODS
户外便携式急救包
PART4 产品的历史与发展
历史
便携式医疗包在国内早期仅在专业救护人、医院，红十字会等组织使用，随着大众对医疗急救服务需求和野外旅游人群的不断增长、医疗卫生领域改革的进一步深化以及政府的支持。加上对医疗行业国外市场的了解和国外产品进入，进入21世纪以来，中国急救包生产厂家逐渐发展，产品质量随国外市场要求逐步提高，国内也正逐渐建立急救箱包行业产品标准。
发展与潮流
朴素笨重
美观便捷
便携式急救包最初发明使用时更多的是考虑实用性，而随着社会的发展和旅游人群和户外运动人群的增加，消费者对于产品的要求也越来越多、越来越严格，需求量也越来越大，户外便携式急救包已经不仅是专业医疗用品，而变成了人们旅行在外必备的物品。也成为了部分旅游景区、地域的旅游纪念品。除此之外，随着生产工艺的进步及设计的介入，厂家及消费者在注重实用性的同时，也越来越注重产品本身的美观与便捷，时尚、美观和实用性并存为此类产品发展的主流趋势。
在设计中加入空气动力学及人体工程学技术
NO.16
设计程序与方法 DESIGN PROGRAM AND METHODS
户外便携式急救包
PART4 产品设计KJ法
FIRST
功能
1. 目前该产品功能较为单一
2. 多功能产品开发难度大
3. 在开发新功能的同时顾及便携性
技术
1. 传统技术十分普遍，难以抓住顾客眼球
2. 采用新技术成本较高
3. 一些技术的应用局限了设计，要把握好设计与生产的平衡点
形态
1. 产品形态单一，缺乏创新
2. 形态如何反应当地地域特色产品作为纪念品销售
3. 产品的形态对使用产生的影响
材质
1. 一些旧材质质量不过关无法达到使用要求
2. 新型材质的加工成本较高
3. 新型材质的不合理应用产生的问题
色彩
1. 目前市场上的同类产品色彩基本相同，毫无地方性地域性的特点，没有特色
2. 有些产品色彩不符合该类产品的大众审美及本身的产品属性
市场
1. 市场消费人群相对固定，不是很广
2. 部分消费者没有意识到该产品的重要性，缺乏宣传推广
AIDKIT
KJ
NO.17

图 5.2.32

设计程序与方法 DESIGN PROGRAM AND METHODS

户外便携式急救包

PART4 消费人群调查

消费人群

具有纪念性质的户外便携式急救包，这种产品消费人群较为固定，为景区游客和户外运动如登山探险等运动爱好者。以下为该产品消费人群调查及分析

年龄机构分布相对平均
消费群体以中青年为主

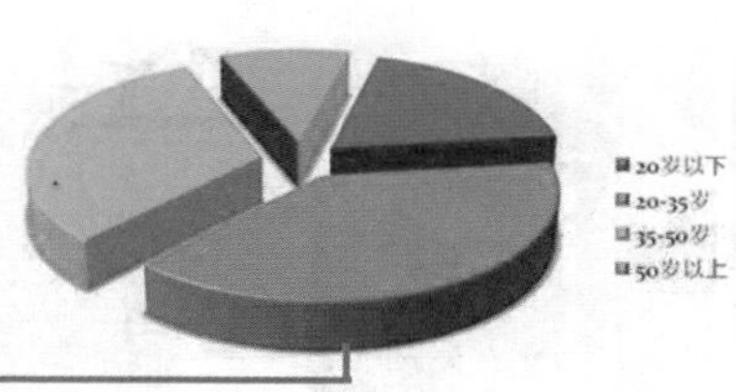
该产品消费群体调查结果
20岁以下
20-35岁
35-50岁
50岁以上

广义上女性户外消费接近男性
纯登山露营等人群以男性为主，

该产品消费者男女比例调查
男性
女性

经调查统计，此类产品的主要消费人群为中青年喜欢旅游及户外运动的男性

NO.18

设计程序与方法 DESIGN PROGRAM AND METHODS

户外便携式急救包

PART4 环境调查

产品使用环境调查

作为户外使用的便携式应急包，顾名思义，该产品为使用者随身携带，使用环境为户外旅行、探险游玩的地域，多为山区、高原或海边等自然环境，此类产品使用环境较为恶劣、原始，常遇雨雪风沙等恶劣天气。因此此类产品质量必须优良，坚固耐用，在设计时要考虑产品的材质、形态等来保证此产品的质量。因为该类产品为消费者随身携带，所以在设计初期，在考虑耐用度的同时也不能忽视产品的便携性，以此来保证该产品的实用性。

雨水天气　潮湿的海边　高原高山气候　干燥的沙漠气候　冰雪天气

产品使用环境较为恶劣

产品市场环境调查

一、市场发展迅猛，户外用品成掘金新焦点：野营、钓鱼、攀岩、登山，近年来，随着这些户外运动的兴起，与之相关的装备、景点及纪念品也逐渐成为商家掘金的新焦点。

二、“驴友”催热旅游商品市场：近年来旅游者逐年递增，驴友们工作学习之余的重要生活就是背着背包到野外行走。充分带动了旅游产品的市场。

三、中国旅游用品市场迈入多元化道路：我国旅游用品市场日益火爆，旅游产品推陈出新，旅游用品及纪念品市场前景较好。

四、红火的市场中仍存在问题：先进旅游产品业内有些企业以次充好，生产销售一些价值低廉的旅游产品，滥竽充数的现象还时有发生。

NO.19

图 5.2.33

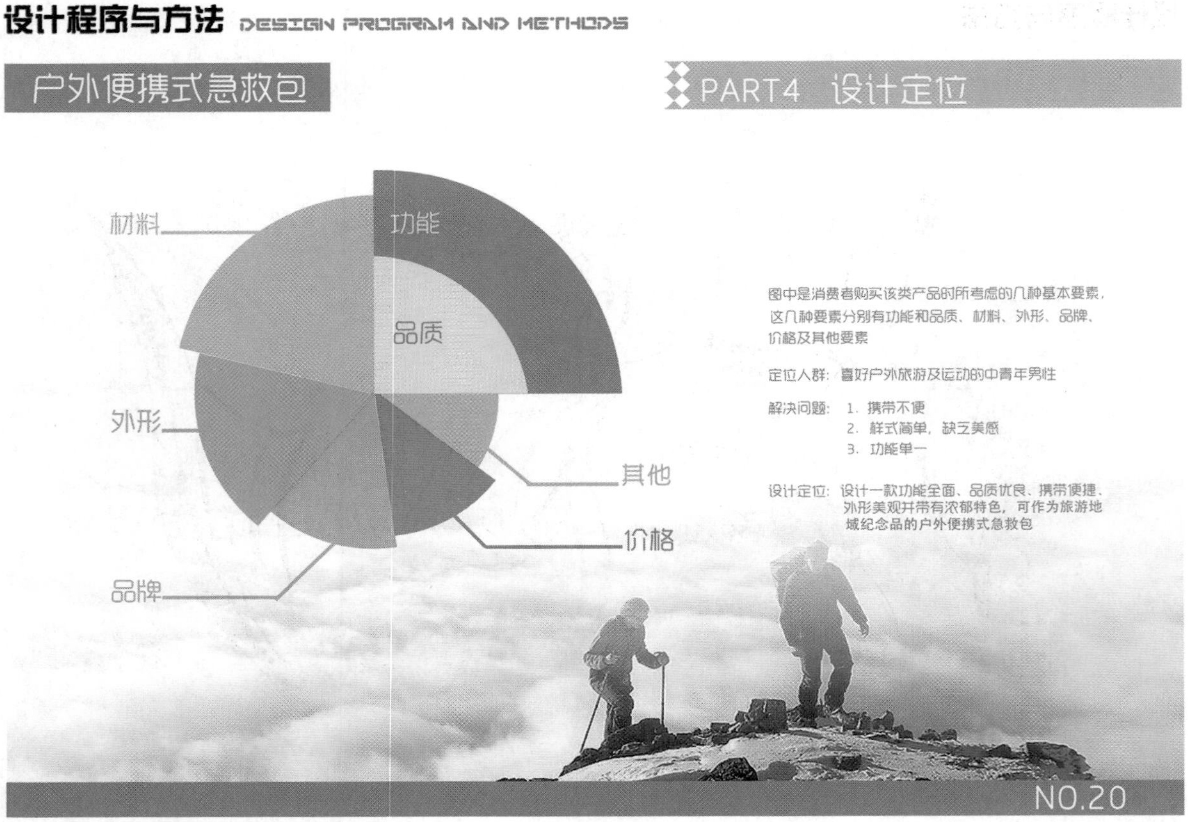
设计程序与方法 DESIGN PROGRAM AND METHODS
户外便携式急救包
PART4 设计定位
功能
品质
材料
外形
其他
价格
品牌
图中是消费者购买该类产品时所考虑的几种基本要素，这几种要素分别有功能和品质、材料、外形、品牌、价格及其他要素
定位人群：喜好户外旅游及运动的中青年男性
解决问题：1．携带不便
2．样式简单，缺乏美感
3．功能单一
设计定位：设计一款功能全面、品质优良、携带便捷、外形美观并带有浓郁特色，可作为旅游地域纪念品的户外便携式急救包
NO.20

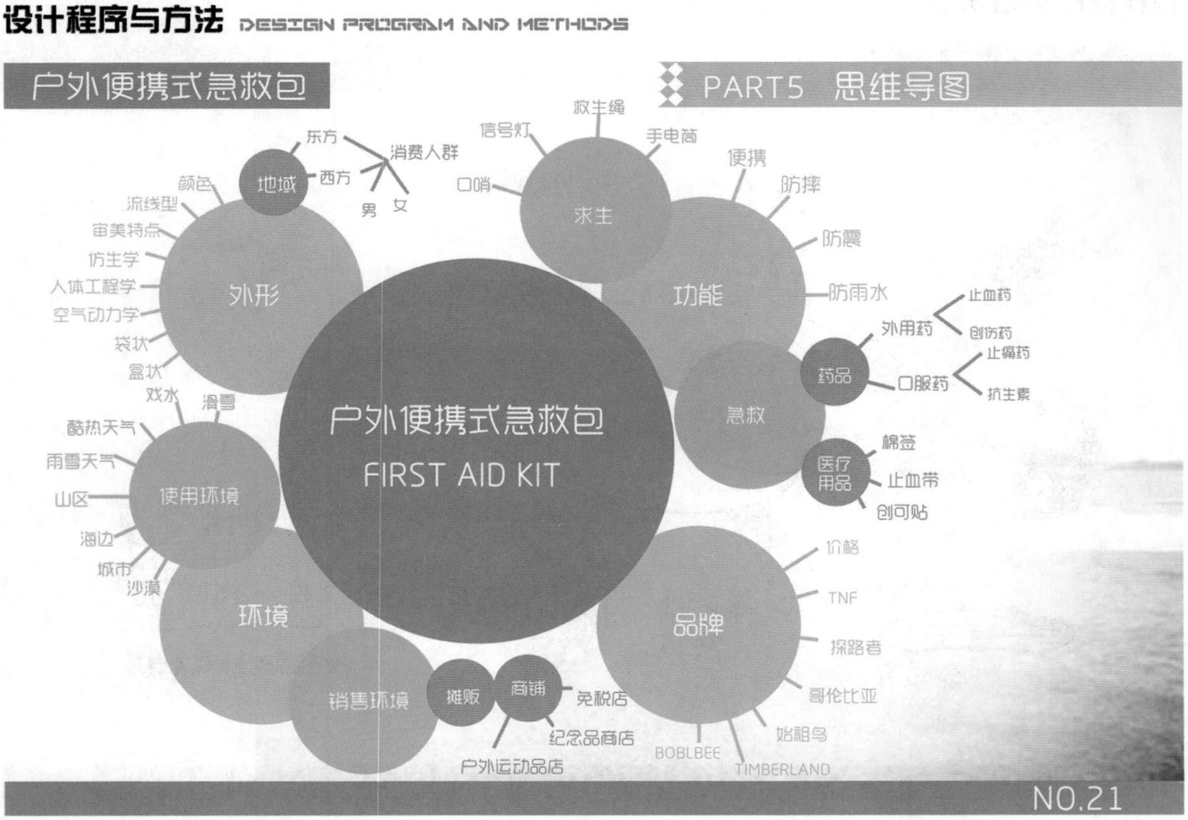
设计程序与方法 DESIGN PROGRAM AND METHODS
户外便携式急救包
PART5 思维导图
户外便携式急救包
FIRST AID KIT
地域
东方
西方
消费人群
男
女
外形
颜色
流线型
审美特点
仿生学
人体工程学
空气动力学
袋状
盒状
求生
救生绳
信号灯
手电筒
口哨
功能
便携
防摔
防震
防雨水
急救
药品
外用药
止血药
创伤药
口服药
止痛药
抗生素
医疗用品
棉签
止血带
创可贴
使用环境
戏水
滑雪
酷热天气
雨雪天气
山区
海边
城市
沙漠
环境
销售环境
摊贩
商铺
免税店
纪念品商店
户外运动品店
品牌
价格
TNF
探路者
哥伦比亚
始祖鸟
BOBLBEE
TIMBERLAND
NO.21

图 5.2.34

设计程序与方法 DESIGN PROGRAM AND METHODS

户外便携式急救包　　PART5　方案草图

PLAN　A

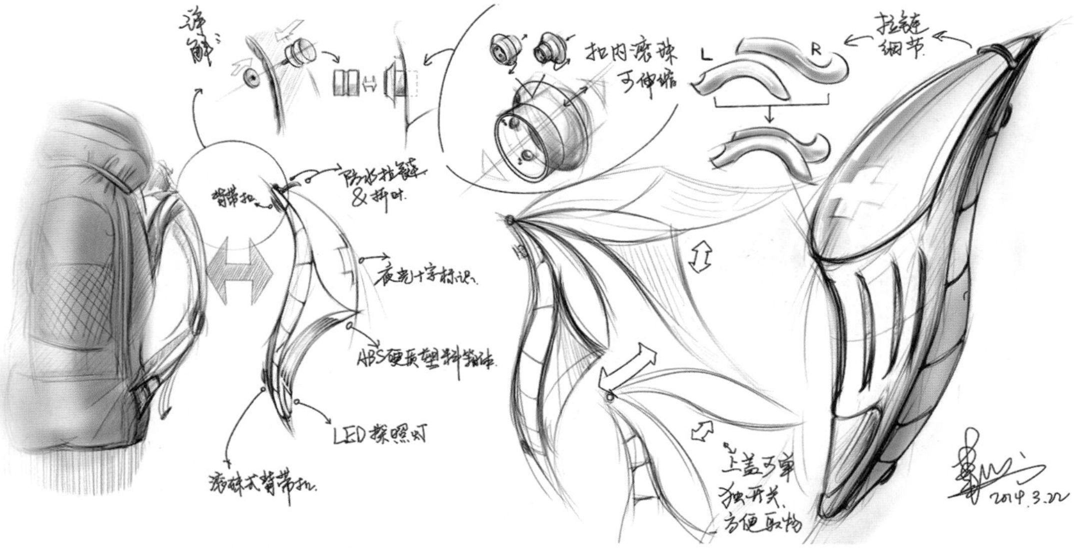

扣内磨珠
可伸缩
L
R
拉链
细节
背带扣
防水拉链
& 折叶
夜光十字标识
ABS硬质塑料外壳
LED探照灯
旋转式背带扣
上盖可单
独开关
方便取物
2014.3.22

此产品设计理念来自中国玉及蛹。颜色为中国玉青绿色，并取玉谐音“愈”，有治愈之意，形状为蛹状，彰显坚固与生机之意。

NO.22

设计程序与方法 DESIGN PROGRAM AND METHODS

户外便携式急救包　　PART5　方案草图

PLAN　B

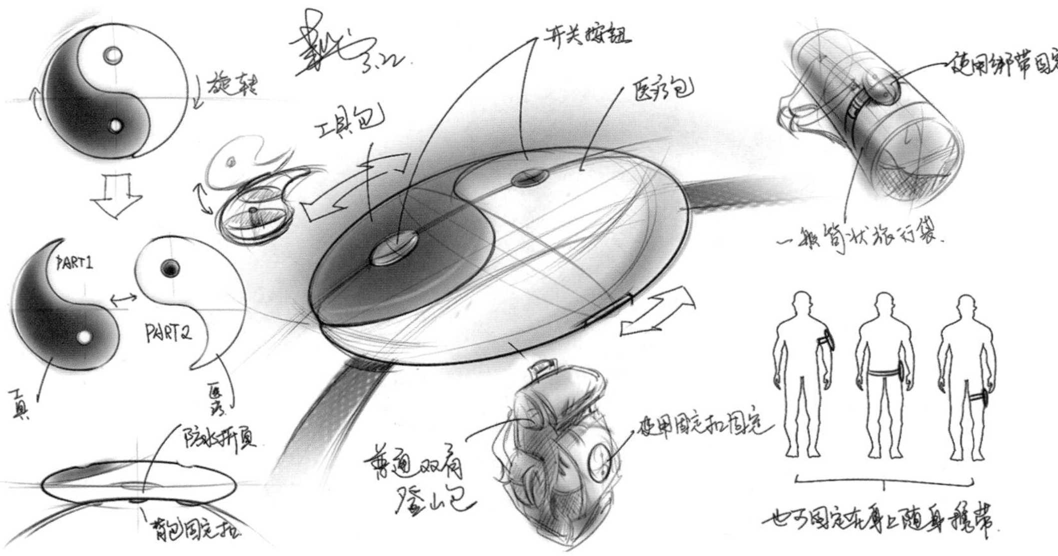

旋转
工具包
开关按钮
医疗包
PART1
PART2
工具
医疗
防水折页
背包固定扣
普通双肩
登山包
使用固定扣固定
使用绑带固定
一般筒状旅行袋
也可固定在身上随身携带

此产品设计理念为中国的太极。太极图案素有阴阳调和、万物化生之意。该产品由两部分旋转拼合而成，坚固耐用，携带方便。

NO.23

图 5.2.35

设计程序与方法 DESIGN PROGRAM AND METHODS

户外便携式急救包　　PART5　方案草图

PLAN　C

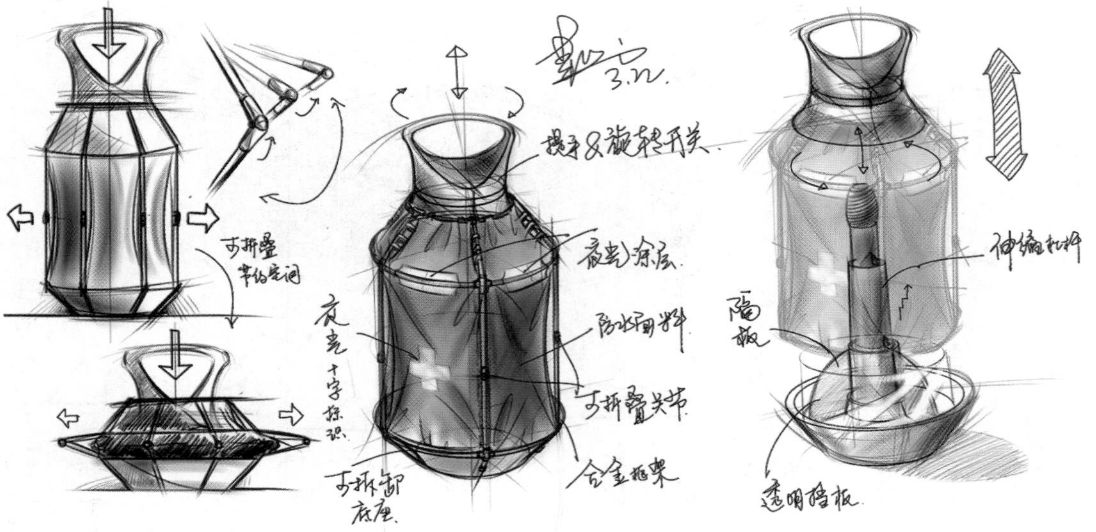

提手&旋转开关
夜光涂层
防水面料
可折叠关节
合金框架
伸缩杆
隔板
透明搁板

该产品设计灵感来自于中国传统的灯笼等灯具，色彩为高纯度的红色，鲜艳醒目，多用于该类产品。整体可折叠，方便携带，外有金属框架、坚固耐用，功能强大。

NO.24

设计程序与方法 DESIGN PROGRAM AND METHODS

户外便携式急救包　　PART5　功能分析

最终方案

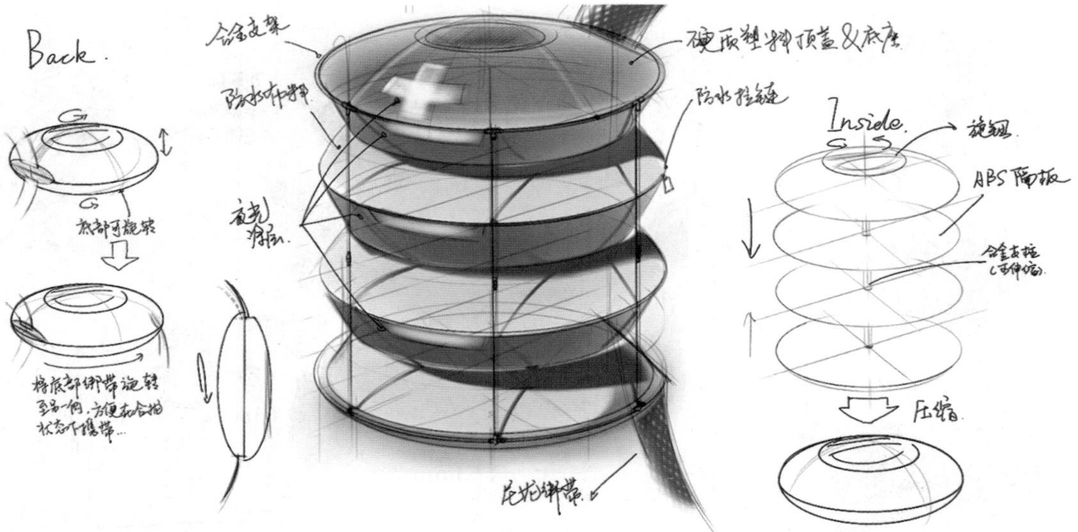

Back.
合金支架
硬质塑料顶盖&底座
防水拉链
Inside.
旋钮
ABS隔板
压缩

最终方案设计理念来自中国传统的纸灯笼，色彩为红色，颜色十分醒目，多用于该类产品，结合了伸缩设计，在不使用时便于携带，内部分为三部分，可以根据不同需求灵活使用，外部有金属支架及防水布料包覆，坚固耐用，功能强大，外形美观、具有浓郁的中国特色，作为功能性产品的同时也是极具特色的纪念性产品。

NO.25

图 5.2.36

设计程序与方法 DESIGN PROGRAM AND METHODS

户外便携式急救包

PART5 细节分析

最终方案:

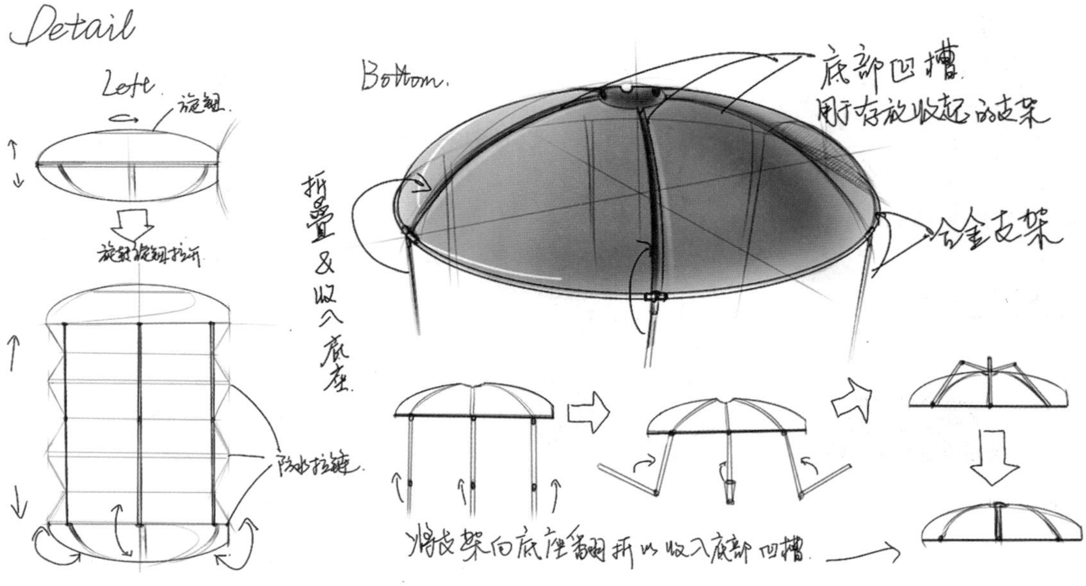
Detail
Bottom.
底部凹槽
用于存放收起的支架
合金支架
折叠
&
收入底座
防水拉链
将支架向底座翻折以收入底部凹槽

NO.26

设计程序与方法 DESIGN PROGRAM AND METHODS

户外便携式急救包

PART5 实用性分析

最终方案:

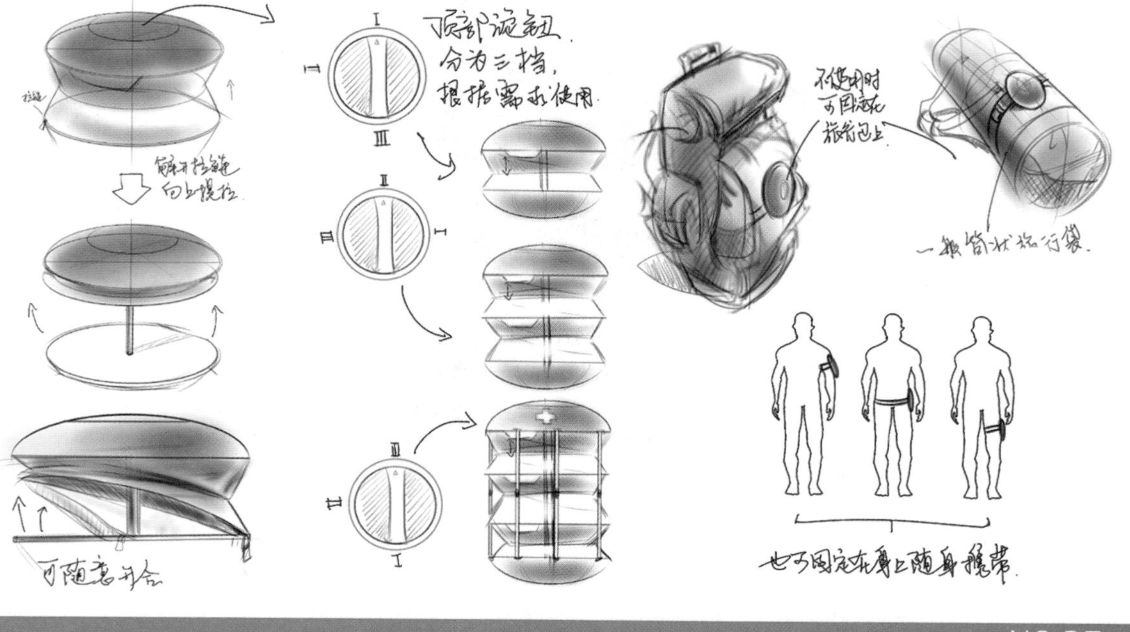
顶部旋钮
分为三挡,
根据需求使用
可随意开合
一般管状旅行袋
也可固定在身上随身携带

NO.27

图 5.2.37

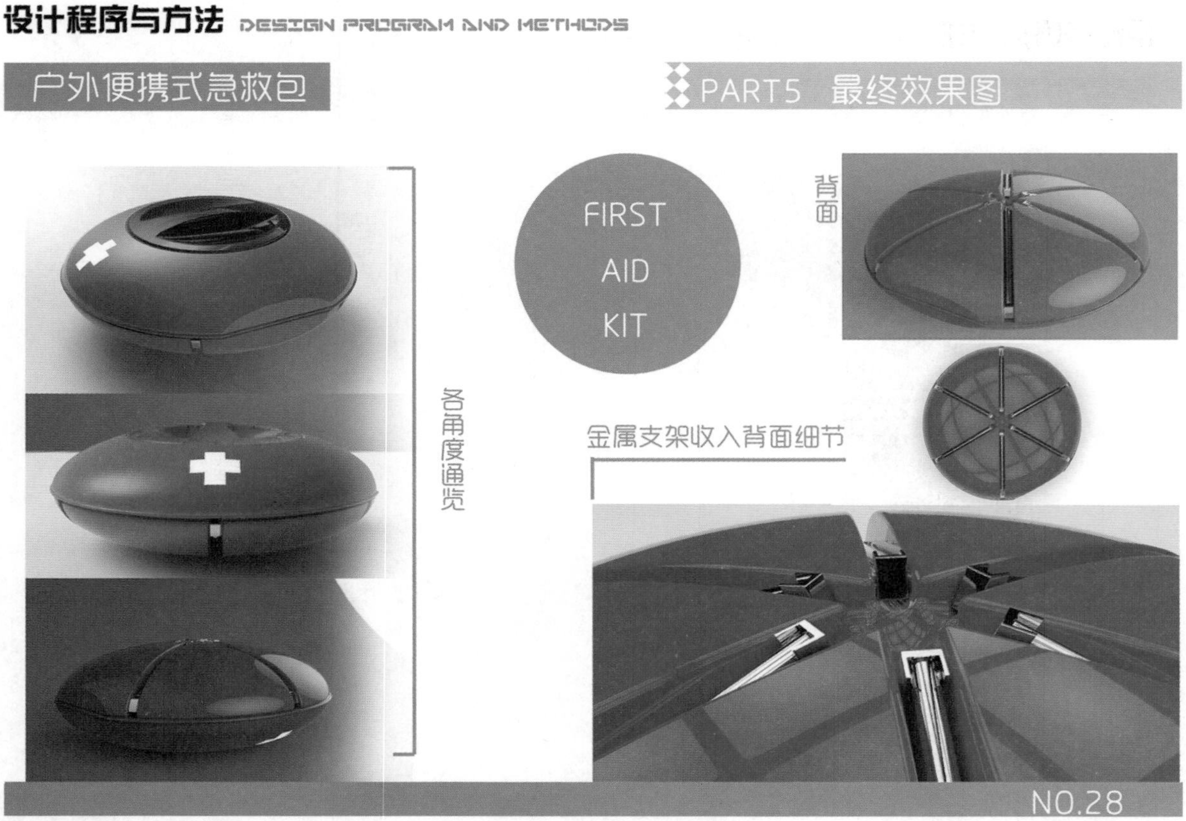
设计程序与方法 DESIGN PROGRAM AND METHODS
户外便携式急救包
PART5 最终效果图
FIRST
AID
KIT
背面
各角度通览
金属支架收入背面细节
NO.28

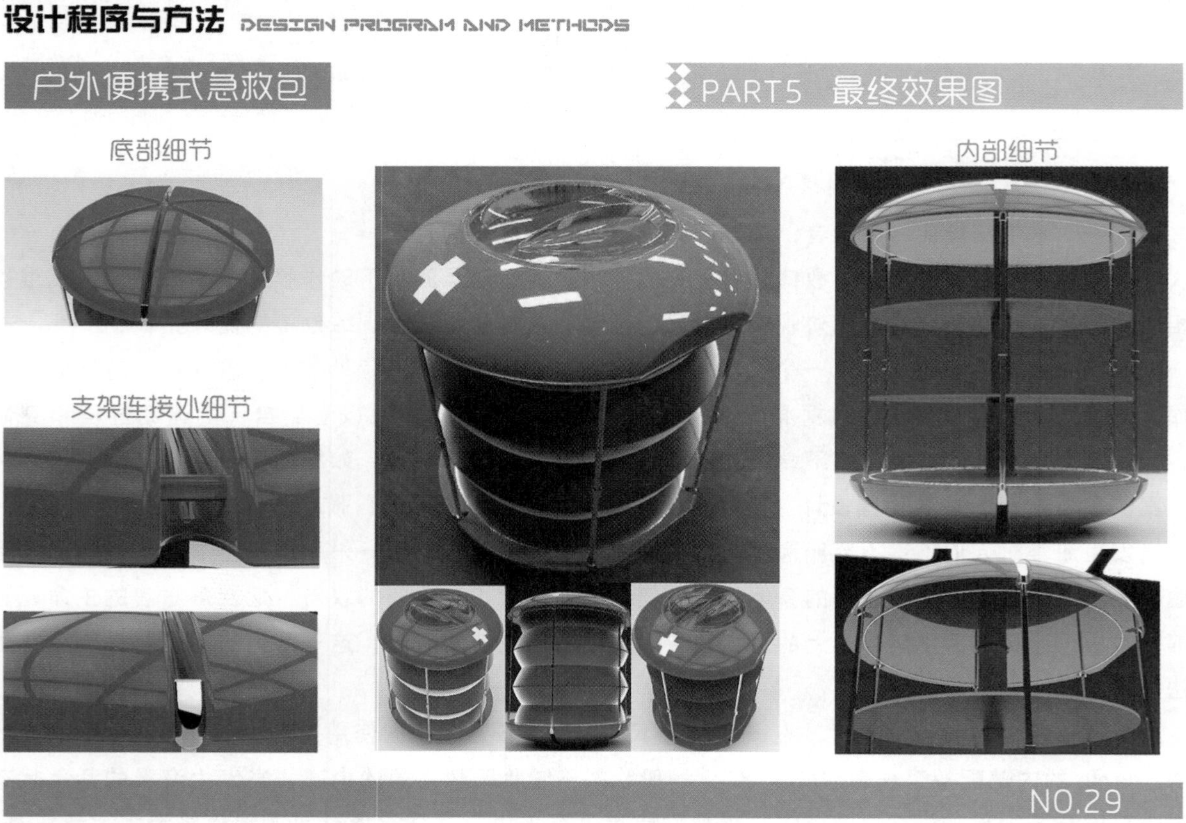
设计程序与方法 DESIGN PROGRAM AND METHODS
户外便携式急救包
PART5 最终效果图
底部细节
内部细节
支架连接处细节
NO.29

图 5.2.38

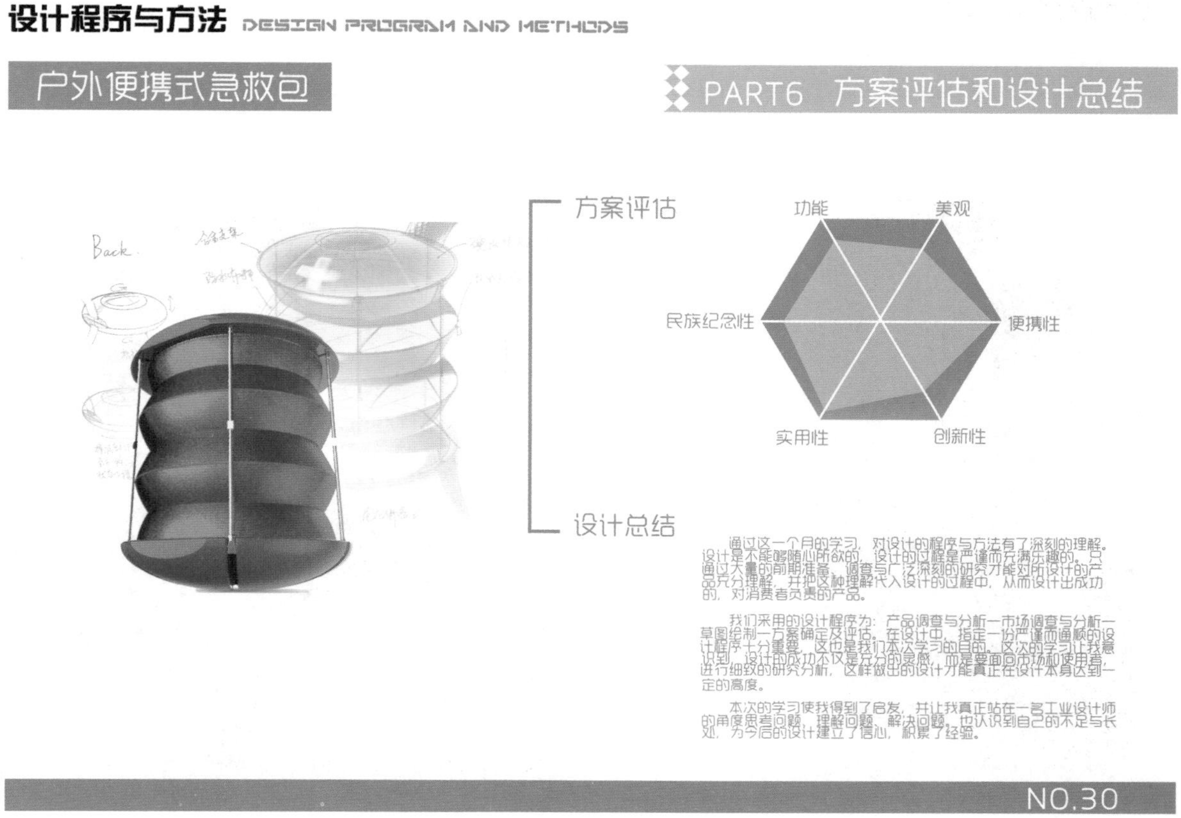
设计程序与方法 DESIGN PROGRAM AND METHODS
户外便携式急救包
PART6 方案评估和设计总结
方案评估
功能
美观
民族纪念性
便携性
实用性
创新性
设计总结
通过这一个月的学习，对设计的程序与方法有了深刻的理解。设计是不能够随心所欲的，设计的过程是严谨而充满乐趣的。只通过大量的前期准备、调查与广泛深刻的研究才能对所设计的产品充分理解，并把这种理解代入设计的过程中，从而设计出成功的，对消费者负责的产品。
我们采用的设计程序为：产品调查与分析—市场调查与分析—草图绘制—方案确定及评估。在设计中，指定一份严谨而通顺的设计程序十分重要，这也是我们本次学习的目的。这次的学习让我意识到，设计的成功不仅是充分的灵感，而是要面向市场和使用者，进行细致的研究分析，这样做出的设计才能真正在设计本身达到一定的高度。
本次的学习使我得到了启发，并让我真正站在一名工业设计师的角度思考问题、理解问题、解决问题，也认识到自己的不足与长处，为今后的设计建立了信心，积累了经验。
NO.30

图 5.2.39

5.3　产品设计创意应用案例

案例一　水中摄像头（设计者：孙健、秦铭乾、杜鹤菈、闫月明）

在游泳运动员训练过程中，教练起着重要的作用。但运动员的水下动作教练不易察觉，也就难以做出相应的指导，运动员自身也无法观察到自己的泳姿，这样就影响了训练效率的提升。

S－Camera 具有双摄像头，一个位于水上一个位于水下，摄像头借助自身的软件捕捉游泳运动员的动作，记录运动的频率，并将数据准确地反馈给使用者，使运动员可以看到自己的运动过程和身体数据，为避免受到水波的影响，在下端增加配重以保持摄像头的稳定性，如图 5.3.1 所示。

案例二　A－circle 救生圈设计（设计者：薛文凯、孙健、李婷玉、张雅涵、戚洪睿）

当发生海难时人们不得不弃船逃生，冰冷的海水是造成死亡的第一杀手。保持落水者的体温是首要问题；慌乱的逃生也会造成意外的身体伤害；伤口的血迹会引来鲨鱼的攻击，危及落水者的生命；长时间等待救援，会造成落水者体力上的透支，导致遇难者无法成功获救，这一系列的问题都是传统救生圈无法解决的。

A－circle 具备两种使用方式，在一般状态下可以作为普通救生圈使用，而优于普通救生圈的设计在于 A－circle 的内部配备了一个“安全囊”，一般状态下它收于救生圈的内部，当发生海难的紧急状态下遇难者可以翻折把手，打开“安全囊”穿戴好后跳入海水中，这样就能够有效地隔绝海水、承托身体、节省体力、保持体温，最大限度地保护落水者安全，如图 5.3.2～图 5.3.6 所示。

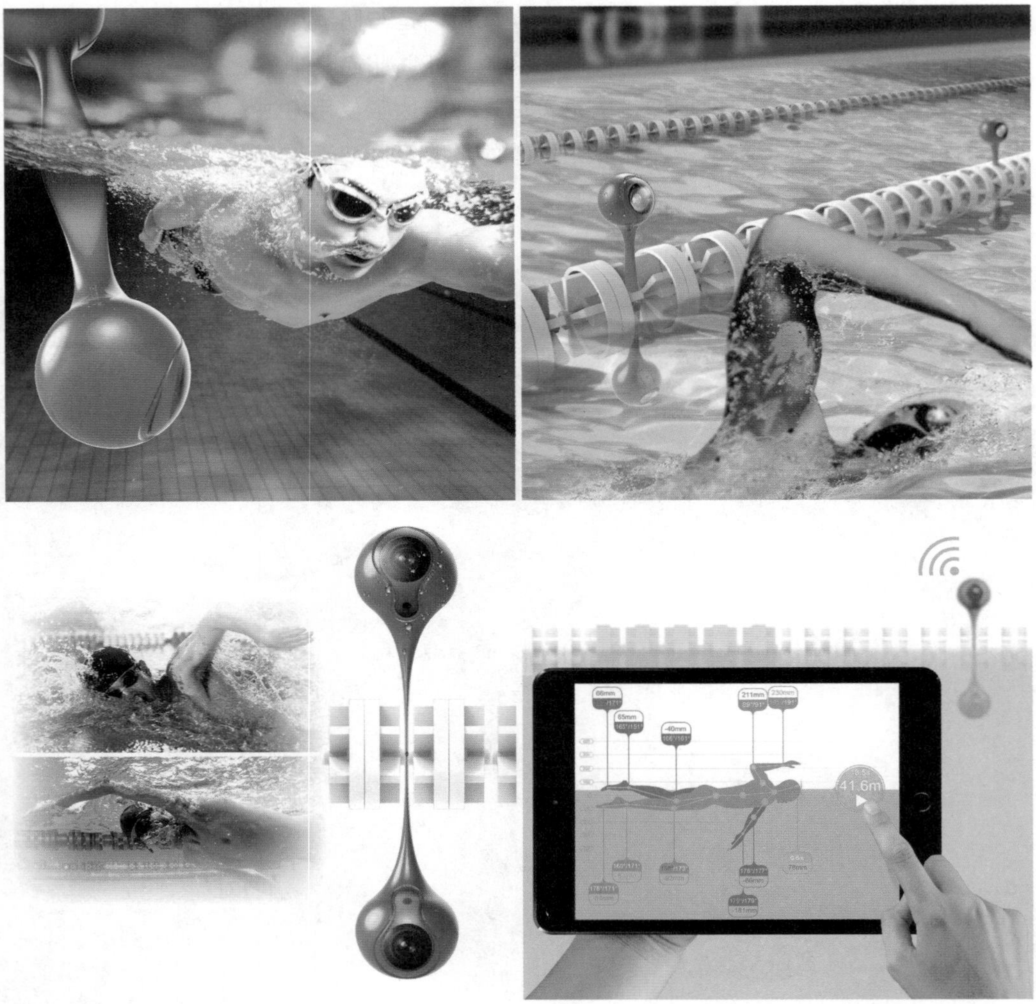
41.6m

图 5.3.1

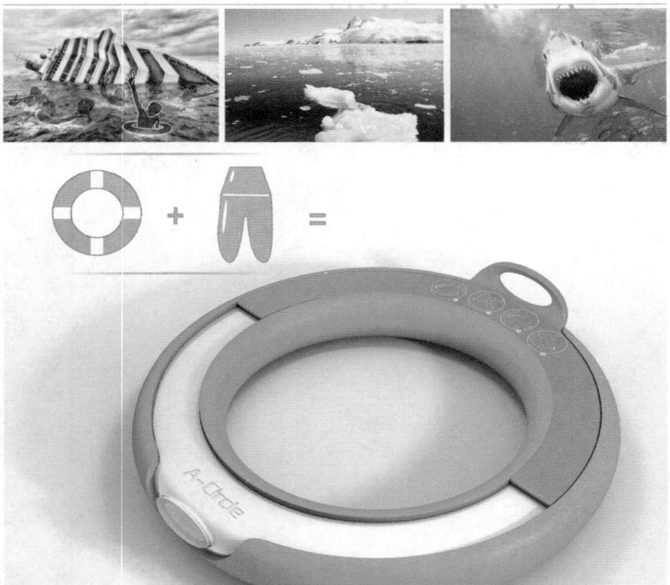
+
=
A-Circle

图 5.3.2

救生圈上壳采用注塑成型技术，救生圈的安全囊采用的是与防鲨服质地差不多的密织紧密材料，不但可以隔离海水保护体温，还可以防止鲨鱼撕咬。除此之外，比起其他海上逃生方式，A－circle 能让遇难者在最短的时间内准确使用，它利用翻折的语义简洁地传达了使用方法，使用者可参照救生圈上的图示步骤操作：打开一翻折一穿上一系紧，这 4 个简单的步骤可以使遇难者迅速穿戴后逃生，为遇难者大大争取了逃生的时间。

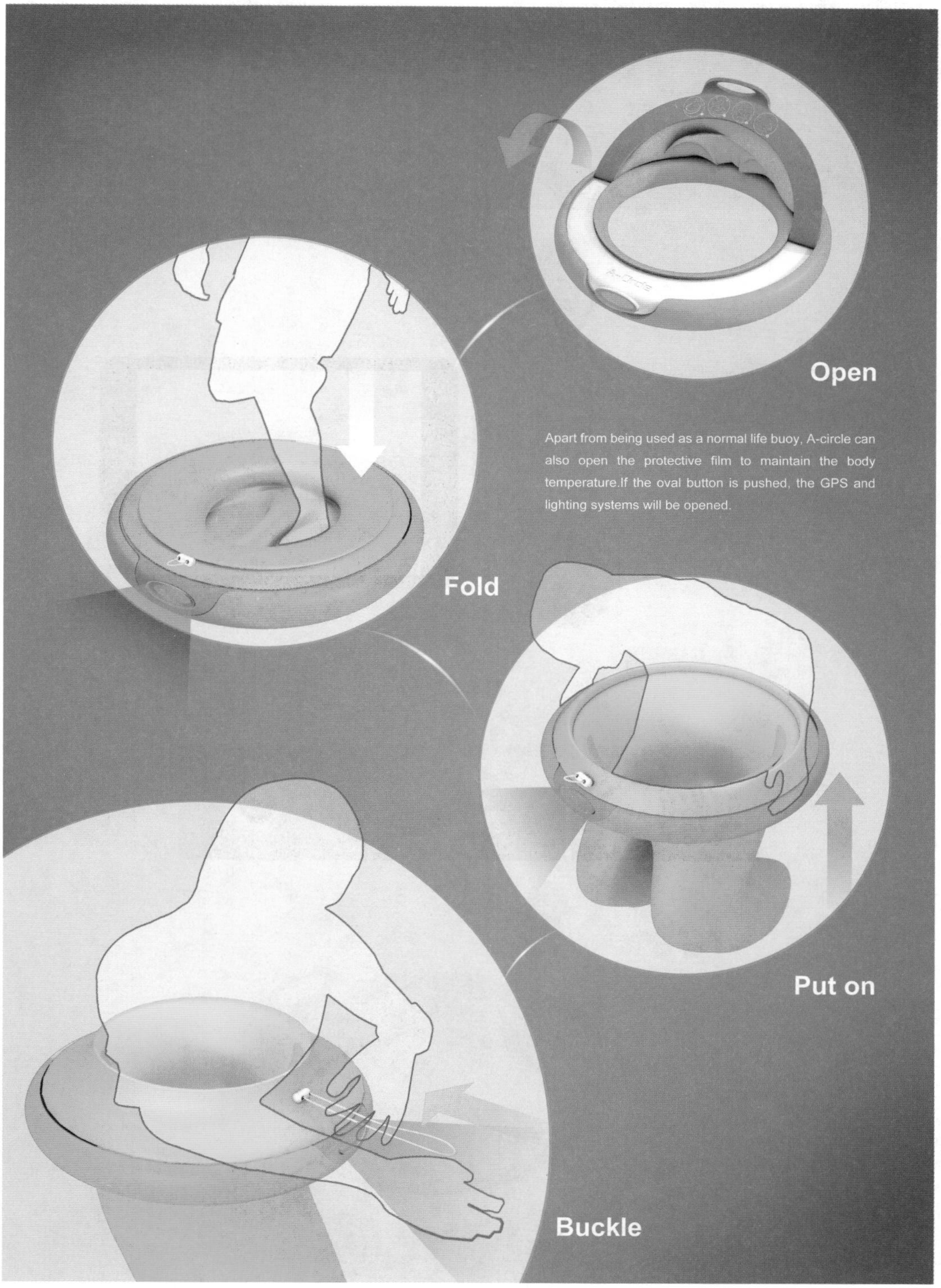
Open
Apart from being used as a normal life buoy, A-circle can also open the protective film to maintain the body temperature.If the oval button is pushed, the GPS and lighting systems will be opened.
Fold
Put on
Buckle

图 5.3.3

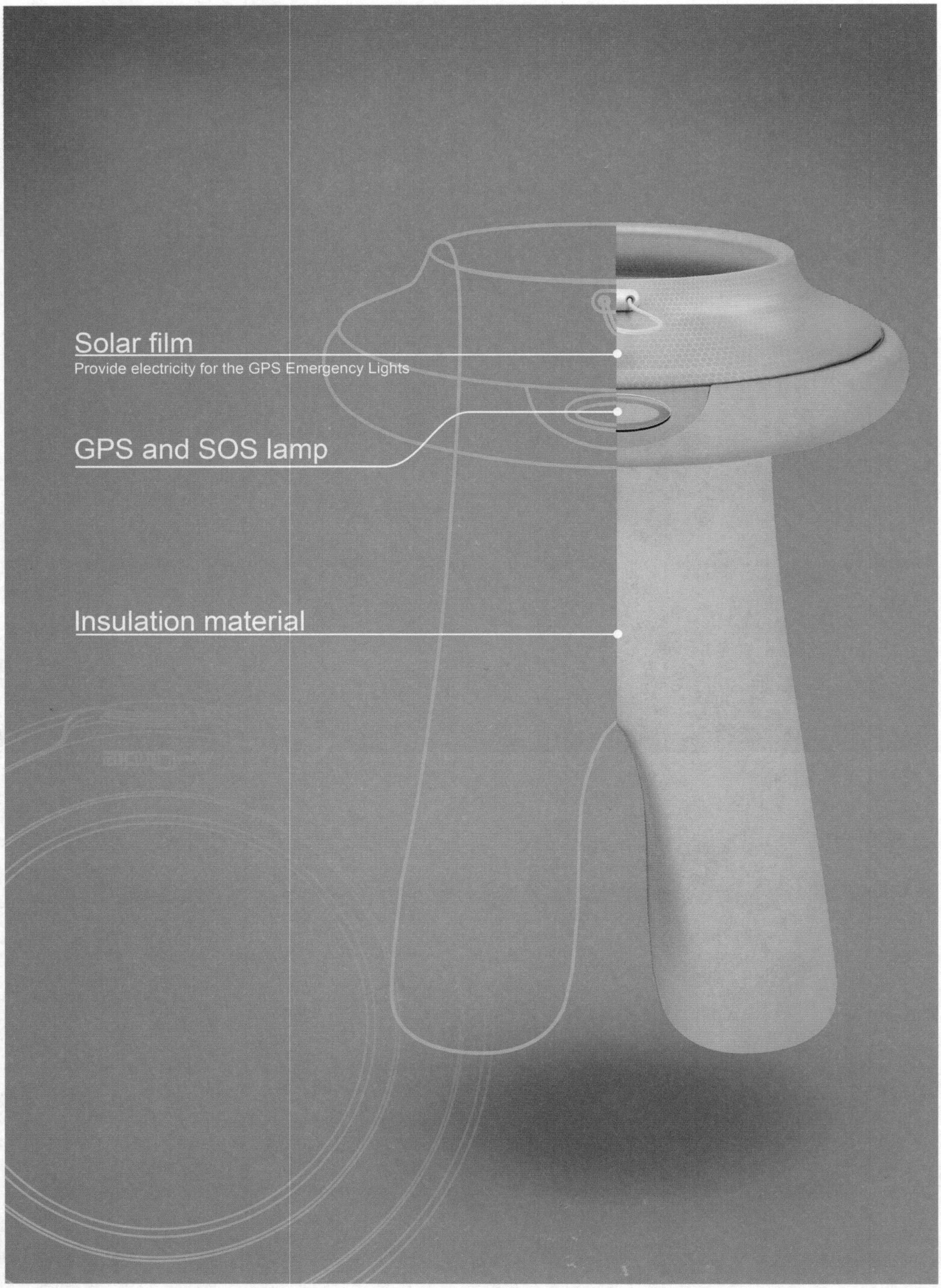
Solar film
Provide electricity for the GPS Emergency Lights
GPS and SOS lamp
Insulation material

图 5.3.4

A－circle 的安全囊的上半部分有一层太阳能薄膜，它可以吸收太阳光将其转化成能源以保证 GPS 定位系统的正常运行，GPS 定位系统可以定位遇难者的具体位置，并配有发光装置使搜救队能够快速找到遇难者，为海上营救争取宝贵的时间。

The low body
temperature
The normal body
temperature
A-circle will protect the wound and
avoid from being attacked by sharks.

图 5.3.5

A-circle protection bag can give people supporting strength,
which enables victims save energy to wait for rescue.
A-circle is equipped with GPS positioning system helping the rescue team
rapidly locate victims, which saves rescue time.

图 5.3.6

案例三　Re－leaf 护树池设计（设计者：薛文凯、孙健、杜鹤葳、戴鹳融、薛博木）

每年的秋天，掉落在地面上的那些树叶受到雨水侵蚀后就可以腐化成树木最好的养料，它们将自己的养分融入土壤，作用于树根。等到第二年的春天，又会有新的树叶重新从枝头抽发新芽。但是现如今秋天的落叶遍地横飞，没有很好地利用起来。

针对这个问题，又考虑到生态环保的设计理念，设计团队想到了很好的解决方法，就像中国人常说的那样，落叶归根，于是名为 Re－leaf 的护树池设计就这样诞生了，设计给落叶提供了一个腐化空间，在这个空间内，落叶可以和雨水充分接触进行腐化，从而变成自然肥料，供给树木养分。经过一整个冬天的养分堆积，为树木储蓄足够的养料，树木就能在第二年的春天生机勃勃地抽发新芽。

同时，Re－leaf 采用了模块化的组合方式，通过将整个树池的四分之一作为单元模块进行圆周阵列形成了最后的护树池设计作品，这个设计形态支持多种材料，便于生产和实际应用，如图 5.3.7 和图 5.3.8 所示。

图 5.3.7

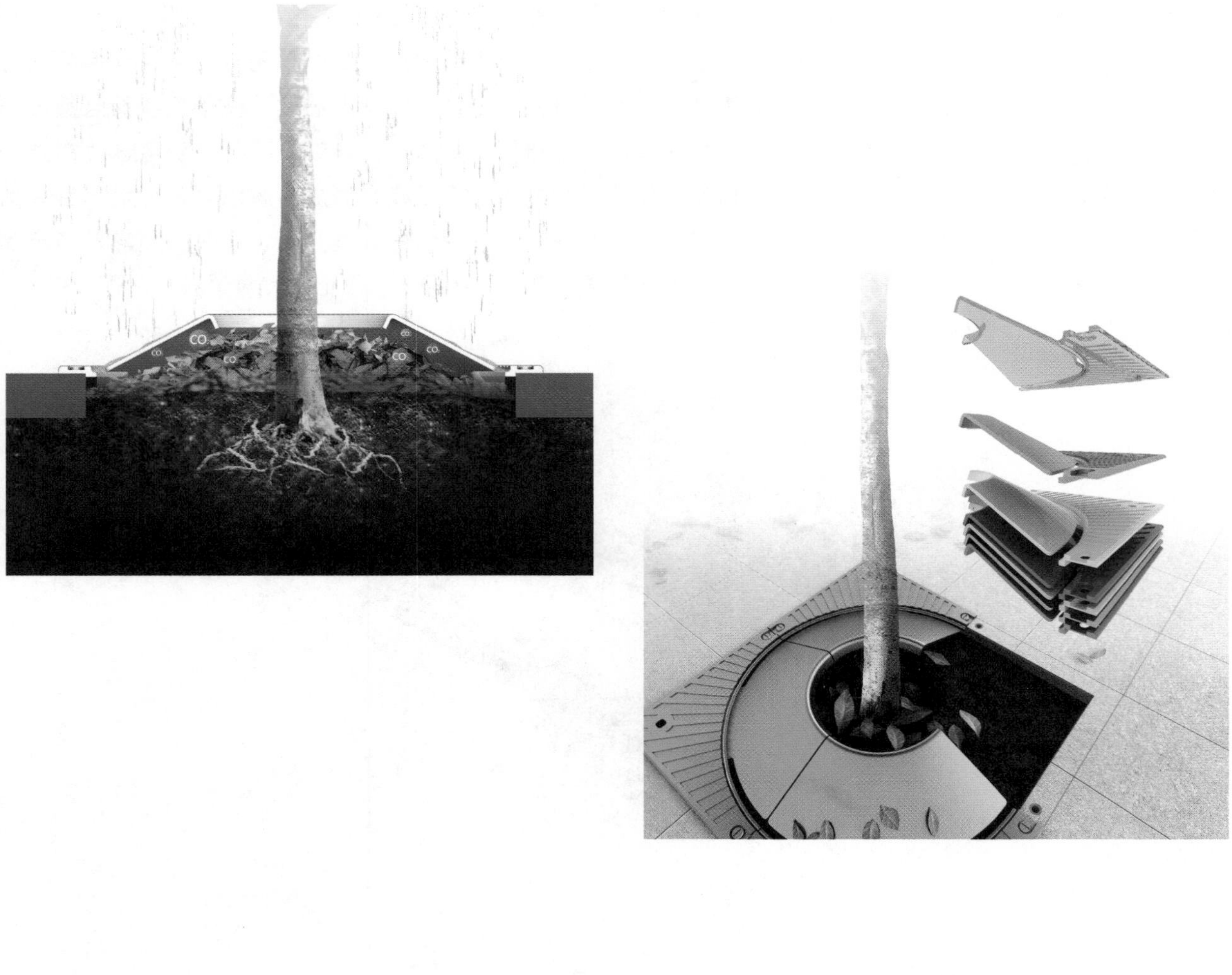

图 5.3.8

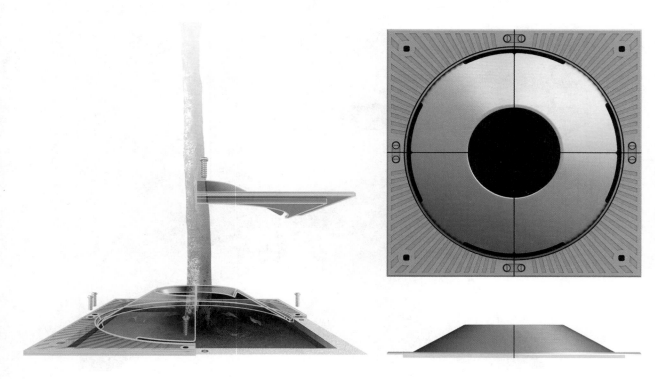

案例四　节式螺丝刀设计（设计者：薛文凯、孙健）

节式螺丝刀设计的创意来源于竹子的形态。该螺丝刀由单元节构成，每个单元节配有不同型号的刀头，通过单元节的增减组合可以改变螺丝刀的整体长短且易于收纳。刀柄形态设计便于插拔而且握感出色，并附有醒目易辨识的刀头符号，便于使用者直观选择所需刀头款式。该设计引导消费者通过对单个螺丝刀的购买使用，在满足使用功能的同时带来组合收纳的内心满足感，形成品牌忠实度，培养良好的使用习惯，减少资源浪费。本设计力求改善螺丝刀产品在购买使用后的收纳问题，同时提高螺丝刀产品在应对复杂使用情景（螺丝钉种类以及使用距离长短等）的使用直观性、稳定性和舒适性，如图 5.3.9～图 5.3.11 所示。

图 5.3.9

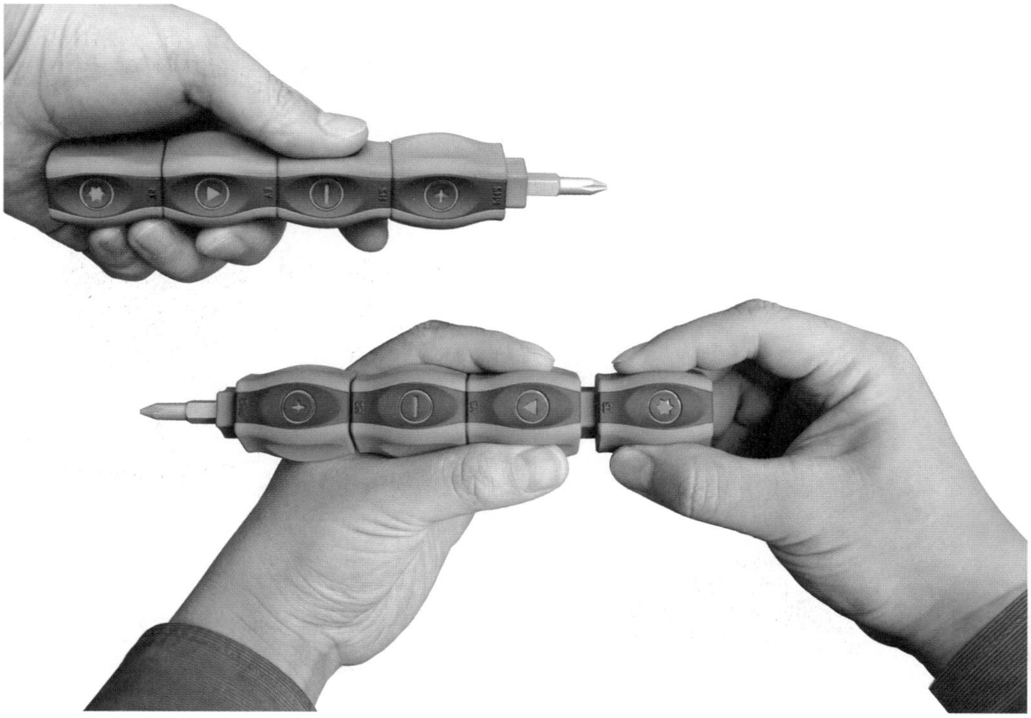

图 5.3.10

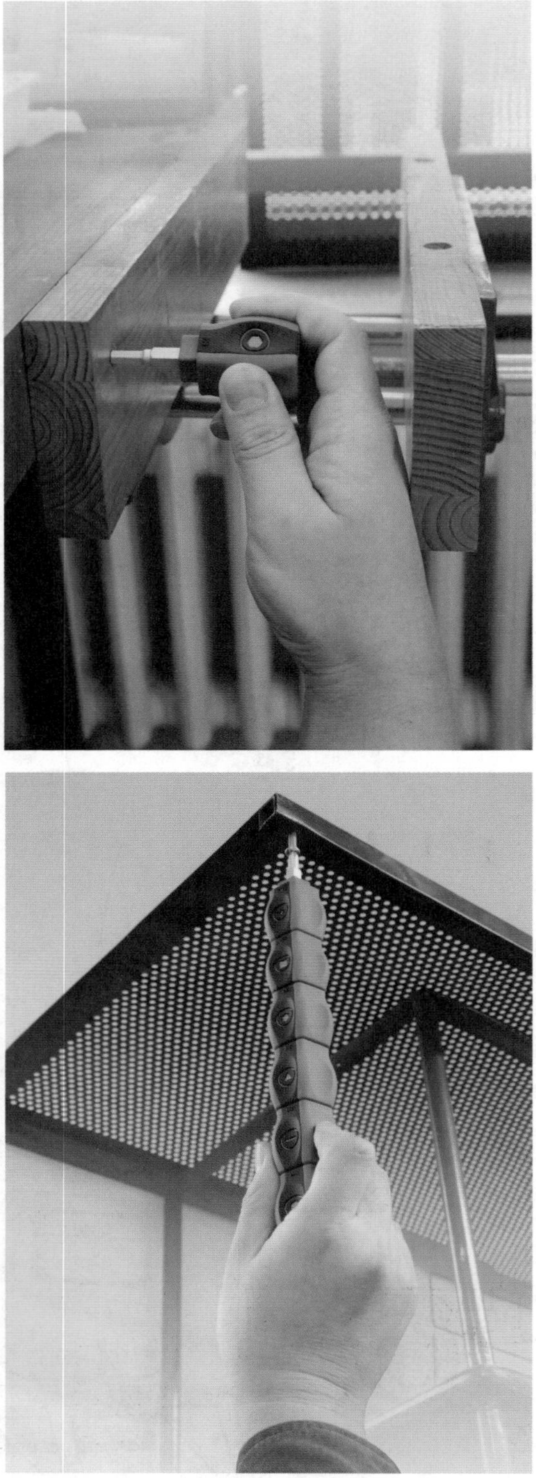

图 5.3.11

案例五　可以睡觉的工具箱——Firefly 房车（设计者：芬尼·加勒）

芬尼·加勒运用在美国航空航天局学到的设计技能成功设计了拖挂式 A 型房车 Cricket 之后，他开始将研发拖挂式房车的方向转向更小型的房车领域。同其他小型房车一样，新款房车 Firefly 的设计可以安装在皮卡车的后面、拖在拖车的后面或者放在直升机上，适用于野外旅游、工程作业等活动，如图 5.3.12～图 5.3.15 所示。

TAXA
HEADSET?
WEAK POINT
OFF ROAD CAPABILITY RUGGED
4-5K material cost
900lb approx. weight

图 5.3.12

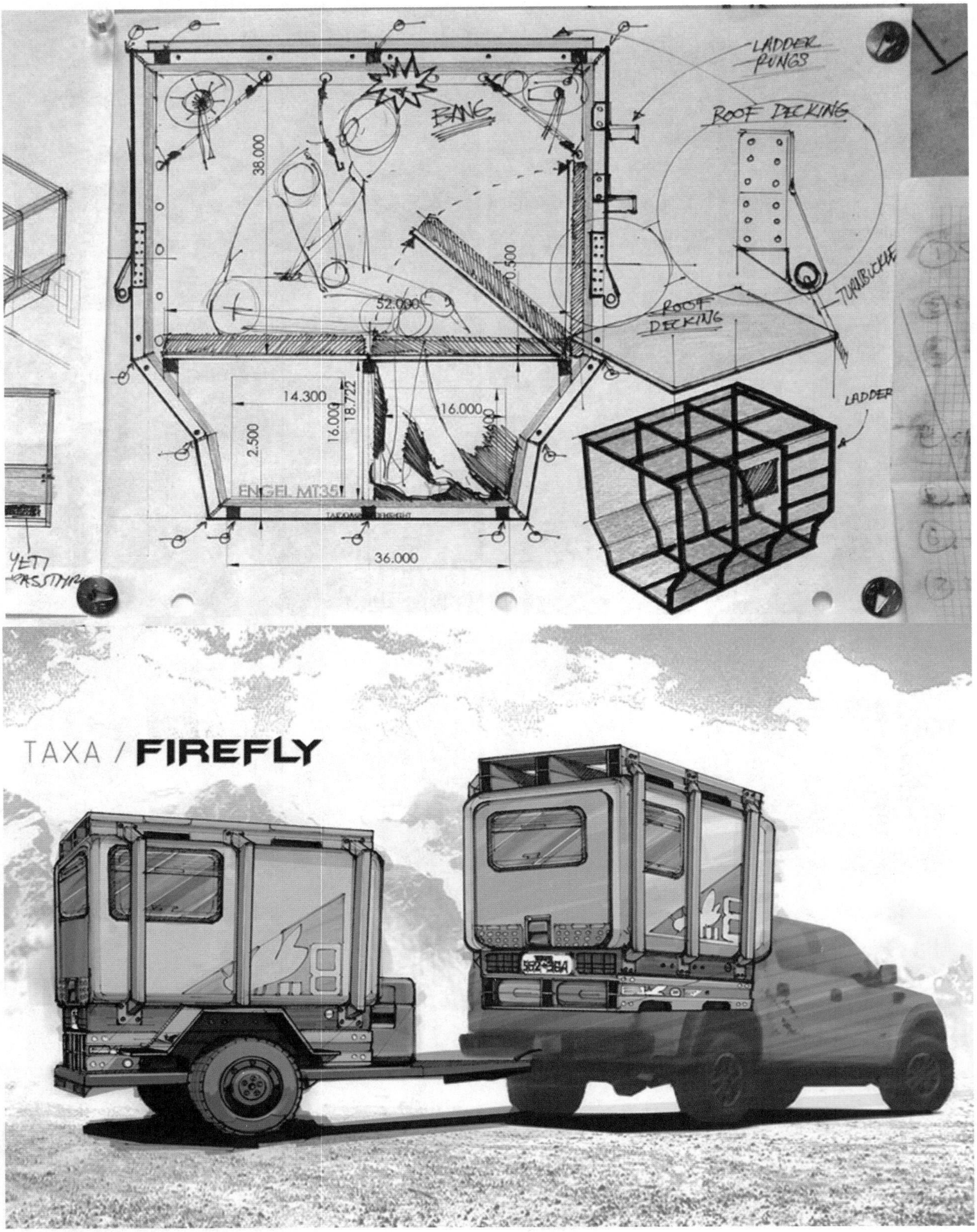
LADDER
ROOF DECKING
BANG
38.000
0.500
52.000
TURNBUCKLE
ROOF DECKING
LADDER
14.300
18.722
16.000
16.000
2.500
ENGEL MT35
36.000
YETI
TAXA / FIREFLY

图 5.3.13

Reebok

图 5.3.14

图 5.3.15

案例六　静脉注射器设计（设计者：Marc Saboya Feliu）

Adrinject 和 Adripod 是两个产品，分别用来解决在静脉注射治疗上遇到的不同问题。Adrinject 半自动肾上腺素注射器，通过 4 和 1 减少了充电时间，安装之后系统自动重新加载，同时提醒医护人员何时该注射下一个，Adripod 是一个可折叠的静脉注射（Ⅳ）袋架子，可帮助医护人员在需要心脏复苏的病人面前节省时间，避免了一边检查病人身体，一边考虑盐水袋的位置安放，确保了病人在这一过程中的静脉管有充足的液体流动，如图 5. 3. 16～图 5. 3. 18 所示。

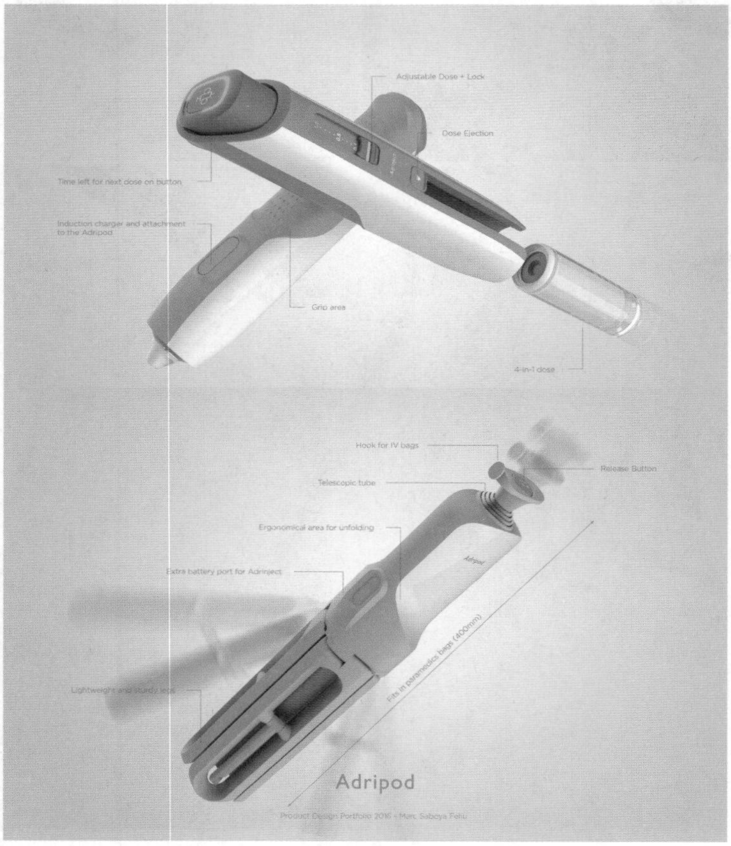
Adjustable Dose + Lock
Dose Ejection
Time left for next dose on button
Induction charger and attachment to the Adripod
Grip area
4-in-1 dose
Hook for IV bags
Release Button
Telescopic tube
Ergonomical area for unfolding
Extra battery port for Adrinject
Lightweight and sturdy legs
Fits in paramedics bags (400mm)
Adripod

图 5.3.16

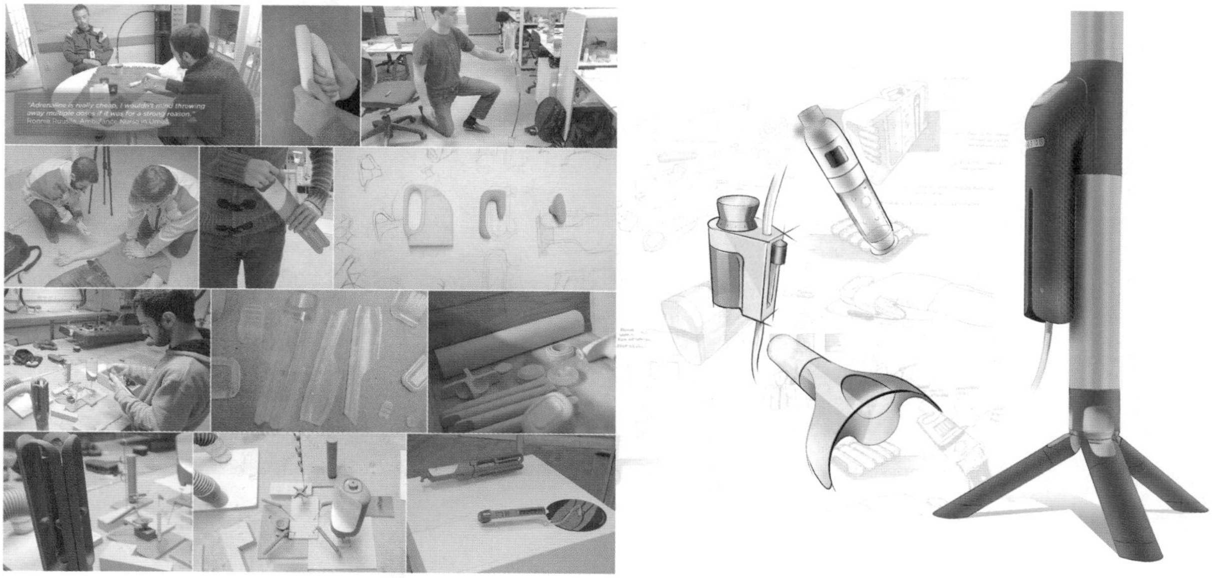

图 5.3.17

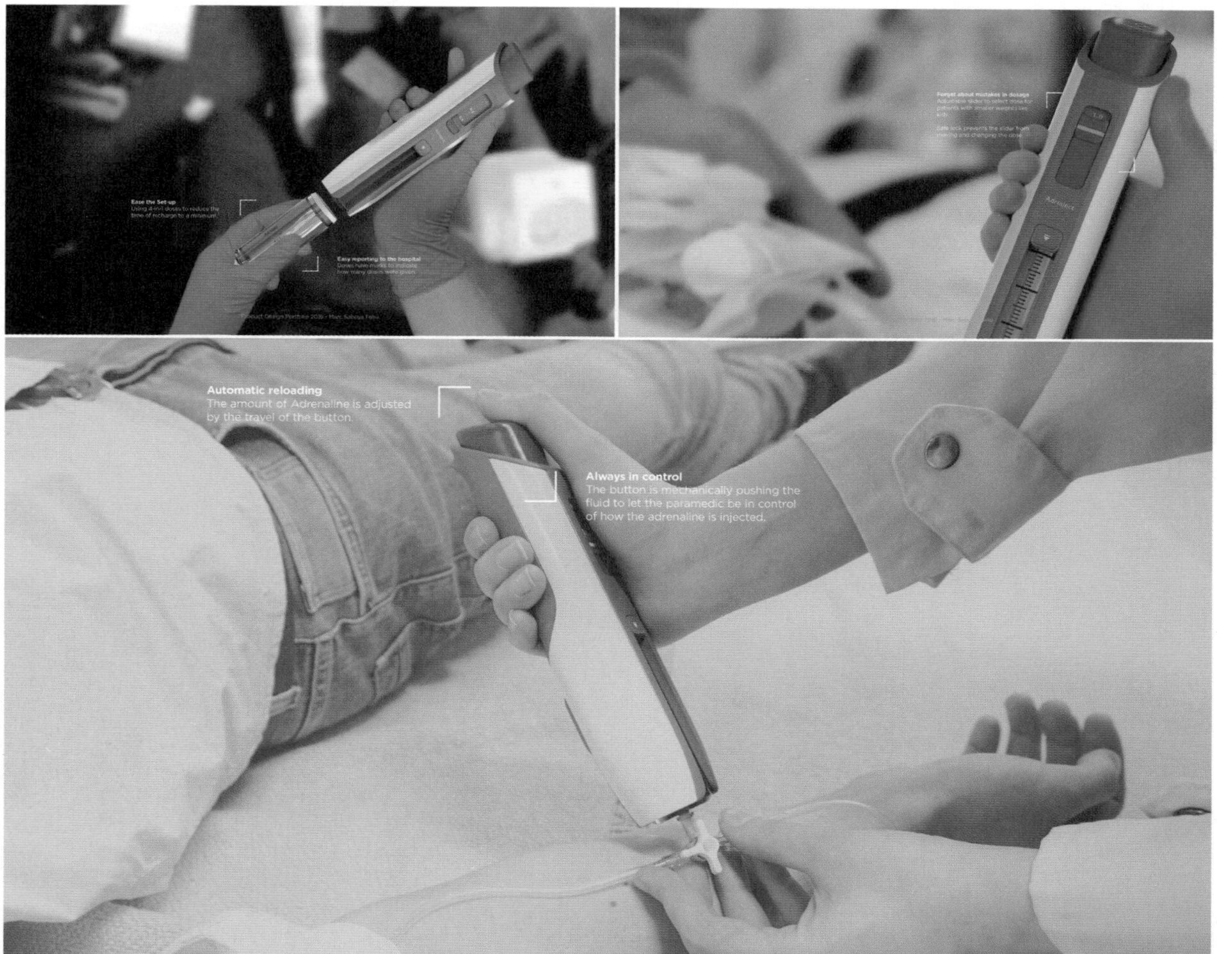
Automatic reloading
The amount of Adrenaline is adjusted by the travel of the button.
Always in control
The button is mechanically pushing the fluid to let the paramedic be in control of how the adrenaline is injected.

图 5.3.18

案例七　90°手持电钻设计（设计者：胡海权、赵妍）

传统的电钻设计仅由钻头和机身组成，而这款90°手持电钻设计具备了激光定位与粉尘收集功能。当手钻与基准面接触时，会出现激光射线来帮助用户校准打孔位置，并且壳身具有刻度，可以明确打孔深度。使用过程中产生的废弃物品可以直接落入下方的收集装置中，避免了粉尘随处飘落，如图5.3.19～图5.3.21所示。

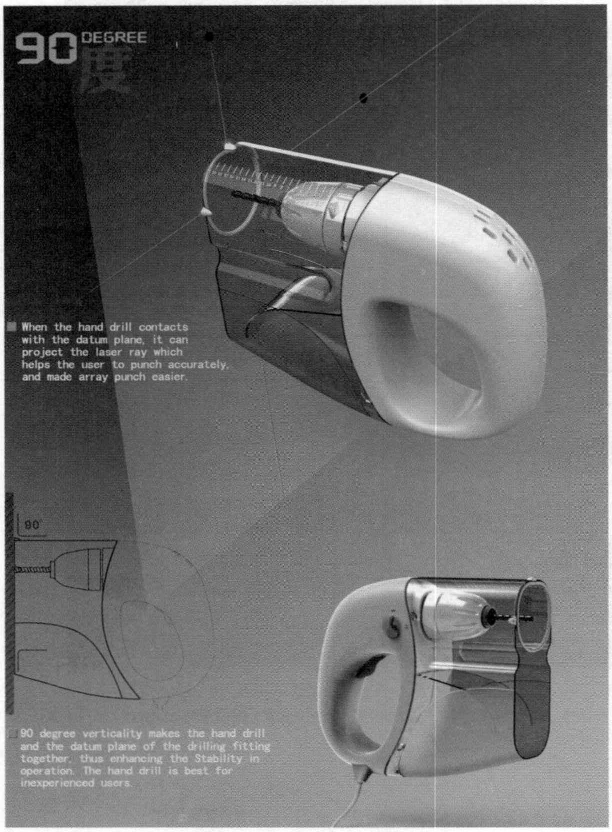

90 DEGREE
When the hand drill contacts with the datum plane, it can project the laser ray which helps the user to punch accurately, and made array punch easier.
90°
90 degree verticality makes the hand drill and the datum plane of the drilling fitting together, thus enhancing the Stability in operation. The hand drill is best for inexperienced users.

图 5.3.19

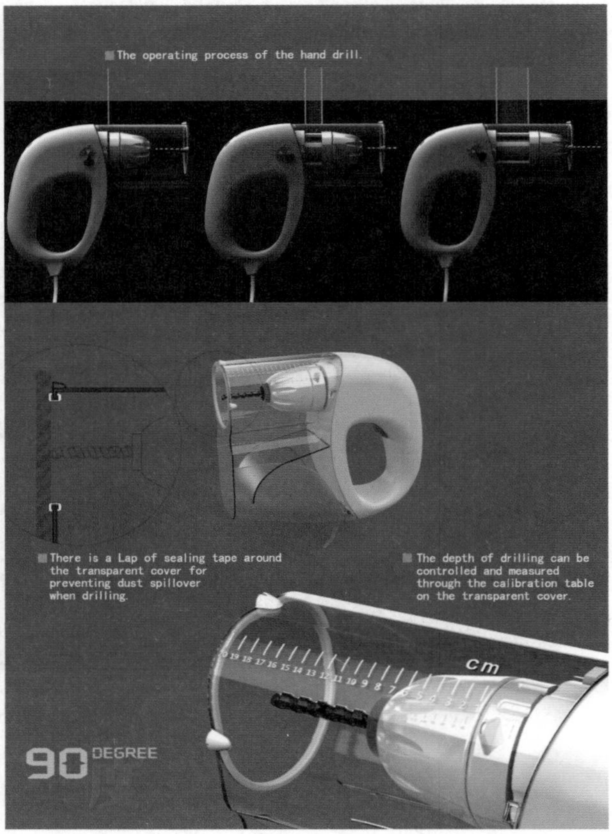

The operating process of the hand drill.
There is a Lap of sealing tape around the transparent cover for preventing dust spillover when drilling.
The depth of drilling can be controlled and measured through the calibration table on the transparent cover.
cm
90 DEGREE

图 5.3.20

案例八　油泥刀具设计（设计者：焦宏伟）

在工业设计教学中，油泥模型是产品设计重要的立体表现方式之一，工欲善其事，必先利其器！传统油泥刀具制造工艺复杂、加工难度大，多为进口，价格尤为昂贵，难以普及，达不到应有的教学效果，甚至无法开设此课程，阻碍了本专业的教学和我国工业设计事业的发展。本设计充分发挥角钢、方钢、圆钢等型材的结构特点进行设计，探索出一种全新的工具设计及加工理念，通过对型材的简单切割、弯曲、磨削等工艺，便能制作出结构巧妙、造型简洁、精美好用、艺术性强的油泥刀具，便于提升油泥课程的教学品质，具有一定的社会价值。现针对油泥模型制作中常用的直角刮刀、三角刮刀、弧刃刮刀等进行创新性的开发设计，如图5.3.22所示。

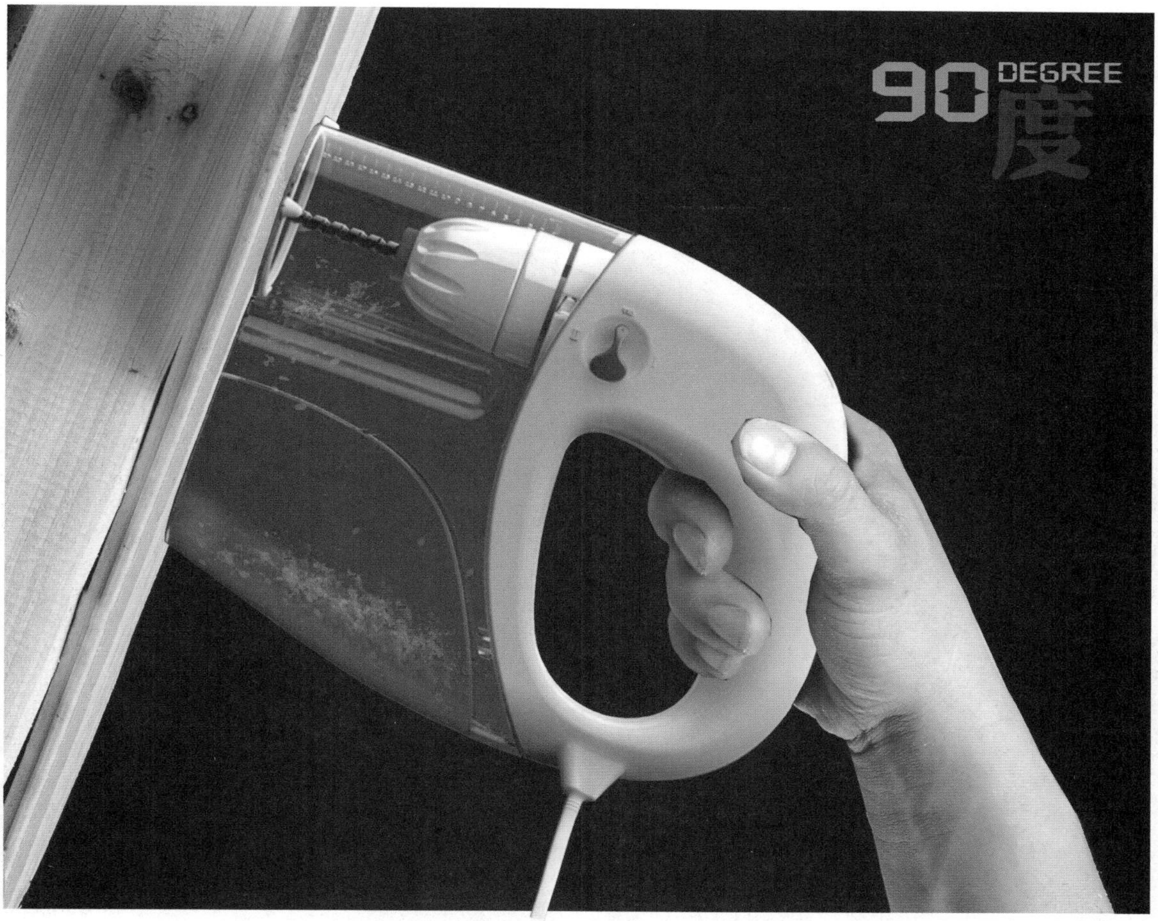
90 DEGREE
度

■ The transparent cover can collect the dust and rubbish to keep the work environment clean.

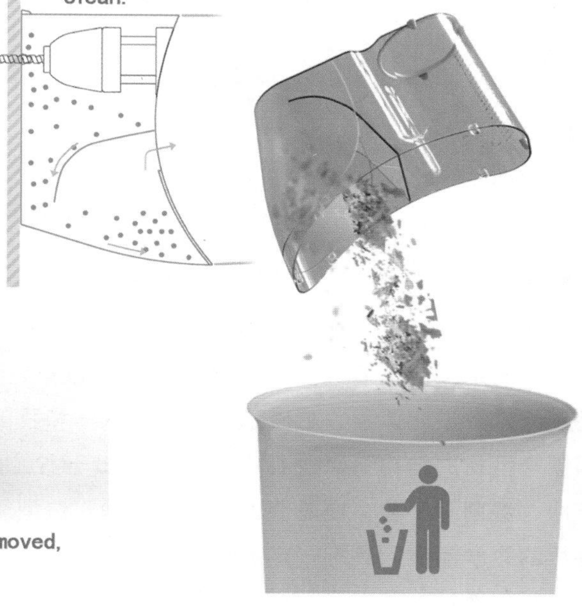

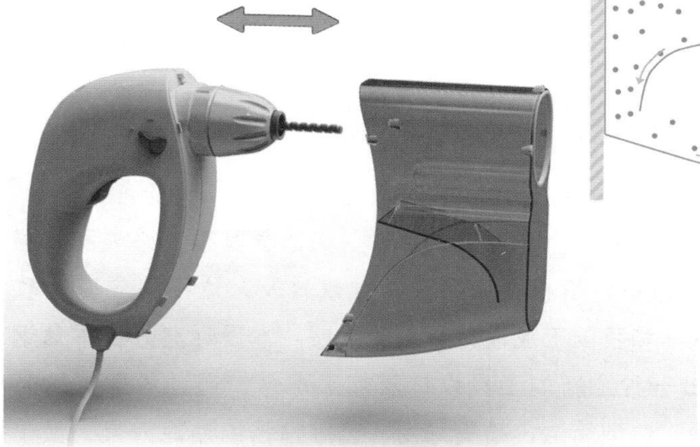

■ When the transparent cover of hand drill removed, it also can be used as a normal hand drill.

图 5.3.21

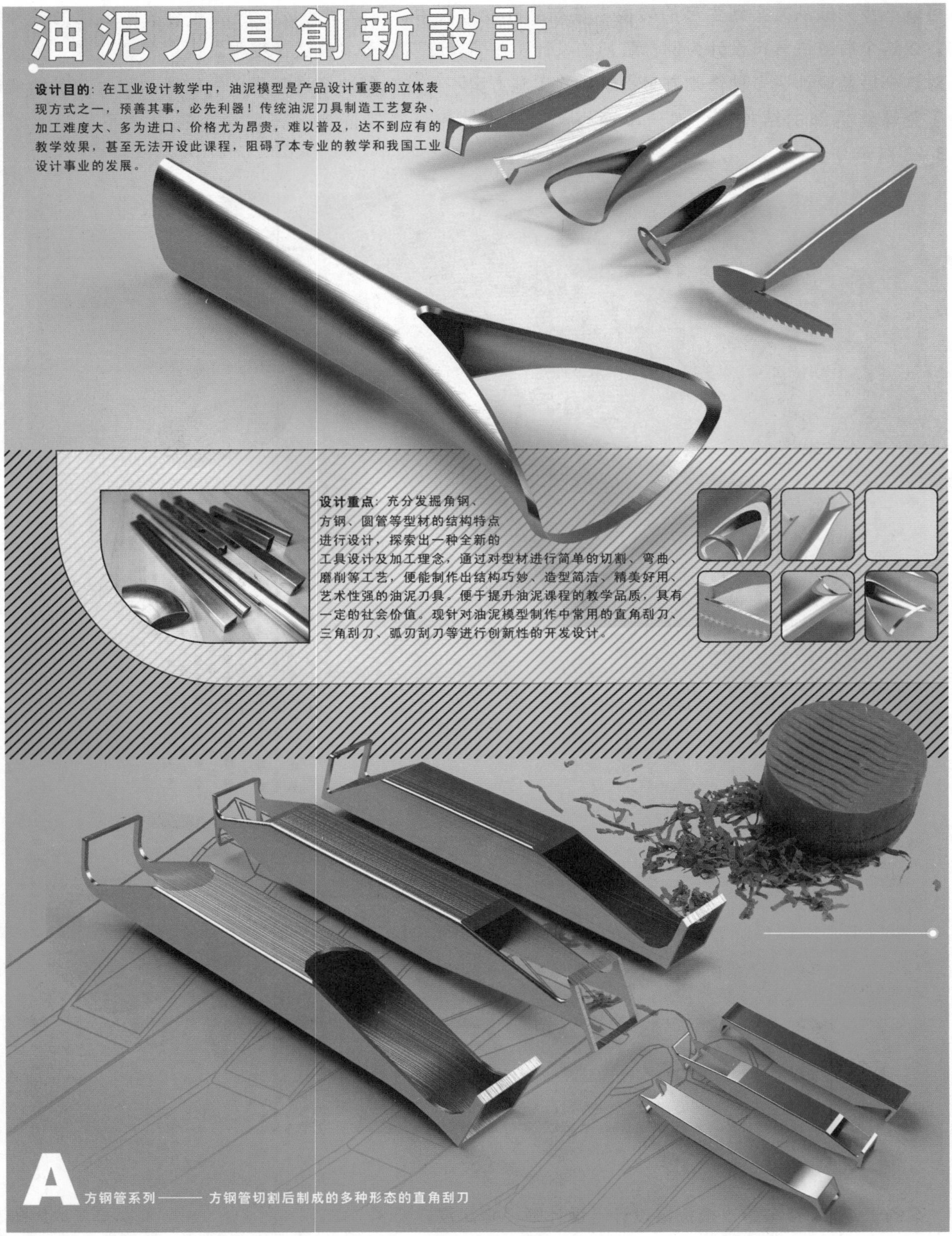
油泥刀具創新設計
设计目的：在工业设计教学中，油泥模型是产品设计重要的立体表现方式之一，预善其事，必先利器！传统油泥刀具制造工艺复杂、加工难度大、多为进口、价格尤为昂贵，难以普及，达不到应有的教学效果，甚至无法开设此课程，阻碍了本专业的教学和我国工业设计事业的发展。
设计重点：充分发掘角钢、方钢、圆管等型材的结构特点进行设计，探索出一种全新的工具设计及加工理念，通过对型材进行简单的切割、弯曲、磨削等工艺，便能制作出结构巧妙、造型简洁、精美好用、艺术性强的油泥刀具，便于提升油泥课程的教学品质，具有一定的社会价值。现针对油泥模型制作中常用的直角刮刀、三角刮刀、弧刃刮刀等进行创新性的开发设计。
A
方钢管系列—— 方钢管切割后制成的多种形态的直角刮刀

图 5.3.22

案例九　负离子化空气净化器（设计者：陈江波）

再漂亮的方案如果只停留在纸面上，那它也仅是一幅画而已。没有任何一款产品能够不经修改优化就可以一步完成从方案到生产的转换。在产品开发过程中，设计师要随时应对和解决所出现的各种问题，以这个后盖进气口设计为例；最初的设计实施方案在实际开发测试过程中发现进气量受限，为此又针对这个后盖设计了多种修改方案，最后的实施方案不但成功解决了进气量小的问题，同时又巧妙地设计了免螺丝拆卸的结构，可谓一举两得。像这样的例子在实际产品开发中实在是多不胜举，如图 5. 3. 23 所示。

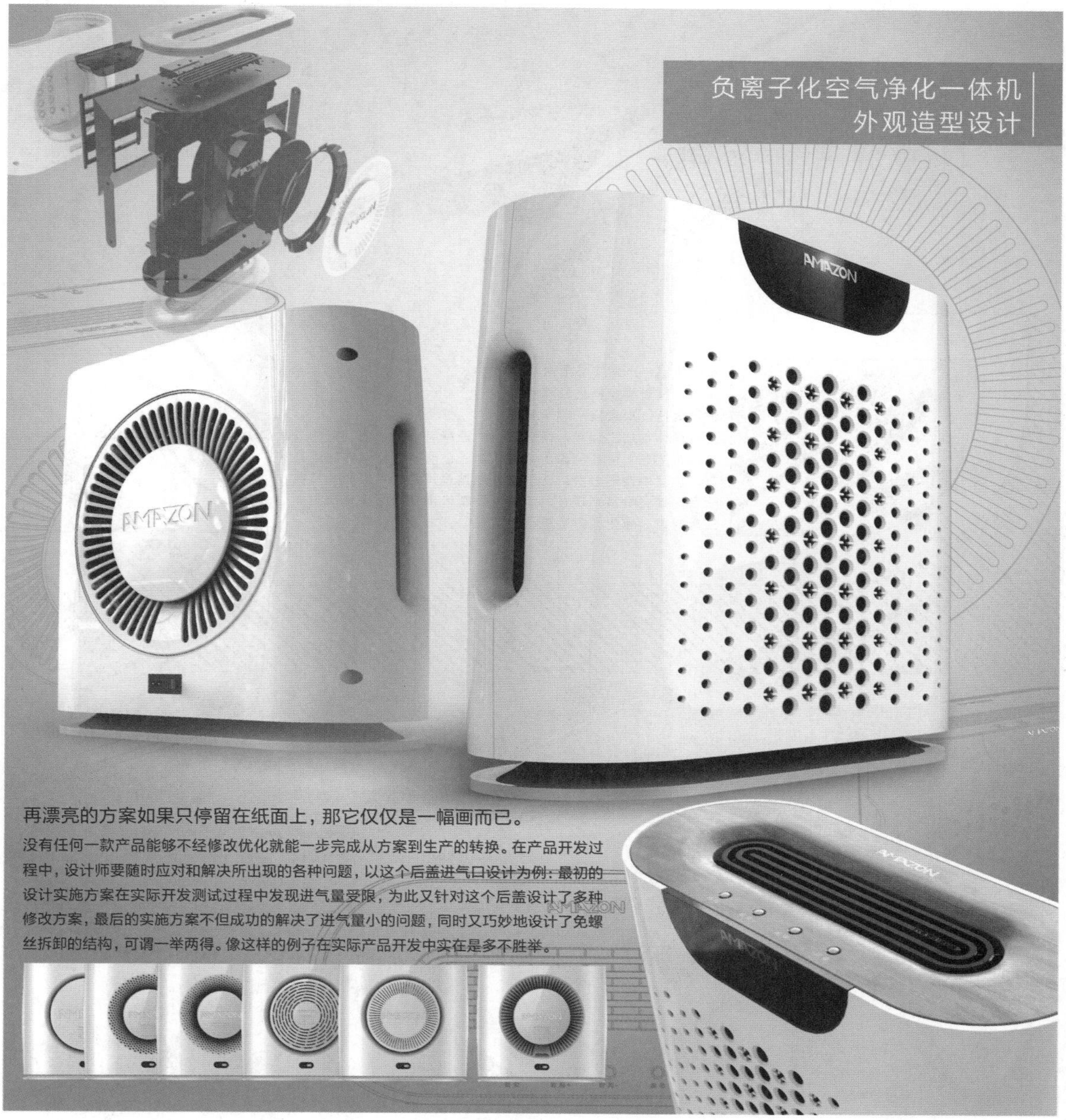
负离子化空气净化一体机
外观造型设计
AMAZON
再漂亮的方案如果只停留在纸面上，那它仅仅是一幅画而已。
没有任何一款产品能够不经修改优化就能一步完成从方案到生产的转换。在产品开发过程中，设计师要随时应对和解决所出现的各种问题，以这个后盖进气口设计为例：最初的设计实施方案在实际开发测试过程中发现进气量受限，为此又针对这个后盖设计了多种修改方案，最后的实施方案不但成功的解决了进气量小的问题，同时又巧妙地设计了免螺丝拆卸的结构，可谓一举两得。像这样的例子在实际产品开发中实在是多不胜举。

图 5. 3. 23

案例十　VR 赛车游戏模拟器设计（设计师：陈江波）

市面现有 VR（虚拟现实）赛车游戏模拟器的产品都处在早期投放阶段，其中大部分都是简单以钢架结构为主的功能性产品，能在外观上做深度设计和针对性的产品设计少之又少，因此能够结合模拟器自身特点展开深入的、有针对性的设计是该项目的创新之处，如图 5. 3. 24 所示。

VR赛车游戏模拟器
RACING
项目背景及研究意义
虚拟现实技术发轫于上世纪 60 年代，最早应用于军事、航天领域。而游
戏行业是虚拟现实技
消费市场的先锋队。有观点认为，在不远的未
来，虚拟现实游戏
目前的游戏，将成为主流。
2016 年
虚拟现实的发展元年，但国内很多厂商的焦点仍然停留
在硬件
期内也许会吸引到一批“好奇者”，却并非长久之计。
一个越来越成熟的产业，丰富的互动娱乐内容才是未来
▶ 采用后掀式门轴设计
以在限定空间内方便出入
▲ 丰富的游戏资源支持
TOP
BACK
LEFT
市面上现有VR（虚拟现实）赛车游戏模拟器
的产品都处在早期投放阶段，其中大部分都
是简单以钢架结构为主的功能性产品，能在
外观上做深度设计和针对性的设计产品少之
又少，因此能够结合模拟器自身特点展开深
入针对性的设计则是该项目的创新之处。

图 5.3.24

案例十一　Moonrise 投影停车位设计（设计者：薛文凯、孙健、陈默、杜鹤蓰、李俊熹）

停车难已成为世界性的城市交通问题，限时停车位是常规停车位的有力补充，对于规范车辆，疏导交通起到不可替代的作用，充分提高了泊车使用效率。现有限时停车位的表现形式是实体的线条、符号和文字等，它存在一些诸如不宜更改、容易识别错误、影响道路环境、破坏景观等问题。“投影”停车位是基于现有限时停车位存在问题的解决方案，力求改变现有停车位现状，通过 LED 投影原理加太阳能技术而成，实现能源自给、智能控制、自动电子计时。可避免实现限时停车位识别错误引起纠纷，影响交通。具有科技环保、时尚前卫的特点；其组装便捷、移动方便、易更改、不破坏道路和环境景观等，停车时段可根据当地的时令情况而设定。适用于白天交通繁忙而夜晚相对冷清的路段、街边、广场、建筑物前及特殊环境等，如图 5. 3. 25～图 5. 2. 27 所示。

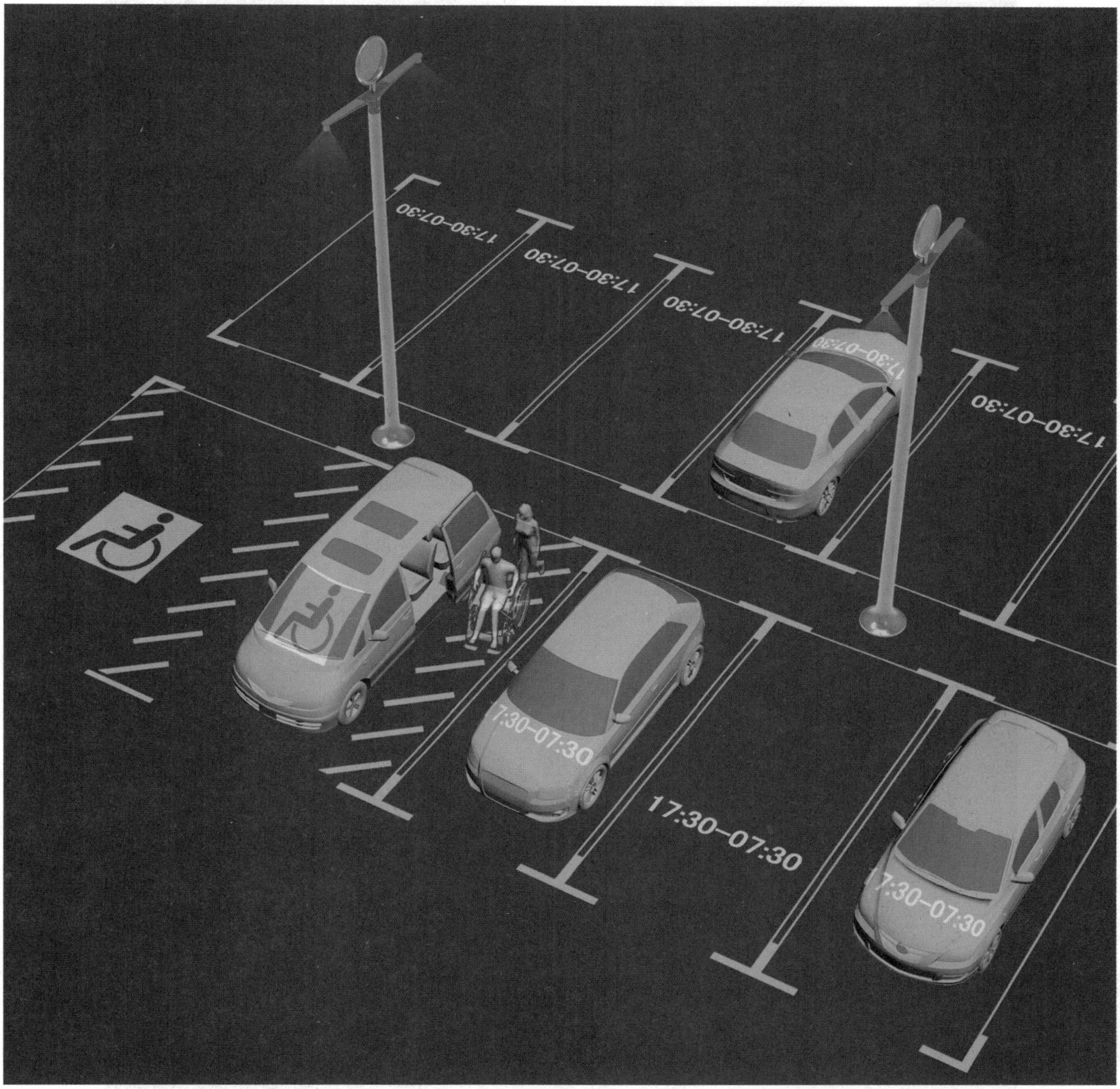
17:30—07:30
17:30—07:30
17:30—07:30
17:30—07:30
17:30—07:30

图 5. 3. 25

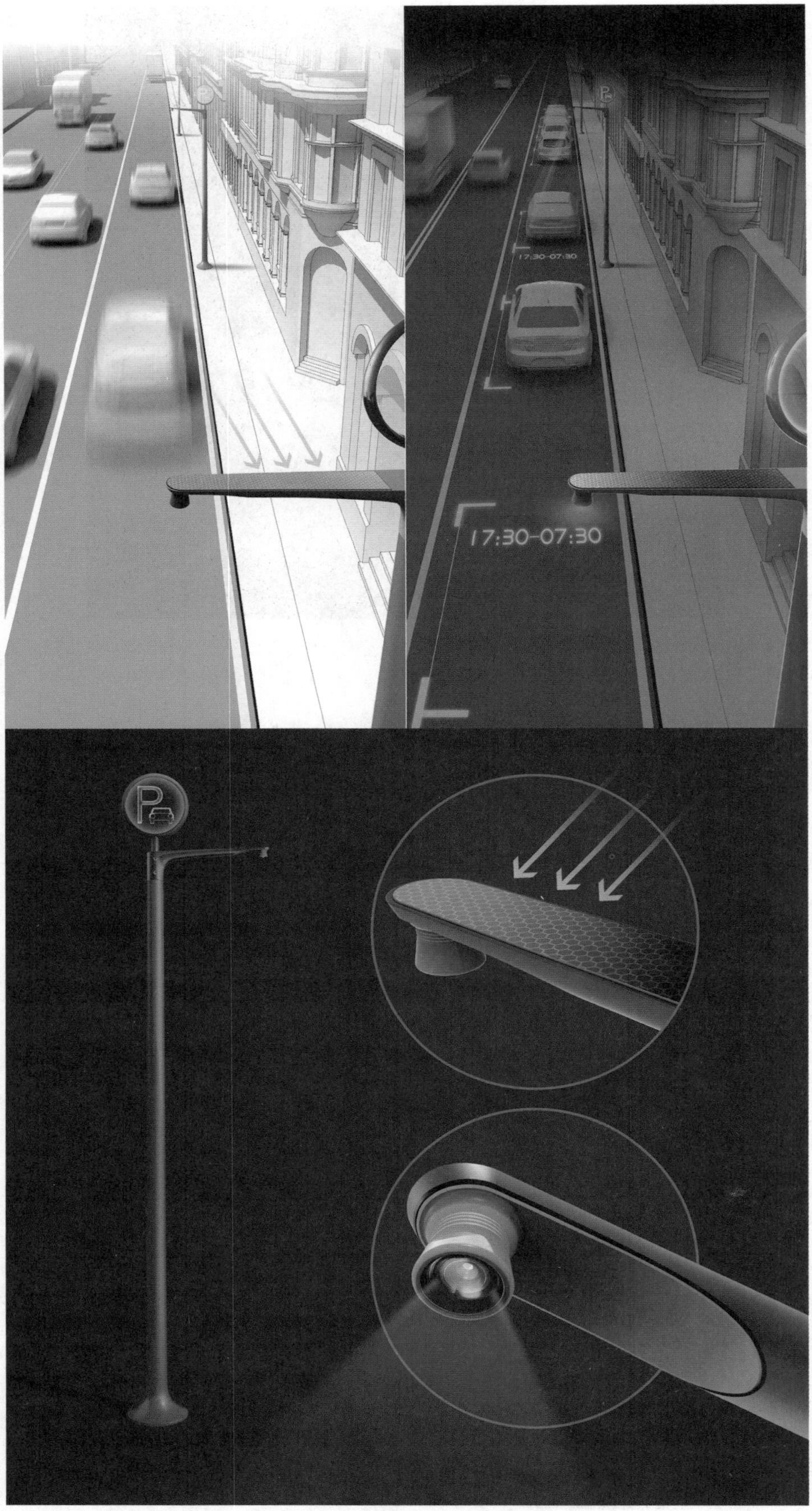
17:30-07:30
17:30-07:30
图 5. 3. 26

Rain
Snow
Sand
Stone
19:30
07:30
9:30
7:30

图 5.3.27

案例十二 KAMA 智能机械手工程车（设计者：杜海滨、胡海权、赵妍、杜班）

KAMA 是一款多功能智能化工程车，它可以自动更换工具头。旋转工具库位于车辆机舱，使它能够快速更换各种工具，以适应挖掘、凿击、钻孔、抓取等不同用途。此款便捷紧凑型工程车适用于当前的城市建设和维护，节省了工程类车辆的调配工作以及操作人员的时间和精力，它的造型带给人的感觉也不再是冷冰冰的机械感，而是“友好”的亲和力，如图 5.3.28～图 5.3.30 所示。

KAMA
an automatically converting tools excavator
The concept excavator is designed for different demands of working environment.It can convert different tools when working. The excavator shows intelligent,cute and easy-communication to us. Which makes the city and the residents love it.

图 5.3.28

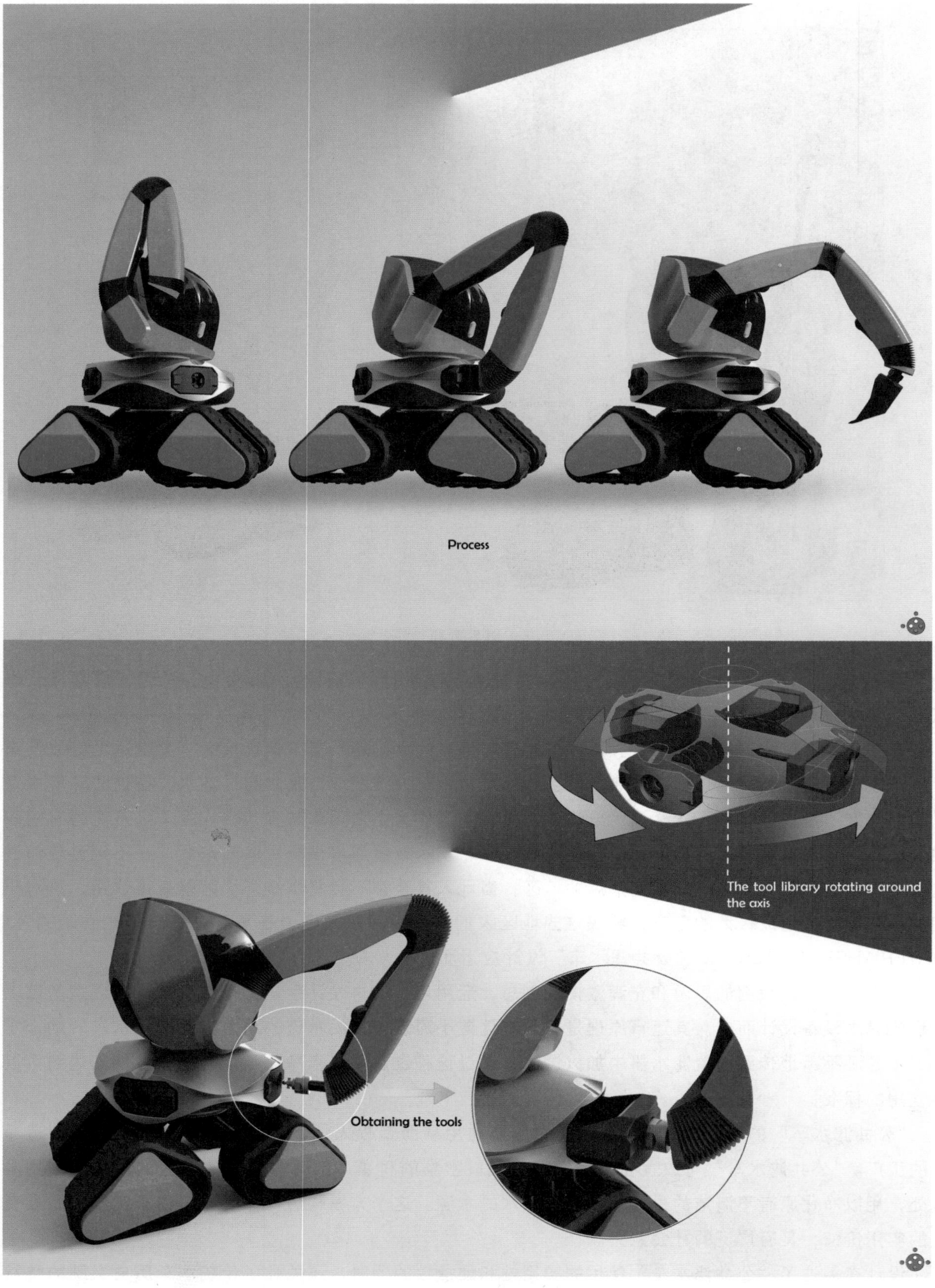
Process
The tool library rotating around the axis
Obtaining the tools

图 5.3.29

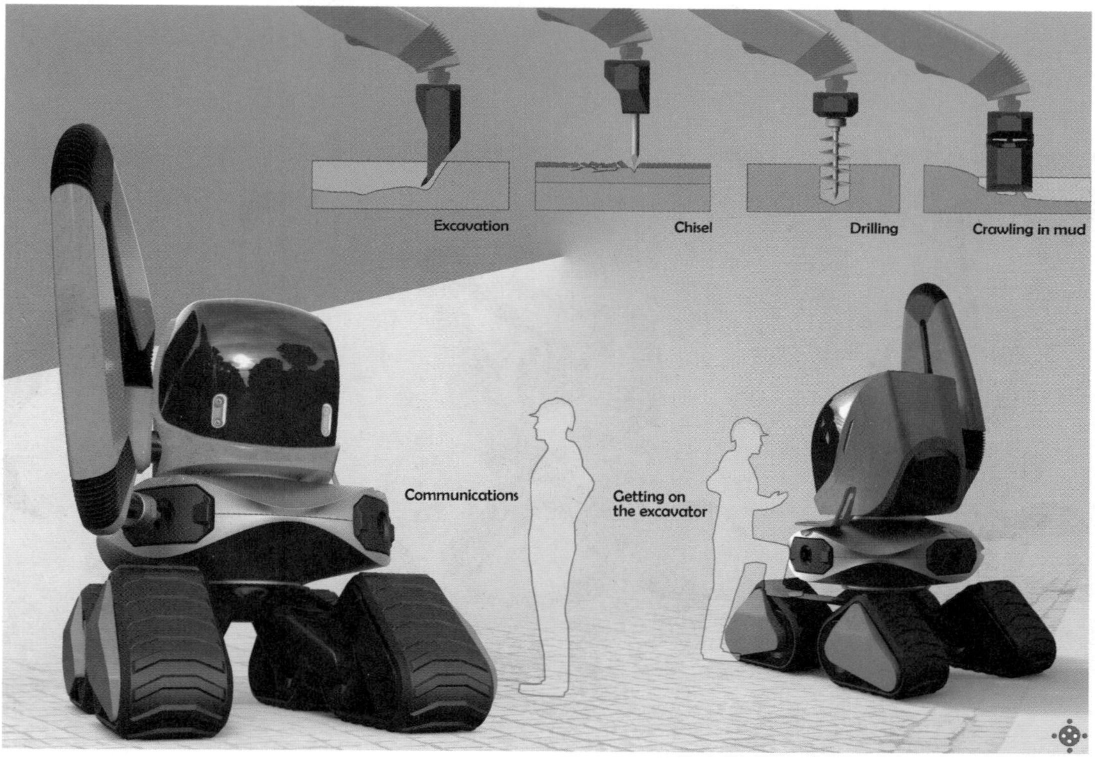
Excavation
Chisel
Drilling
Crawling in mud
Communications
Getting on
the excavator

图 5.3.30

案例十三　WATERWHEEL FILTER 水车过滤系统设计（设计者：薛文凯、孙健、李奉泽、李婷玉、薛博木）

有关于生活用水的问题一直是关乎人们生存与健康的大问题！当下偏远地区、欠发达地区以及第三世界国家中，由于特殊地理环境或者是贫穷等问题，没有办法获取自来水与过滤水。在这些环境中最常见的用水方法是直接将地下水、溪水或者是河水等水源作为生活用水与直饮水。由于经济能力有限和当地居民自身思想意识较为落后等问题，这些地下水、溪水或者河水被居民取回家后，在不经过任何过滤的前提下就进行使用。有一些极其落后的地区，当地人甚至都不会将水烧开灭菌就直接饮用，这对于他们的身体健康会造成极大的危害，解决这些地区人们的生活净水问题迫在眉睫。基于上述问题的考虑，WATERWHEEL FILTER——“公共滤水车”设计应运而生。

方案设计通过缜密的思考和充满激情的创想，运用巧妙的再设计手法，在传统水车的造型基础上融入现代滤水设备设计而成。其运行原理是将水车建置于河流中，由水流的动力势能推动水车转动，水斗将河水源源不断地传到内置滤水器中加以过滤，通过这种过滤手段来净化不洁的水源，使其达到可以直接饮用的标准！

“公共滤水车”的设计试图通过对自然力的再利用从而造福人们，绿色、生态、环保，是制造净化水的工厂。“公共滤水车”可放置在偏远地区、人口密集的村镇、部落等欠发达地区的原有生活用水取水处，用以净化原有不清洁的生活用水与直饮水的水源。这个方案构想操作性强、易于实施，既具有强大的实用价值，又有广泛的社会意义。

设计在关注了“公共滤水车”使用的实用性和便捷性的同时，还关注了传统水车历史文脉的传承特点。在设计材料上选用金属材料、现代合成材料及抗水性强的木材，结合高科技的滤水装置，富以传统水车崭新的生命力，既有传统文化印记，又充满时代气息，如图 5.3.31～图 5.3.33 所示。

Waterwheel Filter

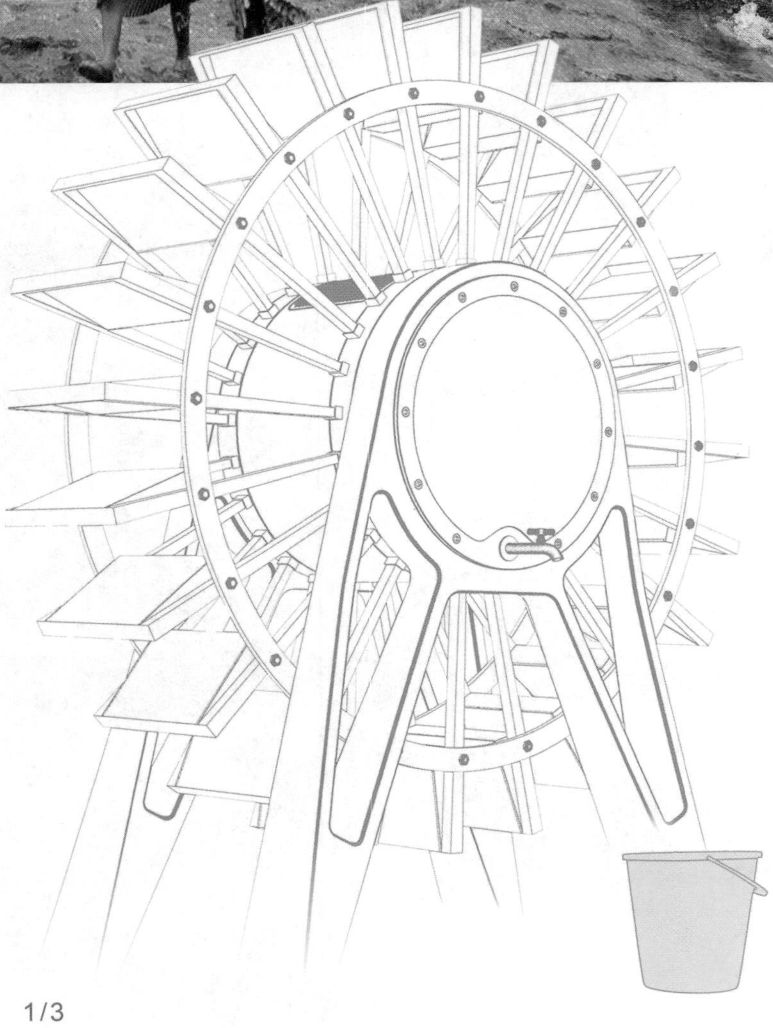

When you are enjoying the pure water, have you ever think of people in remote villages and towns, who have no clean source of water, is suffering for no pure water to drink. Then, the public waterwheel filter design may be a perfect solution of this.

It is clever redesigned by the traditional waterwheel and modern water filtration equipment, whose principle is that the water from the bucket will promote water continuously to the waterwheel, and clean the dirty water by the pressure of the water flow, not only achieved the purpose of drinking clean water, but also do not consume any other energy.

The waterwheel was created by the ancients, which is full of wisdom, and used to raise water and to irrigate. With the change of the times, it has been idle because of the useless of its original function. The design is reformed through using the existing waste waterwheel directly or indirectly, which continue to carry forward the created wisdom of the ancients, and benefit the public.

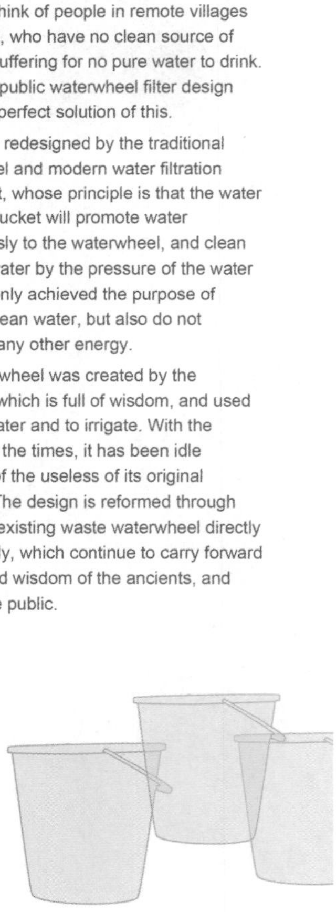

1/3

图 5.3.31

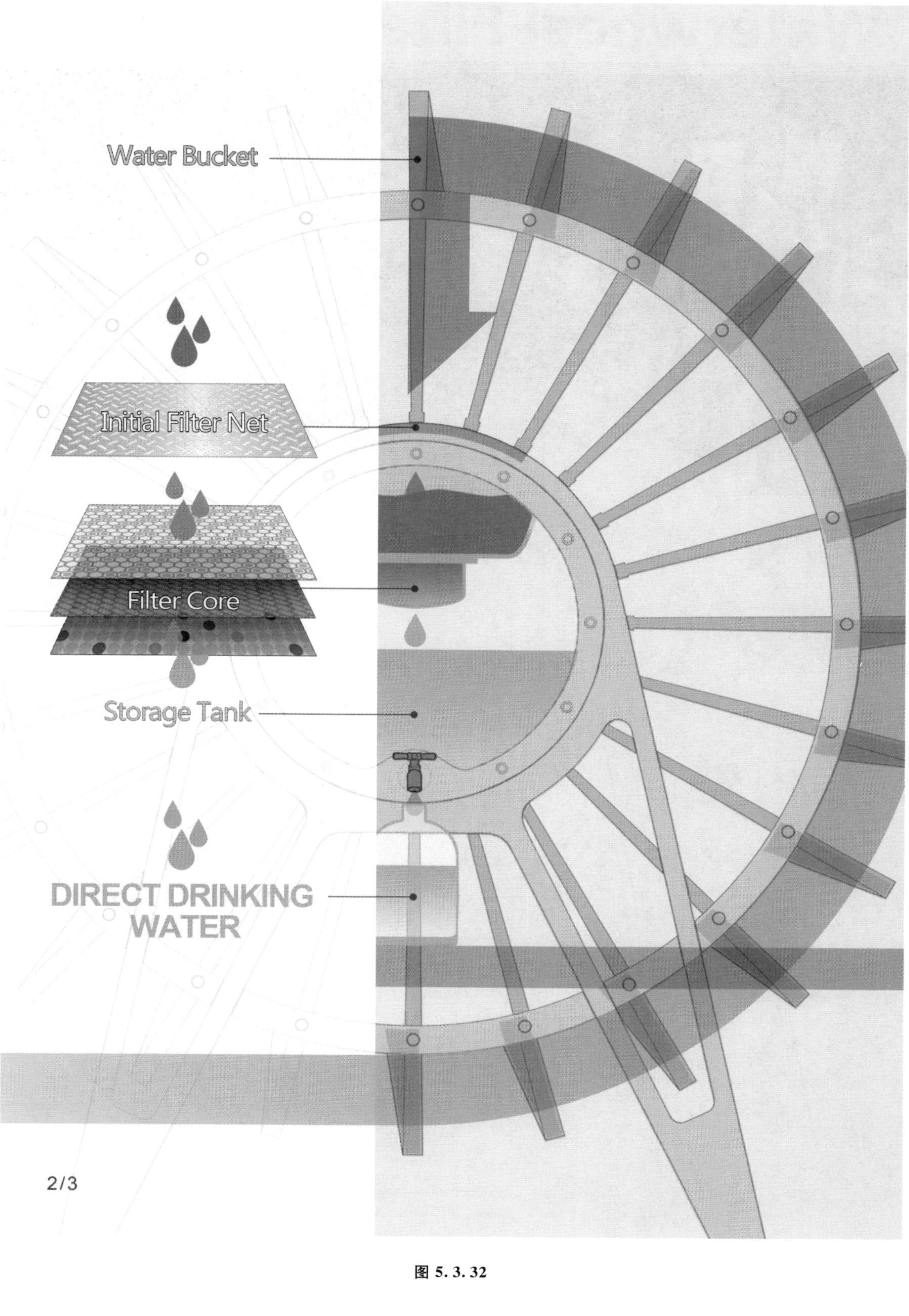
Water Bucket
Initial Filter Net
Filter Core
Storage Tank
DIRECT DRINKING
WATER
2/3

图 5.3.32

3/3

图 5.3.33

复习思考题

1. 选择一个课题，进行产品设计创意课题训练。从设计计划进度表、市场调查、分析研究，确定设计方向。完成 30 张以上的概略草图，并整理 4 个彩色方案手绘图。从中选取 1 个比较完整的方案图，进行优化完善，完成三维电脑模拟图及模型制作。

2. 举出 3 个产品设计实例，并对作品进行分析和点评。

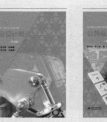

·普通高等教育工业设计专业“十二五”规划教材

产品改良设计

| 产品改良设计 |

978-7-5170-0140-9
作者：唐智 等
定价：32.00
出版日期：2015年7月

产品设计材料与工艺

| 产品设计材料与工艺 |

978-7-5170-0844-6
作者：陈思宇 等
定价：48.00
出版日期：2015年2月

人机工程与工业设计

| 人机工程与工业设计 |

978-7-5084-8480-8
作者：张宇红 等
定价：28.00
出版日期：2015年2月

人机工程设计

| 人机工程设计 |

978-7-5170-2646-4
作者：苏建宁 等
定价：32.00
出版日期：2014年10月

产品设计造型基础

| 产品设计造型基础 |

978-7-5084-9463-0
作者：包海默 等
定价：49.00
出版日期：2014年8月

产品设计表现——
Photoshop+Illustrator
案例教程

| 产品设计表现——Photoshop+Illustrator案例教程 |

978-7-5170-0658-9
作者：李昌菊 等
定价：36.00
出版日期：2014年7月

产品系统设计

| 产品系统设计 |

978-7-5170-0341-0
作者：李奋强 等
定价：39.00
出版日期：2014年6月

计算机辅助设计3ds Max

| 计算机辅助设计 3ds Max |

978-7-5084-9775-4
作者：李德君 等
定价：43.00
出版日期：2014年2月

设计图学

| 设计图学 |

978-7-5170-1283-2
978-7-5170-1325-9
作者：袁和法 等
定价：30.00
出版日期：2014年3月

工业设计模型制作

| 工业设计模型制作 |

978-7-5084-9189-9
作者：杜海滨 等
定价：35.00
出版日期：2014年1月

公共设施设计

| 公共设施设计 |

978-7-5084-9586-6
作者：薛文凯 等
定价：49.00
出版日期：2013年8月

工业设计手绘表现技法

| 工业设计手绘表现技法 |

978-7-5084-8535-5
作者：孙虎鸣 等
定价：29.00
出版日期：2013年8月

Rhino 3D产品造型与设计

| Rhino 3D产品造型与设计（附光盘2张）|

978-7-5084-9615-3
作者：李光亮 等
定价：65.00
出版日期：2013年7月

汽车造型设计

| 汽车造型设计 |

978-7-5170-0845-3
作者：李光亮 等
定价：42.00
出版日期：2013年4月

展示设计

| 展示设计 |

978-7-5170-0721-0
作者：刘军 等
定价：49.00
出版日期：2013年3月

产品设计

| 产品设计 |

978-7-5084-9803-4
作者：邬琦姝 等
定价：36.00
出版日期：2012年6月

产品形态设计

| 产品形态设计 |

978-7-5084-9416-6
作者：傅桂涛 等
定价：32.00
出版日期：2012年1月

新产品设计开发

| 新产品设计开发 |

978-7-5084-8633-8
作者：王俊涛 等
定价：32.00
出版日期：2014年3月

工业设计原理

| 工业设计原理 |

978-7-5084-8632-1
作者：张焱 等
定价：32.00
出版日期：2011年7月

构成实训指导

| 构成实训指导 |

978-7-5084-8833-2
作者：邹茂来 等
定价：45.00
出版日期：2011年7月

实用 Practical Ergonomics
人机工程学

| 实用人机工程学 |

978-7-5170-0667-1
作者：陈波 等
定价：32.00
出版日期：2013年3月

Alias
产品设计实用教程

| Alias 产品设计实用教程（附光盘1张）|

978-7-5084-7854-8
作者：欧阳波 等
定价：75.00
出版日期：2012年1月

购书咨询或教材申报
请发邮件至 liujiao@waterpub.com.cn
或致电 010-68545968
其他百余种艺术设计类教材信息请见
中国水利水电出版社官方网站
http://www.waterpub.com.cn/shop/

内 容 提 要

本书围绕产品设计创意、产品设计创意与设计观念、产品设计创意的科技支撑、产品设计表达、产品设计创意分析与应用等5个方面进行写作，并将它们贯穿起来，全面系统地解读如何将产品设计概念转化为实体产品设计的过程。书中详尽介绍了产品创意的设计理论、设计方法，图文并茂、系统完整，既能深入浅出，使读者易于理解，又有一定的专业深度和内涵。

此外，作者还精选了鲁迅美术学院工业设计学院师生的优秀设计作品，以及一些国外优秀设计师、网站的设计作品，这些设计作品都具有极高的可读性、直观性、观赏性、典型性。本书的每章后面都留有复习思考题或作业，便于读者的消化和深入的理解。为了方便广大读者的学习，本书配套有电子课件，可在 http：//www. waterpub. com. cn/softdown 免费下载。

图书在版编目（CIP）数据

产品设计创意分析与应用 / 薛文凯著. -- 北京 : 中国水利水电出版社, 2018.1
普通高等教育工业设计专业“十三五”规划教材
ISBN 978-7-5170-6021-5

Ⅰ. ①产… Ⅱ. ①薛… Ⅲ. ①产品设计－高等学校－教材 Ⅳ. ①TB472

中国版本图书馆CIP数据核字(2017)第271915号

书 名	普通高等教育工业设计专业“十三五”规划教材 **产品设计创意分析与应用** CHANPIN SHEJI CHUANGYI FENXI YU YINGYONG
作 者	薛文凯 著
出版发行	中国水利水电出版社 （北京市海淀区玉渊潭南路1号D座 100038） 网址：www. waterpub. com. cn E-mail：sales@waterpub. com. cn 电话：（010）68367658（营销中心）
经 售	北京科水图书销售中心（零售） 电话：（010）88383994、63202643、68545874 全国各地新华书店和相关出版物销售网点
排 版	中国水利水电出版社微机排版中心
印 刷	北京印匠彩色印刷有限公司
规 格	210mm×285mm 16开本 11.5印张 331千字
版 次	2018年1月第1版 2018年1月第1次印刷
印 数	0001—3000册
定 价	**49.00**元

普通高等教育工业设计专业“十三五”规划教材

CHANPIN SHEJI CHUANGYI FENXI YU YINGYONG

产品设计创意分析与应用

薛文凯 著

中国水利水电出版社
www.waterpub.com.cn
· 北京 ·